金商道

The positive thinker sees the invisible, feels the intangible, and achieves the impossible.

惟正向思考者，能察於未見，感於無形，達於人所不能。 —— 佚名

商業模式大全

大全

早稻田商學院教授，
圖解 **63** 個世界級企業保證獲利模式

根来龍之
富樫佳織
足代訓史
——著

張嘉芬——譯

この一冊で全部わかるビジネスモデル
基本・成功パターン・作り方が一気に学べる

一本企業經營的寶典

文｜劉世南 教授

　　在疫情延續，以及數位轉型的衝擊之下，不同產業的經營者都在問：「我正在經營什麼樣的事業？如何在這種充滿挑戰的環境下，發展更好的商業模式？」而《商業模式大全》這本書，正是提供這種普遍需求的最佳教戰手冊。

　　過去我長期參與如工研院等科技機構，協助組織創新，推動前瞻科技研發。我的研究發現，像 TSMC、聯電等在科學園區成功創業的科技創業家（Technopreneur），他們就是在工研院時具備了完整獨立事業運作的能力，也就是熟悉商業模型的能力。

　　我在成功大學每學期都會開設「創意、創新、創業」課程。這十多年來，約有 6,000 人修習過。這門課教導不同學院的同學，如何將個人創意、組織創新，以及產業創業，將整個跨域、跨界做價值鏈完整的貫通。

　　而最近，我幫科技部規畫科學、科技、產業跟社會的垂直跨界合作，思考要如何才能更有效地在產官學界連接，形成完整有動能的國家創新系統。簡而言之，這些任務，不論科技或服務的創新，核心的重點就是要發展永續運作的商業模型。

　　Google 時代的搜尋雖然及時、便利，然而所獲的知識，卻是零碎而矛盾。《商業模式大全》正是一本值得你擁有的書，它像是百科字典，一個路徑藍圖。完整的結構提供系統化與進階的組織知識，是本書的特色。

　　作者首先在〈第壹部〉用深入淺出的概念，協助你建立及理解整體商

業模型的基本知識。當有了正確理解後，〈第貳部〉根據提出的策略模型的基本架構，分別在策略、營運、獲益及情境的模型元素，提供實際個案以及不同產業情境運作的原型。這將更有效協助學習者，找到自己的位置、應用並旁徵博引，啟發自己事業改進的想像。當讀者具備了正確知識和豐富模型，接著在〈第參部〉，開始引導你實踐改善自己的事業。所以本書從觀念、工具到做法，全部一氣呵成。

　　本書的內容設計非常容易學習。在清楚簡單的觀念與架構之後，加上充實生動靈活的個案，介紹各種實際的運作模型以建立讀者理解商業模型的想法跟做法；無論是入門的初學者，或是有豐富實戰經驗的實業家，都可以從不同的層次跟位置，在本書找到精進的進階知能。

　　本書並不只是一本有趣的工具書，除了建構模型以及個案分析，作者建立在日本的產業特性之外，也集大成歐美領導學者的模型，有著非常紮實的理論基礎。並且在每章節，提供進階讀物以及各個案例分析的MEMO 以及 KEY POINT。所以本書是兼具理論與實務的商業模型，將是你值得擁有的一本書。

　　無論從科技研發或者是創新產業，商業模型是所有基礎的知能，無論是實業家、經理人，或者是想完備對於管理的知識，這本書將是你開始升級自己事業的商業模型最完整的一本書。

（本文作者為成大創意產業設計研究所所長、台灣設計研究院顧問）

前言 _____

感謝翻閱本書。在此謹向你簡單介紹本書的特色與內容：

在不確定的「未來」求生，不可缺少的技能

這篇前言寫於 2020 年 11 月，正值人類史上絕對會記上一筆的疫情大流行。這幾個月當中，全球的社會結構與商業活動，被迫做出「翻天覆地」的轉變。經過這波疫情，「世事無常」變得越發明確。不論是什麼企業，都無法讓現在做的這些事業延續到千秋萬世。

要在今後這個不確定的社會裡求生，企業、乃至於個人，都必須學會如何冷靜地綜觀社會或事業，並加以客觀分析的技能。換句話說，只要學會這些技能，不論世事如何變化，你都能迎合時代需要，創造出新的事業，或在現有事業中推動改革。

為因應這樣的需求，我們寫下本書，希望能讓讀者透過學習各種商業模式的基礎，探討多元的成功形態，培養出足以深入分析、設計規畫商業活動的觀點。

本書結構

本書由以下 3 個部分組成：

第壹部　什麼是「商業模式」？

第貳部　商業模式大圖鑑

第參部　如何打造商業模式？

　　如標題所示，在〈第壹部〉的「什麼是商業模式？」當中，我們會逐一說明「商業模式」的概念、商業模式設計的基本觀念，以及商業模式的形成背景。為了方便初學者閱讀，本書盡量避免使用非必要的專業術語，如需使用，都會附上解說。敬請「沒讀過談商業模式的書」的讀者放心閱讀。

　　在〈第貳部〉的「商業模式大圖鑑」當中，我們要以〈第壹部〉所講解的「商業模式的基本觀念」為基礎，將商業模式分為 63 種不同形態，再用圖鑑形式加以整理，並附上參考案例。你可從中檢視個別商業模式的內涵，也可輕鬆比較多個不同的商業模式，更能具體地參考本書所介紹的成功形態，從中獲得一些評估新構想時所需的靈感。

　　至於在〈第參部〉的「如何打造商業模式？」當中，我們會依循著「實際在企業內部集體評估執行與否」的流程，詳細介紹如何改革現有商業模式，以及如何打造全新的商業模式。

　　讀完本書，你就可以一氣呵成地學會商業模式的基礎、成功模式的形成與優勢，以及打造全新商業模式的方法。

　　另外，本書是由 3 位作者——根來龍之、富樫佳織、足代訓史——合作撰寫，而非多人分工寫成。各章內容雖然是由負責人分別提出草案，但每章皆經 3 位作者共同審閱、反覆修正後，才完成定稿。如此創作的結果，讓本書得以成為架構、思維首尾一貫的作品。

本書適合對象

本書適合以下讀者閱讀：

- 有意發展新事業者
- 有意重新整頓現有事業者
- 有意在企業內部推動企業創新（business innovation）者
- 正在找尋事業企畫或想法者
- 想了解其他企業成功祕密者
- 想增廣對社會、商業的見聞，進而提升自我技能者
- 有意學習上述內容的學生或社會新鮮人

本書頁數稍多一些，但內容十分充實，很適合上述各個族群閱讀。

本書特色

本書會先探討日本及歐美的現有研究與知名理論，再向你介紹商業模式分析與設計上的獨家手法。所謂的獨家手法，就是要運用商業模式當中很重要的 3 個次模式──「策略模式」、「營運模式」、「收益模式」來分析、設計商業模式，詳細內容後續會於本書正文中解說。此外，我們主張各個模式若要成立，那麼明白列出它的情境（context），並加以分析，將是一大關鍵。還有，我們也會提供一套「策略模式圖」，做為綜合總覽上述 3 個次模式的工具。

在理論的世界裡，所謂的「獨特性」，是要以全球的最新理論為基礎，再增添些許新色彩，而不是自說自話地高談闊論。在撰寫本書之際，我們參考了很多前人的文獻和理論，也受到他們的各種影響。其中，亞歷

山大・奧斯瓦爾德（Alexander Osterwalder）和伊夫・比紐赫（Yves Pigneur）在《獲利世代：自己動手，畫出你的商業模式》（*Business Model Generation*）一書中所提出的「商業模式圖」（Business Model Canvas）影響尤深。這幾年來，我們和比紐赫多方交流，深化對「商業模式圖」的了解，再加入我們的研究成果，打造出一套名叫「策略模式圖」的架構。

另外，我們也受艾瑞克・萊斯（Eric Ries）的《精實創業：用小實驗玩出大事業》（*The Lean Startup*）影響甚深。精實創業的卓越之處，在於告訴世人：「越是嶄新的、畫時代的事業，越難靠紙上談兵來掌握它的需求所在。」接著，萊斯又強調要打造最小可行產品（Minimum Viable Product，簡稱 MVP），拋出到市場上，再讓事業隨之軸轉（pivot）。我們所提出的「策略模式圖」，也仿傚精實創業，可透過抽換圖中的元素，進行系統性的軸轉。

第 3 部影響我們的作品，是查爾斯・歐萊禮（Charles O'Reilly）和麥克・塔辛曼（Michael L. Tushman）所寫的《領導與破壞》（*Lead and Disrupt: How to Solve the Innovator's Dilemma*）。作者在這本書中提出了讓「深耕現有事業」（效率化與強化）和「探索新事業」（創造與合作）並行的「雙元經營」。而本書所介紹的「策略模式圖」，也特別考量到要兼顧在「深耕」與「探索」活動上的運用。

期盼本書能為今後在商場上求生的每一個人，帶來些許助益。

最後，謹在此向本書編輯岡本晉吾先生致謝。感謝他在我們歷時 2 年的撰寫過程中，一路不離不棄地陪伴。

2020 年 11 月

作者代表　根來 龍之

Contents

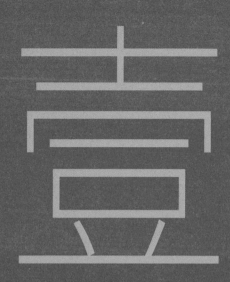

第壹部

什麼是「商業模式」？

在〈第壹部〉當中，我們要從「什麼是商業模式？」這個最基礎的內容開始談起，
為初學商業模式的讀者逐項詳加說明。

第1章　商業模式的基礎知識
第2章　新手上路，商業模式分析

1

商業模式的
基礎知識

本章會為你說明商業模式的基礎知識與分析架構——它也是本書的骨幹。本書要探討的分析架構,是我們以歐美最新的商業模式研究為基礎,再增添些許並修潤後,所提出的一套新方案。

01 何謂「商業模式」?

如今,我們都生活在一個巨變的時代。數位化和資料視覺化(data visualisation),都是非常具代表性的變化趨勢,尤其數位化(p.362)更是扭轉了許多產業的「獲利結構」。劇烈的結構轉型,也使得傳統的日本企業必須規畫新事業,或在現有事業中尋求大刀闊斧的改革。在這樣風潮的推波助瀾下,商業模式所受到的關注,也逐漸升溫。

那麼,企業究竟該如何創造、改革商業模式呢?本章將先為你介紹「什麼是商業模式?」接著再說明既有商業模式的「深耕」,與全新商業模式的「探索」有何不同[1];最後再解說設計、建構(design)商業模式時的重點。

商業模式就是「事業結構的設計模式」

若要簡單說明商業模式,我們可以這樣定義:

> 所謂的商業模式,就是事業結構的設計模式,用來描述「企業正在經營什麼樣的事業」,或「要規畫什麼樣的事業活動」。

這裡所說的「結構」,相當於是「事業的骨幹」,或是事業活動的

※1 「深耕」、「探索」為企業管理上的專業術語。企業為追求長期的成長,應同時或逐步進行這2項活動,並且讓2者並行——這就是「雙元經營」的論述(查爾斯・奧賴利、麥克・塔辛曼,2019)。

「樣式」之意。這個設計模式，至少包括以下 3 種模式：

▌（1）策略模式

　　所謂的策略模式，呈現的是企業「要供應什麼（產品、服務）」、「給哪些顧客（目標客群）」，會「動用哪些資源」，以及想「如何吸引顧客」，可說是決定商業模式整體方向的指南針。

▌（2）營運模式

　　所謂的營運模式，呈現的是落實上述提到的策略模式所需的「業務流程結構」。企業所進行的一連串主要活動，都要靠它來決定。

▌（3）收益模式

　　所謂的收益模式，呈現的是事業活動的「獲利方法」與「成本結構」。它決定了企業要預設多大的事業規模、單價和成本，才會有獲利。

　　評估上述 3 種模式，可幫助企業建構出最合適的商業模式。

　　除了上述 3 種模式之外，如下表所示，社會上還會用「商業模式」一詞，來代表自家企業的「事業領域」，或「在產業中所扮演的角色」等意涵。因此，本書中對「商業模式」所做的定義，固然不是絕對，但要正確理解其他企業的事業結構，或策略性地設計自家企業的事業之際，使用本書的定義，會是比較合宜的選擇。

表：「商業模式」的 5 種意涵

意涵	內容	例
策略模式	決定該如何提供哪些價值給顧客	● 共享 ● 服務化
營運模式	呈現落實策略模式所需的「業務流程結構」	● 直接銷售 ● 加盟
收益模式	決定確保獲利的方式（獲利方法與成本結構）	● 訂閱制 ● 免費增值
事業領域	設定企業的活動範圍，例如要垂直整合，或要追求水平分工，還是要全球化等	● SPA　● 垂直整合 ● 水平分工
在產業中所扮演的角色	設定平台、代工生產、代購等角色	● 代工（EMS） ● 代購

商業模式的設計

　　無論是規畫新事業，或是改革現有事業，都需要妥善地設計、建構商業模式。在本書當中，我們要向你推薦　套適合用來進行「商業模式設計」的實用手法，那就是「策略模式圖」。運用策略模式圖，就能在一個架構之下，一目瞭然地呈現出「策略模式」、「營運模式」和「收益模式」的重點。詳情後續會再說明。

▌有時需要評估的模式

　　實際進入商業模式的設計階段後，不僅要考量以上 3 個次模式，有時還會需要做更詳細的調查與設計（請參考下表）。

　　舉例來說，有時企業會需要「塑造市場模式」或「與其他競爭模式的差異分析」，以思考行銷手法；再者，有時可能還需要「設計供應鏈模式或夥伴模式」；甚至是為了因應多樣化的收費方案，而將收益模式再細分

成不同的「收費模式」來設計。說得更具體一點，就是要思考訂閱制（p.285）和以量計價（p.268）等收費方法及詳細內容。不過，這些模式都是「有時需要」，並非隨時都得必備。

表：有時需要評估的模式

種類	說明
市場模式	呈現市場結構與顧客特質分布
競爭模式	呈現企業在面對競爭者或新進入者時，打算如何競爭高下
供應鏈模式／夥伴模式	呈現企業與夥伴想要建立何種關係（營運模式的延伸）
社群模式	呈現企業與社群想要建立何種關係
收費模式	呈現企業打算向哪個族群、用什麼方法收費

02 策略模式：
商業模式的起點

　　誠如前一節所述，商業模式是結合多個次模式，並加以設計而成。而它的起點，就是「策略模式」。在策略模式的構成要素當中，最核心的就是「企業的事業活動」和「買方的消費活動」。因為有企業當賣方，還有購買產品或服務的買方，商業活動才能成立——這正是商業活動在市場經濟體制下的本質。下圖左側的「企業的事業活動」，與中央處的「買方的消費活動」，就呈現了這樣的關係。

圖：「策略模式」的起點——企業、買方、競爭者

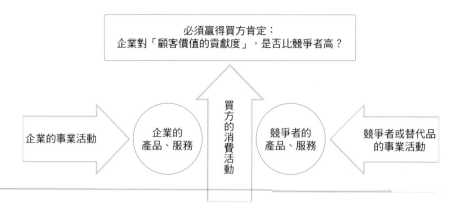

買方與市場

在此確認：上圖中的「模式單元」（將策略模式拆解至極簡的模式）即為「商業活動的本質」——這句話究竟代表著什麼含意？

所謂「有買方」的狀態，是指買家心中懷抱著「可以付錢給這家企業」的評價。換言之，商業活動要成立，除了要有企業透過事業發展來供應物品或服務，還必須要有顧客願意認同他們的價值。

此外，商業活動的另一項特色，就是「市場」的存在。市場是為顧客提供價值的場域，同時也是競爭者和替代品存在的地方（上圖右側）。在本書探討的商業模式架構當中，都認為「事業一定會有競爭者或替代品」。

▌ 何謂替代品？

「替代品」（substitute products）是麥可·波特（Michael E. Porter）在「5力分析」當中所使用的要素之一，也就是指與企業提供給顧客的商品或服務，提供相同價值的商品或服務。這裡要特別留意的，是「競品」（competing products）這個相似的詞彙。所謂的「競品」，是指具有相同基本功能的商品或服務；相對的，「替代品」是指「同樣能滿足顧客需求的商品」。因此，替代品不見得一定是具有相同功能的商品或服務。

在藍海市場（p.392）當中，有時並沒有直接的替代品（競爭者）存在。不過，這時市場上可能有些商品或服務，能提供企業商品或服務的部分功能（有時是原始形態），這就是一種替代品。企業的競爭對手，不見得一定是供應相同商品或服務的市場參與者。例如對消費者而言，影片隨選播放服務可以當做音樂串流服務的替代品（就是以收看 YouTube 來代替使用 Spotify）。

有些替代品甚至還具備了企業產品所沒有的、或多餘的功能。不過就

定義而言，替代品與企業所供應的基本價值相同，但形式各異，就像 Spoify 和 YouTube 都能用來欣賞音樂一樣。

此外，嚴格說來，中央與地方政府的活動，並不在本書討論的範疇。因為這些機關團體的活動，多半都是接近地區壟斷的狀態，所以沒有替代品，使用者也沒有透過市場表達「願意為某些價值付出成本」的機會。

> **MEMO**
>
> 在商業模式分析當中，我們認為過度提升「功能的抽象度」並不是一件好事。例如將 Spotify 和 YouTube 都同樣視為「供娛樂用的傳播方式」，還算妥當，但若把他們想成是「打發時間的工具」，就顯得太過抽象了。當抽象度過高時，就很難設計出具體的商業模式。然而，企業也必須考慮適時地提升抽象度，否則目光就會過於短淺，也就是只考慮直接競品，而忽略了替代品的存在。

▌目標顧客

要在市場上贏得顧客的肯定，就必須提供有別於競品或替代品的價值。就顧客的立場而言，最容易評斷的，就是在產品或服務上與其他企業的差異。所謂的差異，固然也有像「低價」這麼簡單的選項，然而，企業多半會選擇在品質或功能上與眾不同。以前面提過的「圖：『策略模式』的起點——企業、買方、競爭者」（p.20）而言，既然企業的產品或服務，要與競爭者的產品、服務，或甚至是替代品競爭，就必須設計出「對顧客價值的貢獻度」高於競爭者的選項。畢竟評斷產品或服務的終究是買方，也就是顧客。

請記住一個重點：「不必要求每位顧客都肯定自家商品」。要思考的是，市場上究竟有沒有顧客願意肯定自家產品或服務的價值。

舉例來說，近來在日本逐漸增加的「共享單車」服務，對於居住在當

地，每天都騎腳踏車通勤、通學的客群來說，感受到的價值較為有限；可是，以偶然外出，或出門在外的臨時移動需求而言，那些走路嫌太遠，又不至於要搭計程車的距離，若能騎共享單車輕鬆移動，又能把車丟在目的地附近的停車點，就是極具價值的服務了。只要有一定數量的顧客願意認同該產品或服務的價值，這項事業就能成立。

盤點企業資源：區隔

只要打造出卓越的產品，事業就能成功嗎？自高度經濟成長期起，就一直領先全球，創造出許多優質產品的日本企業，如今卻面臨成長瓶頸的窘境，應該也明白產品都有生命週期——換言之，不論是如何與眾不同的產品，終有成為明日黃花的一天。

然而，事業還是要繼續經營下去。事業與產品的差異，就在於有沒有永續性。也就是說，研擬商業模式時，光是「具備」與其他企業的差異還不夠，這些差異能否長期持續下去，才是關鍵。熱賣商品總有一天會退燒，但事業要在不斷改換商品組合之中，持續發展下去。

因此，企業的資源與活動，或這兩者的組合，必須與廣義的競爭者（直接競品和替代品）做出區隔。關於企業如何運用長久累積的、擁有的資源或能力，為自己創造競爭優勢的論述，在 1980 年代中期至 1990 年代，以伯格・沃納菲爾特（Birger Wernerfelt）和傑恩・巴尼（Jay B. Barney）等人的研究最受矚目，後來發展成「資源基礎觀點」（resource-based view，簡稱 RBV）這套理論。這裡所謂的企業資源，其實就是「經營資源」。一般比較會想到的，是諸如不動產及工廠等設備、公司所在地，或是員工等明白易懂的「有形資源」，但其實還不只這些。企業還擁有專利、品牌等「無形資源」，甚至還有「組織上的能力」（capability），也就是我們所說的

「那家公司業務推廣能力很強」、「那家公司很有行銷能力」等，這些都是經營資源。而進入西元 2000 年代以後，連資訊（IT）能力及其運用，也都被視為是一種經營資源。

表：經營資源的分類

種類	說明
有形資源	不動產、設備、公司所在地、員工、資訊系統
無形資源	專利、品牌、活動專業等
組織上的能力	業務推廣能力、行銷能力等

　　誠如你所知，經營資源具有一些和「時間」有關的性質，例如「需要花時間累積」、「反映出企業發展的歷史脈絡」等。換言之，經營資源的特性之一，就是不見得可以輕易模仿（當然也有很多是會被模仿的）。

　　此外，經營資源還有一項特性，就是搭配使用多項經營資源（資源組合），能讓它們的價值出現變化。舉例來說，相較於通用汽車（GM），豐田汽車其實是市場後進者，但它以低成本生產出高品質的產品，逐步打開了市占率。在豐田的競爭力背後，有著多種知名的獨家經營資源，包括「看板管理系統」、「標準化」和「多能工[2]」等。同業若想模仿這些經營資源的各個單項，其實是相對可能的。然而，豐田又將多項經營資源做了複雜的搭配組合，催生出「現場改善能力」這項組織能力。實際上，全球的汽車製造商也確實都紛紛效法「豐田式生產」，但豐田仍一直是全球最具現場改善能力的企業。現場改善能力不會突然從天而降，是豐田汽車在探索自家生產體系的獨特性，以及它和競爭者有何差異的過程中，循歷史脈

※2 「多能工」指的是一位工作者能執行多種工序或操作多種設備。

絡一路建立起來的產物。如此經年累月建立起來的經營資源組合，絕不是其他企業可以輕易模仿的。

在商業模式的設計上，為創造「資源」與「活動」的獨家組合而努力邁進——本書中稱之為「區隔」（將自家企業與其他企業做出區分）。

策略模式的設計

策略模式的設計是創造商業模式的起點。有以下 2 個重點：

（1）對買方而言，要評鑑的是價值主張。而企業應從「與廣義競爭者（直接競品和替代品）做出差異化」的角度切入，向顧客提出價值主張。
（2）能做到上述差異化，其背後原因是企業與其他企業擁有不同的資源和活動。

換言之，所謂的策略模式，其實就是一套思考架構，用來思考如何向顧客提出「價值」主張，以及如何在資源與活動上做出「區隔」，以便創造價值。

圖：「策略模式」的起點──價值與區隔

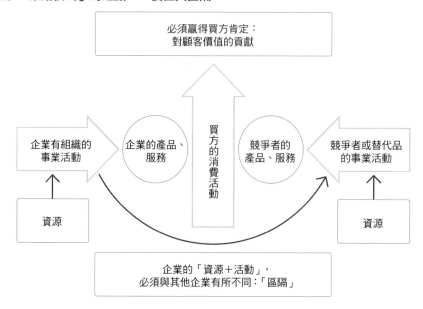

表：資源的「區隔」與「價值」

資源（組合）的「區隔」
與自家企業功能、水準相同的資源
• 其他企業無法立即取得 • 其他企業要比自家公司花上高出一大截的成本，才能取得或維持
誰是「其他企業」？答案會因個別消費者的狀況而有所不同
• 顯性競爭者－潛在競爭者 • 相同的產品－替代品
資源（組合）的「區隔」
資源組合的區隔，能幫助企業在市場上實現顧客價值，並持續做出差異化
• 市場上的顧客價值＝在功能水準上競爭 • 持續差異化＝持續保有吸引力優勢

企業資源的「區隔」與「價值」

▍企業資源的「區隔」

企業資源的「區隔」，不見得一定是要具備「無法模仿」的資源。企業視為自家優勢的經營資源，以「要素」單位而言，其他企業終究也會取得。例如豐田汽車的優勢之一，是讓現場員工都變成多能工；而本田或福特，也能培養一群多能工來當作自家的經營資源——問題在於它們無法立刻辦到，要培訓或延攬，都需要投入時間。因此，一項能為企業提供競爭優勢的經營資源，在幾年內的確可保有其獨特性。

即使是可以模仿的經營資源，後進者有時要耗費龐大的成本，才能取得和先行企業取得同樣的資源。百貨公司的立地條件，就是這樣的例子。

當企業的經營資源具備這樣的條件時，就稱為「不可模仿性」（inimitability）。當資源具備不可模仿性時，商業模式就能做出「區隔」。所謂的不可模仿性，就是「耗時」或「成本墊高」。此外，要素資源或許可以模仿，但要素資源的其他搭配，或資源與活動的組合，恐怕就難以模仿了。

實務上，企業要有這樣的體認：其他企業總有一天會取得同樣的經營資源。因此，在「區隔」的期間當中，企業能否從事一些累積新資源的活動，將影響事業發展的永續性。

另外，在設計商業模式之際，企業要考慮自家公司想投入資源來做出區隔的「其他企業」究竟是誰。不鎖定對象，就無從考慮「不可模仿性」。狹義而言，「其他企業」可能是同一產業內的直接競爭者。然而，如前文所述，只要換個觀點來思考，或許供應替代品的公司也會成為「其他企業」。舉例來說，在「長途移動」這個領域當中，能和鐵路公司較量的「其他企業」，除了同業之外，還包括了航空公司和客運公司。企業的

競爭對象，會視買方尋求什麼樣的價值，願意對哪些功能或吸引人的地方給予肯定，而有所不同。

▌企業資源的「價值」

企業資源（組合）的「價值」，與「區隔」有著相當密不可分的關係；因為當企業搬出資源，成功與其他企業做出「區隔」時，若能提供顧客想要的功能，且可持續做到差異化，「價值」便會應運而生。既然如此，我們其實可以這樣說：企業所具備的資源組合，如果做不出「區隔」，就無法維持它的「價值」。

MEMO

「價值」或「吸引力」等，是站在顧客立場所使用的詞彙；相對的，「功能」則是站在供應端角度思考時，所使用的語言。

例如，吸塵器的基本功能是「清除屋內的細小垃圾或灰塵」，但顧客眼中看到的基本價值，是「把屋子裡，尤其是地板打掃乾淨」。基本功能的水準高低，就機器而言，可用吸力或吸力持久度來衡量；至於吸塵器的重量、垃圾能否輕鬆倒出，以及外觀是否具設計感等，則是屬於「吸引力」的組成項目。

相較於傳統的手持吸塵器，掃地機器人是一個相近的「替代品」，還加上了「自動化」這個新功能；而到府清潔服務則是一個較遙遠的「替代品」，它的清潔方法已非「機器」，但仍是實現「把屋子裡打掃乾淨」這個基本價值的方法之一。

為推動事業持續發展，家用吸塵器事業定位為「事業單位」，尚屬合理。而「集塵袋」式吸塵器的定位，就是一個有生命週期的產品。

在商業模式的設計上，用「維持屋內舒適」這個表達方式，來傳達吸塵器的基本價值，未免太過抽象；「把屋子裡，尤其是地板打掃乾淨」的抽象程度，才是一個可供具體評估設計的理想選項。不過，在評估事業多角化發展之際，以「維持屋內舒適的服務」的抽象程度來思考，會比較妥當。

---

03 策略模式的 4 個構成要素

一個商業模式其實是由多種要素所組成。而商業模式的起點——策略模式的要素，則可分為 4 大類。以下將這 4 大類的內容及其構成要素，還有它們在「情境」等成立前提上的定位，匯整如下表：

表：資源的「區隔」與「價值」

構成要素		說明
I	顧客	功能的提供對象，評量企業吸引力的顧客層（目標客群）
	顧客活動	顧客運用企業產品、服務所進行的「活動」
	價值主張（功能）	企業提供後，顧客就能獲得滿足的基本「事項」
II	功能	企業提供顧客的基本「事項」，用來因應顧客選購產品時的基本需求。
	吸引力	顧客用來與競爭者比較的「事項」，也是顧客沒有選擇其他競爭者的原因。
	（定價、交期）	（本項目可省略）企業提供顧客的「物品」在訂定價格時的基本方針，與企業交期的基本形態。
III	競爭者、替代品	爭奪顧客需求的市場參與者，或具替代性的產品、服務。
	產品	（本項目可省略）實際提供的「物品」或「服務」
IV	機制（用來實現功能或吸引力的資源－活動體系）	資源：企業為實現某些功能或吸引力，所具備的有形、無形「物品」或「能力」。
		活動：搭配多項資源，並加以運用的過程
V	情境	● 本模式實際成立所需的前提（妥適性） ● 對企業而言，本模式具有價值的原因（正當性）

構成要素分類概述

　　策略模式的構成要素，大致可分為Ⅰ.顧客與價值主張、Ⅱ.功能與吸引力、Ⅲ.競爭者或替代品、Ⅳ.機制、Ⅴ.情境，以下詳細解說：

▌ Ⅰ.顧客與價值主張

　　關於顧客與價值主張（對功能、產品想滿足的那群顧客而言的價值），我們可提出以下幾點：

- 發展事業時，必然需要「顧客」。
- 這裡所謂的「顧客」，並非市場上所有的顧客，而是企業設定為目標的顧客。
- 個別顧客會藉由產品或服務來接受「價值主張」，並給予評價。
- 一旦「價值主張」改變，就會成為另一個事業。

▌ Ⅱ.功能與吸引力（含定價、交期）

　　「功能」是一項產品之所以能成立的必備「事項」。產品因為有功能，才能提供價值。

- 顧客為取得功能，而購買產品、服務。
- 因此，功能要能因應顧客的基本需求

　　當顧客拿企業與其競爭者來互相比較時，「吸引力」就會發揮影響力。

- 顧客在評估、比較企業與其競爭者，決定優劣的關鍵「事項」

- 顧客決定選購某家企業產品或服務的原因「事項」

　　「吸引力」是顧客用來比較的項目之一，但它和價值主張不同，可能是競爭者具備，但我方沒有的「事項」；甚至自家企業不見得一定比競爭者優越，也可能比競爭者遜色。

　　此外，企業在與競爭者做比較時，「定價」和「基本交貨形態」也是應該列入評估的要素。

▌ Ⅲ . 競爭者或替代品

　　關於競爭者或替代品，可匯整出以下幾點：

- 市場上所謂的「競爭者」，就是與企業爭奪需求的市場參與者，也就是要以企業為單位。
- 替代品是以產品或服務為單位，而且能取代企業提供給顧客的價值。
- 競爭者、替代品是在價值主張上競爭，因此競爭對象並不限於同業。

▌ Ⅳ . 機制

　　機制有以下幾項要點：

- 商業上的機制，是由企業所擁有的「資源」，搭配企業所從事的「活動」所組成。
- 資源不只是有形的，還有品牌、知名度等無形資源，甚至還包括了組織能力。
- 所謂的「活動」，是搭配企業所擁有的各項資源，並加以運用的過程。
- 「機制」才是不可模仿性的根源所在。

設計商業模式時，「機制」究竟能與競爭者或替代品有多少不同，至關重要。而企業也必須思考如何讓機制長期維持在與眾不同的狀態——因為機制不同，企業提供給顧客的功能內涵與水準，以及能贏得顧客肯定的「吸引力」，都會有所差異。

▋ Ⅴ.情境

當上述這些整體性的要素齊備之際，決定事業能否成立的前提條件，就是所謂的「情境」。

- 對顧客而言，企業的事業內容，是否比競爭者或替代品更具吸引力？
- 顧客選擇商品或服務時，讓自家企業勝出的那項「吸引力」，是否能以資源和活動來做出區隔？
- 這項事業是否符合企業本身所追求的價值，或是社會所認定的價值觀？

情境要從商業模式成立所需的「妥適性」和「正當性」出發，分別考慮，並把它們放進自家企業所處的環境，和自家企業的組織當中，評估它們「能否成立」。

表：商業模式的「妥適性」與「正當性」

妥適性	是否具備商業模式成立的前提——「現實性」？
	● 可實現性（在環境中的妥適性）
	● 可行性（在組織中的妥適性）
正當性	是否具備商業模式成立的前提——「正當性」？
	● 接受度（對外部利害關係人而言的正當性）
	● 理念性（在組織內部的正當性）

當我們在商業模式設計上考量「妥適性」或「正當性」時，光是紙上談兵，無法判斷它們是否真能成立。畢竟在改革既有商業模式，或設計全新商業模式的過程中，情境往往都只是假設。不去付諸實踐，根本無從得知假設是否成立，或能否被接受。

　　因此，在設計商業模式之際，理論上不可能只憑紙上談兵就有結果。企業必須把設計出來的商業模式放到市場上，以便嘗試錯誤或軸轉（要素重組）。我們應該這樣想：光是紙上談兵，無法得到在市場上通用的「靈光一現」。

> **MEMO**
>
> 關於這個問題，艾瑞克・萊斯（2012）提出了「精實創業」的論述，也就是新創企業宜先在市場上推出最小可行性產品（minimum viable product，簡稱 MVP），之後再逐步修正商業模式。

情境分析的範例

根據策略模式的各項要素，舉出情境分析的具體範例如下：

表：情境分析（須檢核項目）的範例

① 顧客價值的情境
• ○○事業能吸引到足夠多的顧客 • 顧客能了解○○事業與現有事業的差異 • ○○事業會成長

② 差異化（吸引力）的情境
有了○○資源（或機制），能幫助企業與競爭者做出差異化（具震撼力的差異）

③ 不可模仿性（區隔）的情境
○○資源（或機制）具不可模仿性

④ 聯合的情境
△△夥伴能感受到協助發展○○事業的誘因

⑤ 收益性的情境
能為○○事業帶來價值的價格與銷量，其獲利在▲▲時，應該可超越營運成本。

（註）於○○、△△和▲▲處填入具體詞彙或數字後，再進行評估。

這裡的重點，在於「企業應明白列出商業模式的情境，以確認事業的妥適性與正當性。但這些情境是否成立，還是有待實際發展事業後，才能確認」。因此，所有包含商業模式情境的假設，都必須在推動事業發展的同時，加以反覆驗證。

第2章

給新手的
商業模式分析

本章會先針對本書要推薦給你的一套架構工具——「策略模式圖」來進行概要說明,再講解如何運用這個架構來分析商業模式,並和你一同檢視全球知名的幾家大企業,究竟是如何篩選商業模式。此外,我們也會於本章後半部解說企業應如何「探索」、「深耕」商業模式。

01 何謂「策略模式圖」？

接下來，要向你推薦一套商業模式的設計、建構（design）手法。它會運用到一個名叫「策略模式圖」的架構，而這個架構，能把商業模式的4個構成要素（包括策略模式、營運模式和收益模式這3個模式，再加上情境），都呈現在同一張紙上。

圖：策略模式圖

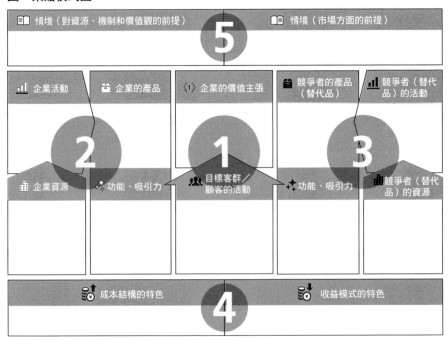

▌ 策略模式

　　策略模式圖的中央處，也就是上圖中的「①」，是由策略模式的「目標客群」和「企業的價值主張」（企業提供給顧客的價值〔產品、服務能滿足的基本需求〕）等所組成。

▌ 營運模式

　　上圖「②」位於整張策略模式圖左方，是由營運模式的「企業資源」和「企業活動」等所組成。另外，「③」則是由競爭者（替代品）的資源與活動所組成。填妥這些欄位，就能擬訂出一套事業機制。

▌ 收益模式

　　上圖「④」位在整張策略模式圖下方，是由企業收益模式的「成本結構的特色」和「收益模式的特色」等所組成。

▌ 情境

　　上圖「⑤」的「情境」位在整張策略模式圖上方，也就是要填寫「該商業模式成立所需的妥適性與正當性」（p.32）。情境是一種假設，用來確認「其他3項次模式的組合要真正成功，需具備什麼前提？」在策略模式圖當中，我們刻意不用「妥適性」和「正當性」這兩個詞彙，而是再細分為「對資源、機制和價值觀的前提」（正當性，企業組織上的妥適性）和「市場方面的前提」（企業所處環境的妥適性，例如顧客活動及市場動向等）。

　　以上這4個要素需要分別考量。此外，它們每個區塊都有不同的基本形態。本書的目標，就是希望能在〈第貳部〉的「商業模式大圖鑑」當中，和你一同檢視這些形態，並且更具體地進行商業模式設計。我們在

〈第貳部〉會將商業模式分為 63 種不同形態，再用圖鑑形式加以整理，並附上參考案例。你不妨參考這些內容，考慮它們是否能應用在您所任職的企業；或從中挑出一些項目，做為未來軸轉（要素重組）的選項。

MEMO

「策略模式圖」這一套工具，的確有和亞歷山大・奧斯瓦爾德（Alexander Osterwalder）、伊夫・比紐赫（Yves Pigneur）所提出的「商業模式圖」（2012）互別苗頭的意味。不過，策略模式圖的架構骨幹——「策略模式」與「情境」，則是出於本書作者的原創，發表時期也比奧斯瓦爾德和比紐赫更早。策略模式圖的概念，最早是由根來龍之、木村誠（1999）所提出來的。

02 [實作] 商業模式分析：以西南航空為例

接下來，我們要以美國企業管理學上的經典案例——「西南航空」為例，講解如何運用策略模式圖來進行商業模式分析。

首先，就讓我們一起來詳細探討西南航空的策略模式。

西南航空的策略模式

西南航空（Southwest Airlines）的主要顧客，是搭飛機差旅的商務客，和低價取向的旅客。西南航空於 1967 年在德州創立，原名西南空運（Air Southwest），總部迄今仍設在達拉斯（Dallas）——此舉意義非凡，因為據說早期對商務客而言，要在以達拉斯為中心的德州地區境內往來，費用昂貴又很麻煩，這便成了西南航空創辦的契機。

西南航空在 1971 年開航之初，一天就有 18 趟往返航班，串聯他們在德州境內的 3 個服務據點城市（達拉斯、休士頓、聖安東尼奧）。從草創初期就打出「一日多班、班班直飛」的概念，正是西南航空與其他大型航空公司的差異所在。

商務客是西南航空的主要目標客群之一，這些旅客搭機的目的，主要是為了差旅。於是西南航空簡化了機上的各項服務，例如將餐飲服務改為無酒精飲料和零食，座位則全都改為不畫位的經濟艙等，但同時也調降了票價。低價機票的出現，讓西南航空不僅大受商務旅客支持，就連那些崇尚省錢旅遊、低價取向的旅客，也對這項價值主張大表肯定。

西南航空所提供的價值主張是「精打細算地前往目的地」。然而，在搭機旅客當中，有些人搭飛機的目的，就是在享受空中旅程。例如傳統航空公司就備有豪華座椅，服務這些認同「舒適移動」或「豪華機上設備」有其價值的旅客，而西南航空卻完全不提供諸如此類的服務——因為他們打從一開始就沒有把這群顧客納入目標。

西南航空所提供的功能，是「在中大型城市之間往來的交通工具」。為此，他們提供的具體產品、服務，是「密集往返2個城市之間的直航航班」。只經營直航航班，也就是只採行「點對點」（point to point）的航運機制，捨棄轉乘，讓西南航空的準點率，比其他同業更高出一大截。對於要出差洽公的商務客而言，「準點率」是很有吸引力的賣點。此外，直航也消除了旅客行李遺失的風險。當年的大型航空公司都採行「軸輻式」（hub and spoke）航線經營，也就是以航運據點機場為中心，發展出多樣的轉機航線，載運旅客前往地方城市。因此對某一部分的目標客群而言，搭乘西南航空的確很方便。

在「中型城市之間的交通」市場上，西南航空的主要競爭者，就是其他航空公司；至於其他替代品，要不是自行開車，就是搭乘灰狗巴士（Greyhound）移動（西南航空的強項是中、短距離航班，所以私家車和客運的替代性更高）。

用策略模式圖來呈現西南航空的商業模式時，首先我們要分析它的策略模式如下圖。在分析或擬訂商業模式的階段，我們必須先考慮5大要素——也就是策略模式的4大類構成要素，再加上「情境」。

西南航空的營運模式

接著，我們要以「勾勒策略模式圖」為前提，來評估企業的營運模

式。請你看看填寫在策略模式圖左側的企業資源與企業活動。

西南航空的資源，就是「自家企業名下的波音客機」。西南航空擁有多達 700 架以上的客機，這些機隊最大的特色，就是機型全為波音 737。只購置相同機型的飛機，可大幅縮減飛機維修養護所需要的時間。此外，西南航空還打造了一套和其他同業迥然不同的營運方式。例如技術純熟的飛機養護團隊，也是他們的資源之一。

表：策略模式分析、擬訂（以西南航空為例）

構成要素		說明
I	顧客	商務客與低價取向的旅客
	顧客活動	依表定時間（或是盡快）前往目的地，而不是享受空中旅程。
	價值主張（功能）	精打細算地前往目的地
II	競爭者／替代品	汽車、長途客運、其他航空公司
III	企業產品	密集往返兩個城市之間的直航航班
	功能	在中大型城市之間往來的交通工具
	吸引力	● 密集航班（方便改搭下一班） ● 票價比指定座位式的航空公司便宜 ● 起降準時，行李不遺失
	（定價、交期）	等同自行開車的價格，比直接競爭者更便宜
IV	機制（用來實現功能或吸引力的資源－活動體系）	● 機型均為波音 737 ● 訓練有素的維修養護團隊 ● 極具成本概念的員工 ● 設定兩地直航航線 ● 全航班不畫位 ● 縮短維修養護時間 ● 壓低費用開銷 ● 確保密集航班所需的起降時段。
V	情境	不轉運行李、不提供機上餐點等簡化服務的措施，不影響企業招攬必要的旅客數量。

西南航空的策略模式——「實現低價交通」、「堅守準點起降」，其價值主張和吸引力，都因為上述這一套營運方式而得以維繫，更贏得了目標客群的肯定。

西南航空的收益模式

西南航空在成本結構上的特色，是「安排密集直航航班，以節省固定費」。這一點和它「只購置相同機型，以縮短維修養護時間」的做法，有很密切的關係。

舉例來說，如果每天只飛一趟，那麼即使維修養護時間稍微有些落差，也不致於影響飛機調度的週轉率。然而，如果航班很密集，同一架飛機在一天之內要飛好幾趟，那麼維修養護15分鐘時的週轉率，絕對會比30分鐘來得更好——因為此舉可確實縮短從降落到起飛的間隔時間（地停時間）。在這樣的運作機制下，西南航空的成本結構，成了它能在價格上與其他企業做出差異化的根本原因。

航空產業的固定費以飛機成本和運輸成本（燃料和人事費用等）為大宗，而這兩項成本又受航機利用率和座位利用率影響而波動。西南航空透過縮短恢復時間來確保高水準的航機利用率，並藉由破盤低價來確保座位利用率。

西南航空的優越之處，就是它雖然屬於收益變動劇烈的航空業界，但是卻能持續在利潤上有所斬獲（請參考下圖）。

圖：美國主要航空公司營業利益率推移

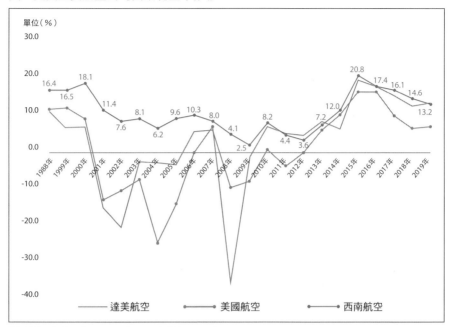

【資料來源】美國航空、達美航空和西南航空公司年報

西南航空的情境

西南航空雖以「低票價」提供了「準點起降」的服務，但相較於大型航空公司，它其實是一家「簡化服務」的企業。不過，西南航空的目標客群──只要能享受「低票價」，並不在意「全航班不畫位」、「沒有機上餐點」、「不轉運行李」的顧客，在美國國內市場大有人在。於是這一點在西南航空的商業模式當中，便成了「市場方面的前提」。

這個商業模式還需要考慮與替代品之間的比較──只要顧客在拿它與「搭私家車移動」相比之後，願意認同這個商業模式，西南航空就能充分確保情境的妥適性（意指「可實際成立」）。

圖：西南航空的策略模式

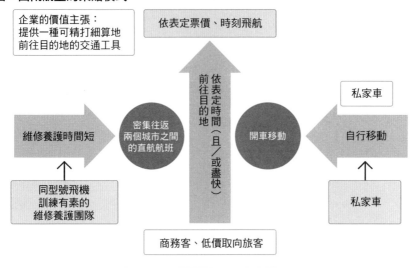

企業的價值主張：
提供一種可精打細算地
前往目的地的交通工具

依表定票價、時刻飛航

維修養護時間短

密集往返
兩個城市之間
的直航航班

依表定時間前往目的地（且／或盡快）

開車移動

自行移動

私家車

同型號飛機
訓練有素的
維修養護團隊

私家車

商務客、低價取向旅客

情境 | 「不供應機上餐點、不轉運行李」的服務，在市場上有相當程度的需求。
（成長期）能確保顧客人數充足，以填滿密集航班。

接著，我們在下表當中，以時間先後，呈現了西南航空在正當性方面的情境。所謂的正當性，就是「以利害關係人的價值觀來衡量，是否能接受」的問題。

表：情境──正當性確認（以西南航空為例）

時期	對象	正當性
草創期	後進者的使命感	需要更便宜、方便的中、短距離航空服務。
現在	重視 ES	以員工滿意度為優先考量，有助於提升顧客滿意度。
未來	成長使命	未來的事業發展領域，仍可專注於國內線。

※ES（Employee Satisfaction）為「員工滿意度」，是用來呈現員工幹勁和滿意度的指標。

當我們以時間先後順序來思考情境的正當性之際，首先會碰到的是在事業草創期，西南航空懷有一份市場後進者的使命感，深切希望自家公司

能推出既有航空公司無法提供的價值——也就是更方便、便宜的中、短距離交通工具。在這個市場上，除了其他航空公司之外，其實汽車更有機會成為西南航空飛航服務的替代品。因此，西南航空要獲利，就需要一些有別於其他企業的機制。

於是西南航空選擇了前面介紹過的「密集航班」機制。這樣一來，只要能壓低固定費用，滿足眾多顧客的需求，那麼即使票價便宜，也能確保公司可以獲利。

檢視過情境的正當性（使命感）之後，我們就能發現西南航空的這一套商業模式絕非小眾市場，反而可以說它是美國國內線航空的主流市場，需求可期。

西南航空能長保競爭優勢的原因

進軍航空業，成功打下一片市場江山的西南航空，之所以能長保對其他企業的持續性競爭優勢（sustainable competitive advantage），並持續發展事業，是因為它有一套足以支撐自家競爭優勢的價值觀（正當性情境）。西南航空為了提升顧客滿意度，特別強調「員工滿意度」（Employee Satisfaction，簡稱 ES）。其實西南航空從創業之初到 2019 年，不曾資遣任何一位員工，在美國企業界當中實屬罕見。在僱用條件和待遇方面，西南航空也打造了一個能讓員工長期任職的組織環境，讓員工的知識、技術能在公司不斷累積，提升業務效率。可惜因為受到新冠疫情影響，西南航空除了創立元年之外，2020 年首度出現虧損，也進行了一波裁員。但我們相信它一定能很快地重回穩健經營的軌道。

西南航空迄今仍一貫堅守創業之初的事業領域，專營美國國內線航班。通常航空公司會傾向拓展海外航線，但西南航空似乎有自己的一套假

設，認為未來即使不進軍國際線，只專心經營往返國內兩個城市之間的直航航班，仍能賺得相當程度的利潤。這個假設目前雖然是支撐西南航空高效經營的主因，但未來或許將會成為阻礙企業成長的障壁。

西南航空的策略模式圖

根據前面的分析，我們可將西南航空的商業模式拆解成以下的策略模式圖。

圖：西南航空的策略模式圖

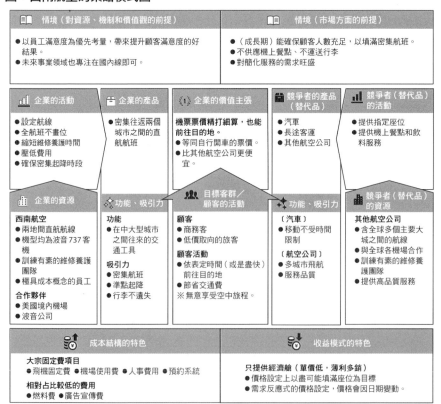

03

商業模式的探索與深耕：以 Amazon 為例

前一節介紹了西南航空的案例。仔細探究之後，不難發現西南航空在「草創期」、「現在」和「未來」，商業模式情境都一點一滴地在改變。其實不只是這個案例如此，企業要追求成長，就必須不斷地改革商業模式——而且不僅是修正現有模式，還要思考如何結合多種商業模式，或同步推動多項不同的商業模式。

何謂「探索」、「深耕」？

企業以發展現有事業為基礎，開創新的商業模式，或是結合多種商業模式時，最好先了解史丹佛大學的查爾斯‧歐萊禮（O'Reilly A. Charles），和哈佛大學的麥克‧塔辛曼（Michael L. Tushman）所提出的「雙元經營」概念。

「雙元」的概念是由「探索」（exploration）和「深耕」（exploitation）所構成。最早將這兩個概念用來對比的，是詹姆斯‧馬奇（James Gardner March）。他將「探索」定義為牽涉「調查、變異、實驗、創新」的企業學習活動；「深耕」則定義為牽涉「精緻化、效率化、選擇、執行」的企業學習活動。

馬奇認為，進行「探索」和「深耕」這兩種活動，需要在企業組織裡具備不同的能力，兩者會彼此爭奪組織內的資源分配，也就是「相互對立的活動」。探索往往容易虛耗時間，而且成果較不確定，還需要花很多時

間才能看到成果；相對的，「深耕」的效率較佳，成果也較確切，甚至往往很快就能看到成果。探索攸關企業的長期成果，深耕則牽涉企業的短期成果。企業組織的資金和人力等資源有限，經營者必須決定在哪一類活動中投入多少資源，同時也要考量整體的均衡分配。

雙元經營與探索、深耕

　　將雙元的概念，與深耕、探索串聯在一起的，其實是歐萊禮和塔辛曼。1996 年時，他們在《加州管理評論》（ *California Management Review* ）上發表了一篇論文，文中把「可同步落實漸進式變革與革命式變革的組織」稱為「雙元組織」，認為這種企業組織只要能巧妙地進行探索與深耕，就可同步實現漸進式變革與激進式變革。

　　後來，歐萊禮和塔辛曼又持續研究雙元概念，有時共同研究，有時分頭進行。他們的研究成果，後來集結成了《領導與破壞》（ *Lead and Disrupt* ）這本書（2016）。在《領導與破壞》當中，將「探索」定義為打造新事業，「深耕」則是與強化現有事業相關的企業活動。歐萊禮和塔辛曼把那些能同時做到「探索」與「深耕」的企業組織，比喻成雙手可以同時左右開弓的狀態，故稱之為「雙元組織」（ambidextrous organization）。（譯註：ambidextrous，有「左右手並用」之意）

Amazon 的「探索」與「深耕」

　　本書要介紹一個「雙元經營」的案例，那就是 Amazon 公司的發展史。Amazon 自創業初期起，就一直是同步推動「探索新事業」和「深耕現有事業」的企業。它的歷史大致可分為 4 個階段：

▌第 1 期：零售事業

Amazon 推動「探索」與「深耕」的第一期，是自 1994 年起算的創業期間，該公司在網路書店事業所進行的相關活動。

這個階段的末期，也就是 1999 年時，Amazon 啟動了「網路拍賣」這項新事業，但並沒有持續發展。企業因「探索」而開創的新事業，不見得每一項都能一帆風順；就算發展的結果風生水起，還是要再等上好一段時間，新事業才能真正為公司貢獻獲利。尤其原始設計無法成功獲利的商業模式，更要在不斷嘗試錯誤之下，才能催生出一個蒸蒸日上的事業。

這個時期，Amazon 還同時進行「深耕」零售事業部門的活動。舉例來說，Amazon 在線上書店網站設計了讓顧客寫感想用的「評鑑」欄。這些由其他讀者提供的資訊，在選購書籍時，可能會成為促使顧客下定決心的臨門一腳。此外，Amazon 為了讓網路購物更方便，推動了多項服務精緻化、效率化的措施，例如提高從自家倉庫出貨時的作業效率，擴大產品線，以及取得「一鍵下單」的專利等，使得顧客人數一路攀升。

表：Amazon 事業發展過程中的「探索」與「深耕」案例

	（新事業的）探索	（現有事業的）深耕
第 1 期 零售事業（1994～）	1994 年 公司設立登記 1995 年 網路書店上線 1999 年 啟動網路拍賣事業（後來退出市場）	提供顧客參與式的「評鑑」服務 新建倉庫，以因應商品數量增加 投資物流科技 擴大銷售品項（CD、DVD、錄影帶） 取得一鍵下單（1-Click）專利 2001 年啟動行銷用的「聯盟計畫」（與外部網站合作）

		（新事業的）探索	（現有事業的）深耕
仲介事業（2001～）	第2期	2002 年 啟動 Amazon 市場服務 2008 年 啟動物流事業（將其他零售業者的產品寄存在 Amazon 的倉庫，並自此出貨）	將物流定為組織能力的核心，並為提高倉庫效率進行相關的技術投資 2012 年 收購機器人公司 Kiva systems 2005 年 啟動 Prime 會員服務 2015 年 開始提供一鍵購物鈕「Dash Button」（後來中止服務）
轉型為資訊、硬體企業（2006～）	第3期	2006 年 雲端服務「Amazon Web Service（AWS）」正式上線 2007 年 發表電子書閱讀器「Amazon Kindle」 2007 年 開設電子書店「Kindle Store」 2010 年 影音串流服務「Amazon Instant Video」正式上線 2010 年 成立電影、節目製作公司 Amazon 影業 (Amazon Studio) 2014 年 發表智慧型手機「Fire Phone」 2014 年 發表智慧音響「Amazon Echo」	於矽谷設置開發據點 2011 年 發表安卓系統的平板電腦「Kindle Fire」
跨足實體通路事業（2016～）	第4期	2016 年 啟動無人商店「Amazon Go」測試 2016 年 收購食品超市連鎖「全食超市」（Whole Foods Market） 2017 年 展開生鮮食品配送服務「Amazon 生鮮超市」（Amazon Fresh） 2019 年 啟動不動產仲介媒合服務「TurnKey」 2020 年 健康手環「Halo」上市	2020 年 開設主打生鮮食品的超市「Amazon Fresh」實體門市

（續上頁）

圖：Amazon 的商業模式（第 1 期）：書籍電商

📖 情境（對資源、機制和價值觀的前提）	📖 情境（市場方面的前提）
●沒有實體店面，直接從倉庫出貨，可銷售更多書籍 ●迅速的出貨作業，是一大競爭力	●能迅速將顧客想要的商品送到顧客手上（有配送用的基礎設備等） ●只要先登錄付款方式，就輕鬆購物（信用卡的普及）。 ●可在購買前透過讀者評價確認品質（不必站在書店翻閱）

📊 企業的活動	📦 企業的產品	🏆 企業的價值主張	📦 競爭者的產品（替代品）	📊 競爭者（替代品）的活動
●品項豐富齊全 ●完善的倉庫和倉管機制支援快速配送 ●管理顧客的付款資訊	●透過電商平台銷售書籍	●購書後會快速地送到顧客手上	●書店（實體門市）	●銷售顧客想要的書籍 ●依顧客的書籍訂單調貨

🏢 企業的資源	✨ 功能、吸引力	👥 目標客群／顧客的活動	✨ 功能、吸引力	🏢 競爭者（替代品）的資源
資源 ●儲放、出貨倉庫 **夥伴** ●與宅配業者合作	**功能、吸引力** ●庫存豐富 ●付款簡便 ●配送快速 ●讀者評價 ●推薦	**顧客** ●使用電商網站的顧客 **活動** ●在電商網站買書	●展示 ●商品搭配 ●在店翻閱	●門市的地點與面積 ●採購通路

💰 成本結構的特色	💰 收益模式的特色
●網站開發費（固定費） ●倉庫維護管理費、書籍採購費（相對占比較高的費用）	●AmazonPrime費用（來自顧客的定額收益） ●銷售手續費（出版社回饋銷售毛利：銷量越多回饋越多）

📕 第 2 期：仲介事業

Amazon 自 2002 年起，啟用「Amazon 市場」（Amazon marketplace）服務，讓獨立經營的書店或個人用戶可將舊書放到平台上來銷售。這項為賣方和買方媒合的服務，後來發展成僅次於網路直銷商店的第 2 大事業體。

2002 年，「Amazon 市場」起步之初，還只是一個供第 3 人刊登上架商品資訊和代收貨款的媒介型平台（p.80）。Amazon 只負責出借賣場空間給第 3 方賣家，自己不會進貨。這樣的事業，可更有效率地運用 Amazon

圖：Amazon 的各項服務營收（2018 年 Q1~2020 年 Q2）

（單位：百萬美金）

Q1 2018　Q2 2018　Q3 2018　Q4 2018　Q1 2019　Q2 2019　Q3 2019　Q4 2019　Q1 2020　Q2 2020

■ Amazon 合計　■ 網路商店　■ 實體商店　■ 第 3 方服務　▨ 定額收費　□ AWS

【資料來源】作者根據 Amazon 季報，調整部分內容後編製

在網路零售領域所奠定的基礎「深耕」，又能拓展事業版圖「探索」。自此，Amazon 已開始發展多項事業的結合。

在 Amazon 上架的商品，原本是由賣家直接寄送給顧客，到了 2008 年時，該公司又啟動了全新的「物流事業」（Fulfillment by Amazon，在自家倉庫儲存、管理其他企業上架的商品，並代為配送的事業）（探索）。在這項新事業當中，Amazon 能否將自家倉庫的效率發揮到極致，將影響它對其他企業的競爭優勢。

為推動倉庫的自動化，Amazon 在 2012 年時，收購了機器人公司 Kiva Systems（現為 Amazon 機器人公司，即 Amazon Robotics）。這宗收購交易，讓 Amazon 取得了新的技術，「深耕」倉庫資訊系統，成功強化了現有的事業。

Amazon 還陸續推動了許多新事業、服務（探索）。例如 2005 年的會

員制「Amazon Prime」（深耕），是一項可享免運費、快速到貨的服務；2014年又推出智慧音響「Amazon Echo」，2015年還有「Amazon Dash」（已終止服務）。我們可將這個第2期，視為Amazon投入自家資源，同時「探索」與「深耕」零售事業、仲介事業，以及這兩者的相關事業，以追求連鎖式強化與擴張的時期。

圖：Amazon 的商業模式（第 2 期）：Amazon Market

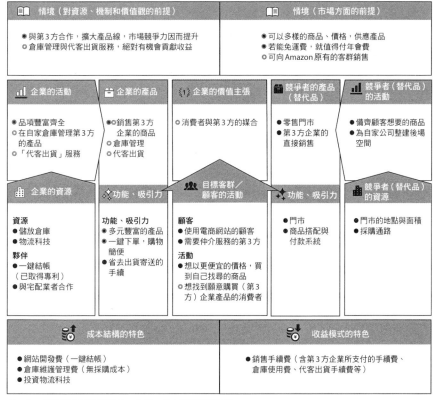

●＝為一般顧客服務的事業　◎＝為第3方企業服務的事業

第 3 期：轉型為資訊、硬體企業

自 2000 年代中期起，Amazon 又把事業版圖往資訊服務及硬體領域擴張。這個轉變的契機，始於 Amazon 在 2006 年正式上線的 Amazon 雲端運算服務（Amazon Web Services，簡稱 AWS）。

AWS 是提供儲存空間和資料庫等的雲端服務（p.90），原本是 Amazon 內部用來用來推動效率化、解決課題的資訊基礎建設（深耕），後來才對外提供外部企業使用（探索）。儘管 AWS 曾於 2019 年時發生當機，導致

圖：Amazon 的商業模式（第 3 期）：AWS

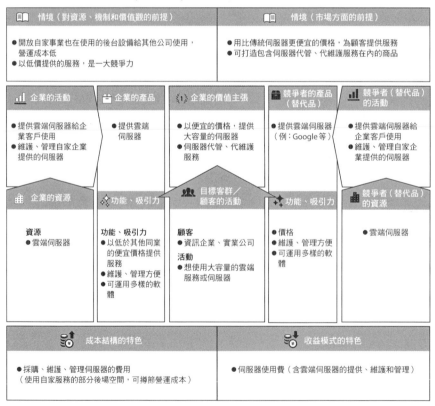

Netflix 及大型電商網站暫時無法正常服務，但誠如各位所知，在事件過後迄今，AWS 已發展成連同業也在使用的跨國服務。

相較於需投入倉儲與物流成本的零售事業，AWS 的營運成本更能發揮規模經濟的效益，獲利表現更佳，所以現在 AWS 已被譽為是 Amazon 的「金雞母」（請參照下頁圖表）。另外，對 Amazon 而言，雲端運算服務和 Amazon 市場或物流事業一樣，都是提供公司既有資源，幫助其他企業的事業發展更有效率，等於是 Amazon 在 B2B 事業上的「多樣化」（探索）。這一點也很值得關注。

圖：AWS 的營收、營業利益與 Amazon 的營收推移（2018 ～ 2020 年）

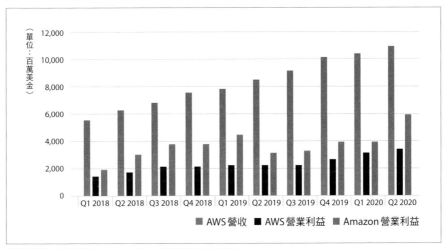

【資料來源】作者根據 Amazon 季報，調整部分內容後編製

Amazon 在第 3 期著手推動的另一項新事業，是「硬體製造」（探索）。Amazon 陸續推出多項產品，包括 2007 年的電子書閱讀器「Amazon Kindle」，2010 年推出兼具影片播放功能的「Kindle Fire」，2014 年則有智

慧型手機「Fire Phone」（後來退出市場）和智慧音響「Amazon Echo」。在推出這些硬體之前，Amazon 已經先在平台事業布局。推出了電子書店和影音串流服務。

電子書和影音串流服務，可說是在既有的平台服務事業上，擴大銷售品項與提升服務品質（深耕）；而隨之發展的硬體事業（探索）的品項擴增與品質優化，則可說是自此開始起步。

▌ 第 4 期：跨足實體通路事業

第 4 期是從平台服務跨足實體通路事業（探索）。Amazon 在實體通路事業的發展脈絡，是先於 2016 年啟動實體無人商店「Amazon Go」的測試，然後在隔年收購了「全食超市」（Whole Foods Market）這家分店遍佈全美各地的有機食品超市（探索），接著同樣在 2017 年，又推出了主打生鮮食品的「Amazon 生鮮超市」（Amazon Fresh）。Amazon 生鮮超市最早是以網路超市形態起家，只負責配送商品。直到 2020 年 8 月，才跨足到實體領域展店（深耕）。

Amazon 自創業之初就不斷地成長，到了 2019 年時，甚至還將銷售品類的版圖擴大到不動產，宣布啟動新事業「TurnKey」（探索），為顧客介紹不動產仲介業者。發展這項事業的目標，據說是要讓顧客在新居安裝 Echo 和 Fire TV 等硬體，Amazon 就能隨時與這些顧客保持連結。

Amazon 接連發展新事業，難免給人一種眼花撩亂的印象。像這樣把它的商業模式發展進程分成 4 期來看，就能發現它是以最早發展的零售業為基礎，運用「探索」與「深耕」的搭配組合，持續擴大並深耕各個事業領域（Business Domain）。這代表企業要持續追求成長，就必須同時考慮商業模式的「探索」與「深耕」。如此一來，企業就能在修正現有模式之際，發展多種商業模式的結合，並同步推動多項不同的商業模式。

圖：Amazon 的商業模式（第 4 期）：Amazon Go

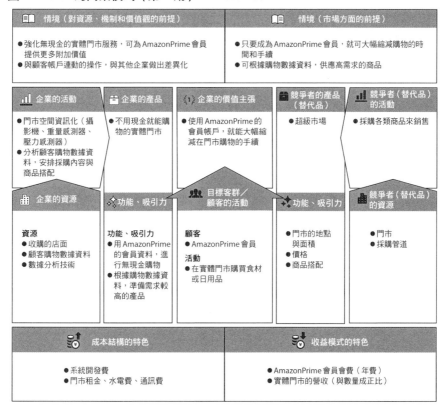

商業模式的調整與價值主張

　　策略模式圖是用來設計商業模式的一個架構，乍看之下是由細瑣的要素所組成。請注意：這些細瑣要素如果樣樣都講究，那麼不論是新事業的開創，或是現有事業的重新整頓，都會變得窒礙難行。

　　設計商業模式之際，我們要做的，並非一視同仁地顧慮每個要素，懂得隨時以企業的價值主張為起點，才是關鍵。不必想著填滿整張圖，聚焦

中央處的「價值主張為何？」「顧客是誰？」，適時回到由「價值主張」、「目標客群」、「產品／服務」所構成的策略模式，看看它的模式單元，並且反覆進行思考實驗（thought experiment）與實踐，至關重要。此外，我們還需要明白列出整個商業模式的前提情境（context），並斟酌情境成立的可能。

隨時回歸策略模式的模式單元，應該就能俯瞰各式各樣的變化，例如外部環境或技術的變動等，更有效率地進行各項事業的「深耕」與「探索」。

参考文献

- Barney, J. (1991)〈企業資源與持續性競爭優勢〉（Firm Resources and Sustained Competitive Advantage），《管理學報》（Journal of Management）., 17, 99-120.
- 井上達彥《從零開始打造商業模式：催生新價值的技術》（東洋經濟新報社，2019）
- 金偉燦、莫伯尼（入山章榮審訂，有賀裕子譯）《（新版）藍海策略：再創無人競爭的全新市場》（鑽石社，2015）（繁體中文版由天下文化出版）
- March, J. G. (1991).〈組織學習中的探索與深耕〉（Exploration and exploitation in organizational learning）《組織科學》.（Organization Science）,2(1), 71-87.
- 根來龍之、木村誠《網路事業的經營策略：知識交換與價值鏈》（日科技連出版社，1999）
- 根來龍之 (2006)〈競爭策略擬訂的起點為何？邁向「內外」融合的策略論〉《早稻田商學》,(407),463-482
- 根來龍之《開創事業的邏輯》（日經 BP 社，2014）
- 根來龍之《商業思考實驗》（日經 BP 社，2015）
- 查爾斯·歐萊禮、麥克·塔辛曼（入山章榮審訂，渡邊典子譯）《領導與破壞》（東洋經濟新報社，2019）
- 亞歷山大·奧斯瓦爾德、伊夫·比紐赫（小山龍介譯）《獲利世代：自己動手，畫出你的商業模式》（翔泳社，2012）（繁體中文版由早安財經出版）
- Osterwalder,A., Pigneur, Y., Smith, A.and Etiemble, F.（2020）. The Invincible Company: How to Constantly Reinvent Your Organization with Inspiration from the World's Best Business Models,Wlley
- 艾瑞克·萊斯（井口耕二譯）《精實創業：用小實驗玩出大事業》（日經 BP 社，2012）（繁體中文版由行人出版）
- Wernerfelt, B. (1984). A Resource-Based View of the Firm. Strategic management journal, 5(2), 171-180.

第貳部

商業模式大圖鑑

在〈第貳部〉當中,我們要以〈第壹部〉所講解的「商業模式的基本觀念」為基礎,將商業模式分為 63 種不同形態,再用圖鑑形式加以整理,並附上參考案例。你可從中檢視個別商業模式的內涵,也可輕鬆比較多個不同的商業模式,更能具體地參考本書所介紹的成功形態,從中獲得一些評估新構想時所需的靈感。

「第貳部 商業模式大圖鑑」的使用方法

在〈第貳部〉當中，我們盡可能全面地網羅了各種「策略模式」、「營運模式」「收益模式」和「情境」，並逐項條列出來（圖鑑化）。各個模式的定義如下：

表：3 種模式與情境

種類	說明
策略模式	呈現企業「要供應什麼（產品、服務）」、「給哪些顧客（目標客群）」，會「動用哪些資源」，以及想「如何吸引顧客」。
營運模式	呈現落實策略模式所需的「業務流程結構」。它決定了企業實際執行的一連串主要活動。
收益模式	呈現事業活動的「獲利方法」與「成本結構」。它決定了企業要預設多大的事業規模、單價和成本，才會有獲利。
情境	在設定商業模式的各項要素之際，決定整個事業能否成立的前提或假設。

※ 各模式與情境的詳細說明內容，敬請參閱第 2 章

在〈第貳部〉的策略模式當中，我們不僅網羅了「個別企業策略模式的基本形態」，也收錄了「在事業領域或產業中的功能形態」。這些形態內容，都已經過抽象化處理。此外，每一家企業的策略模式，都必須具備獨特性（否則就不會有競爭力）。因此，我們並不樂見你將自家企業的事業發展，直接套用在這裡所收錄的任何一種形態上。請將這些內容，當做「構思自家企業模式時的靈感」來參考。

相對的，收益模式具有全面性，你在評估如何確保自家企業產品或服務的收入時，最好想一想「它適用哪一個模式」，強迫自己套用這裡所列出的各個模式來思考，效果更佳（強迫聯想法）。

至於這裡所列出的營運模式，性質介於策略模式與收益模式之間，雖然還不至於具備全面性，但也不像策略模式那麼講求獨特性，稱得上是有「形態性」的特質。

　　最後會探討「情境」。本書中所列舉的情境，並不是把各家企業放在「策略模式圖」裡的情境原封不動地照抄過來。請想成是將個案抽象處理過後，化為「一般的成功原理」來呈現的內容。

第3章

策略模式

所謂的「企業模式」，就是呈現企業「要供應什麼（產品、服務）」、「給哪些顧客（目標客群）」，會「動用哪些資源」，以及想「如何吸引顧客」。本章將「個別企業策略模式的基本形態」，以及「在事業領域或產業中的功能形態」進行抽象化處理後，收錄於此。請當做構思自家企業模式時的參考靈感，善加運用。

01

控制供應鏈
垂直整合

個案研究 豐田、Amazon

┌ KEY POINT ┐ ──────────────────────

- 供應鏈上所有程序都在企業集團內整合。
- 可迅速地做出策略性的決策。
- 出現技術創新時,恐有反應緩慢之虞。

基本概念

所謂的「垂直整合」,就是從產品研發,到製造、銷售等供應鏈上的所有程序,都在企業集團內部進行的一種商業模式。有些企業內部沒有從事產品製造和銷售等程序,便會透過併購來收購、整併其他公司的資源。

說到垂直整合,一般讀者比較熟悉的代表案例,是像汽車產業這樣的傳統製造業。其實自 2010 年以後,GAFA(Google、Apple、Facebook、Amazon)和 Netflix 這樣的數位企業,也開始透過垂直整合壯大自家企業的市場版圖。

Netflix 的影音串流事業,在全球擁有約 1 億 7 千萬名使用者。Netflix 在草創之初即專攻影音串流服務,直到 2013 年起才跨足內容製作事業,如今已製作出多部全球熱播的作品。它致力推動變革,透過整合上游產業,成功從「只負責採購作品與上架播放(流通)」的傳統商業模式,轉型為可掌握影片製作流程的垂直整合模式,獨占優質作品,與其他競爭者做出了差異化。

Google 則是於 2018 年起,供應自家開發的機器學習用積體電路晶片「張量處理器」(Tensor Processing Unit,簡稱 TPU)給外部客戶。這款晶片

企畫、開發

調度

製造

運送

銷售

SHOP

在自家企業
集團內進行
所有程序

是在物聯網環境下，用來讓裝置與伺服器連線進行邊緣運算時，不可或缺的零件，未來可望運用在連網車輛等領域。這樣的業務擴張，可說是從Google 原本的伺服器服務，發展到資訊服務、雲端、裝置的一種垂直整合策略。

案例 1 豐田汽車

豐田汽車（TOYOTA）旗下，營收列入集團合併營收計算的子公司多達 548 家。從汽車研發到經銷門市，一條龍式的垂直整合，讓豐田常保全球競爭力迄今。總公司負責汽車款式的研發；而專業分工的各家子公司，則分別負責生產零件、車體組裝；再依車種開設系列經銷據點，將產品送到消費者手中。這樣的模式，省下了生產、物流上的交易成本，讓豐田更

圖：豐田的垂直整合

企畫、開發	零件採購、組裝	車輛組裝	運送	經銷據點
豐田汽車	豐田自動織機 愛知製鋼 捷太格特 豐田車體 愛信精機 電綜 豐田紡織 豐田汽車東日本 豐田合成 大發工業	豐田汽車 豐田自動織機 日野汽車 大發工業	豐田運輸 愛知陸運 豐藤海運	TOYOTA TOYOPET COROLLA Netz LEXUS

【資料來源】作者根據豐田汽車官方網站（https://www.toyota.co.jp）資訊，調整部分內容後編製。

能以便宜的價格，供應高品質的產品。

全球製造業的典範「豐田式生產」，就是在生產流程中運用垂直整合模式，所打造出來的生產管理手法。不論是排除包括庫存、搬運等無助於提升產品附加價值的「7 個浪費」，或是透過各製程之間的相互合作，解決庫存過剩問題的「即時生產」（Just In Time，只生產必要數量的零件生產方式），這些管理手法的導入，都對豐田集團的業績貢獻良多。

進入 2010 年代之後，豐田把自家企業的商業模式，重新定義為「行動服務」（mobility service）。他們希望能發展「收集、運用駕駛數據資料」，以及「透過訂閱服務，讓駕駛隨時都能改開自己喜歡的車」等新事業，以整合服務業務。

Amazon 是以「專攻服務的垂直整合」，壯大企業收益規模的一個絕佳案例子。幡鎌博把 Amazon 的事業，定義為「由『雲端』、『零售平台』和『物流事業（倉庫內的儲放、接單、配送業務）』所構成的垂直整合」，認為 Amazon 就是透過這 3 者的整合，維持強大的競爭優勢

此外，經垂直整合的雲端、零售平台和物流事業，也是 Amazon 的外部收益來源。雲端運算服務 AWS 和倉儲、物流，都已對外開放。包括 Netflix 在內的多家外部平台企業，都在使用 AWS；其他電商服務平台也運用倉儲、物流，進行商品的儲放與配送。

Amazon 發展數位化之後，就可以像這樣，將企業資源垂直整合，並對外開放，確保本業之外的收益來源。

MEMO

豐田的「行動服務」概念，其實也可視為是對外界的開放策略，或聯盟策略（合作策略），而不只是有效運用企業內部的垂直整合資源。

垂直整合的成立條件

（1）雄厚的資本力

要推動垂直整合，企業內部要有一定的資本，以支應研發、製造和銷售的整合所需。

（2）在供應鏈上各個程序都有一定程度的接單規模

確保每個程序的收益規模，企業和整個集團的收益也會隨之提升。

（3）產品製造的交易程序越多，成本效益越大

在製造汽車零件或工具機這種「需要多項零件的產品」時，因垂直整合所帶來的各項效益，包括降低成本、加快交易速度等，都會放得更大。

垂直整合的陷阱

近年來，技術創新降低了製造成本，推動了物流進化，因此，我們也開始看到一些「向外部市場採購的成本，比從企業內部調度更便宜」的案例。在這種情況下，程序的整合會帶來成本飆高的風險。再者，集團的規模越大，要落實公司治理的難度就越高。

套用前請先釐清以下問題：

☑ 企業的產品、服務是否具備一定程度的市場規模？
☑ 企業的產品、服務是否可望持續發展？
☑ 如併購外部企業時，是否可望取得符合投資成本的收益？
☑ 當經濟狀況與新法規等外在環境出現變化時，是否能迅速釐清哪些程序的業務難以繼續發展？

參考文獻

- 幡鎌博〈Amazon 的策略：服務的垂直整合與顧客至上主義〉《IT News Letter》8（1）,pp.3-4（2012 年）
- 大衛·貝贊可（David Besanko），馬克·尚利（Mark Shanley），大衛·卓藍諾（David Dranove）《策略經濟學》（Economics of Strategy）（鑽石社，2002 年）

02

專攻優勢領域
分層專家

個案研究 英特爾、微軟、鴻海科技集團、島野

```
┌  KEY POINT  ┐
```

- 專攻價值鏈上特定分層的活動，以建立競爭優勢的方法。
- 容易脫離價值鏈獨立的業務或產業，才會成立。
- 在企業所屬的分層裡，以技術、專業和規模等項目與其他企業做出差異化，
  是一大關鍵。

基本概念

所謂的「分層專家」，就是在某個產業的價值鏈當中，專攻「特定業務或功能」的活動，並在該領域建立競爭優勢的策略。而「特定業務或功能」，就是所謂的「分層」（layer）。

分層專家專攻的分層，多半是價值鏈上的某項主要業務，例如「專攻製造」、「專攻銷售」等。

此外，有些分層專家並非專精製造或銷售等「業務」，而是專攻安裝在某項產品上，負責特定功能的「零件」。例如在電腦產業當中，有中央處理器（CPU）、記憶體、硬碟、作業系統、主機（硬體）、應用軟體等零件，在電腦上發揮必要的功能。專攻任何一項零件，都能在市場上建立競爭優勢。舉凡專攻中央處理器分層的英特爾（Intel），專攻作業系統的微軟（Microsoft）等，都是電腦業界的主要分層專家。

換言之，所謂的分層專家，就是指那些專攻「價值鏈當中的特定業務」或「產業內的特定功能（零件）」，從中累積技術與經驗，以期能在市場上創造優勢的企業。

> **MEMO**
>
> 「分層專家」這個商業模式，是波士頓顧問集團（Boston Consulting
> Group，簡稱 BCG）為重新建立現有價值鏈，提高生產力，或用來構思提
> 供新價值的機制，所提出的架構——「解構」（deconstruction）的其中一
> 種類型。

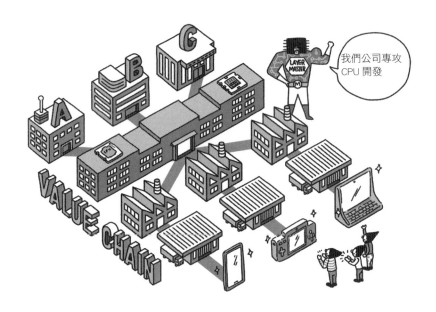

案例 1 鴻海科技集團

　　鴻海科技集團（Foxconn Technology Group）是以台灣鴻海精密工業為
核心的企業集團。鴻海所發展的，是電子產品的代工生產，也就是所謂的
「EMS」（Electronic Manufacturing Services）業務。全球各地的電子、通訊設
備大廠，都是鴻海的客戶，而鴻海就負責接單生產這些企業銷售的產品。

　　舉凡蘋果公司（Apple）的 iPhone，各家通訊大廠的行動電話、平板電

腦，或任天堂（Nintendo）的 Switch、索尼（SONY）的 PlayStation 等，都是
由鴻海生產，工廠多設在中國。鴻海的電子代工業務可說在電子產品、通
訊設備製造商的價值鏈當中，專攻「製造」分層的企業。

MEMO

其實不僅製造業，其他行業也有分層專家。例如在顧問業界，有專攻「設
計」分層的美國 IDEO；還有專攻「網站或應用程式的使用者體驗（操作
方便性）」分層的微拓（bebit）等，都是箇中翹楚。

案例 2　**島野**

　　島野（Shimano）的總公司位在大阪府的堺市，是一家自行車零件和
釣具的製造商。他們的自行車零件事業，被譽為是「自行車業界的英特
爾」，可說是忠實地呈現了島野在自行車產業所演繹的分層專家特質。島
野的自行車零件事業，旗下有變速系統、煞車、輪圈、齒輪、煞車拉桿等
零件工廠，在日本國內外各地生產，為公司貢獻了 8 成營收。其中，運動
自行車用的零件，更在全球擁有 8 成以上的市占率，遙遙領先其他同業。

　　島野的自行車零件事業，在自行車產業當中，堪稱是專攻「零件」
（煞車及變速等功能）分層的專家。

　　現在，島野就憑藉著這份競爭力，為自行車製造商和經銷據點提供開
發協助或技術指導，影響力可見一斑。

圖：扮演分層專家角色的島野

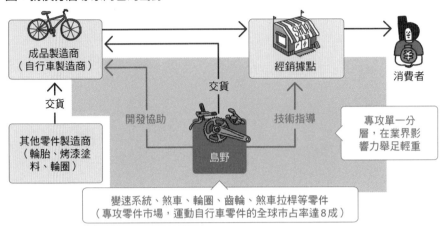

分層專家成立的條件

（1）可脫離價值鏈的分層，而且具備一定的量體

　　分層專家的角色要能成立，關鍵在於「分層能否脫離價值鏈」。例如對電子產品製造商而言，「製造」這個分層，可從自家價值鏈切割出去，委由其他企業代工，也不會影響原有的其他分層。於是像鴻海這樣的電子代工業者，就有了切入的空間。換言之，分層專家在高度模組化的業務或產業當中，是有可能生存的。此外，脫離價值鏈的這個分層，量體必須足以讓一家企業的事業成立。

（2）在分層內能否建立競爭優勢？

　　分層專家不僅要能專攻該分層領域，推動業務發展，還要對同一分層內的其他企業創造競爭優勢。例如英特爾專攻中央處理器，微軟主打作業系統，島野鑽研自行車零件，這些企業都是因為具備高水準的技術能力，才能在特定分層內常保競爭力。

分層專家的陷阱

專攻特定分層，且具備高度技術能力和專業，和能否常保競爭力是兩回事。舉例來說，英特爾在個人電腦的中央處理器市場上，市占率曾一度高達 9 成，現在該業界的老二──美國的超微半導體（AMD）已急起直追，緊跟在後。從這樣的案例當中，我們也可以發現：成為分層專家之後，企業還是必須持續開發技術，努力開拓市場。

此外，也可能會有原本在其他分層活動的企業，因為垂直整合而跨足自家企業專攻的分層。名聞全球的中國通訊產品大廠華為（HUAWEI），據傳已著手開發獨家作業系統，代表華為已踩進了微軟長期耕耘的「個人電腦作業系統」分層。

套用前請先釐清以下問題：

☑ 企業的產品、服務，是不是已經模組化的業務或產業？
☑ 企業在專攻的分層當中，是否能確保一定程度的事業規模？
☑ 企業是否有足夠的技術能力，在專攻分層當中建立、維持競爭優勢？
☑ 企業專攻的分層，目前有無其他企業搶占？

參考文獻

• 內田和成《解構經營革命》（日本能率協會管理中心，1998 年）
• 相葉宏二、globis 企管研究所（編）《MBA 事業策略》（鑽石社，2013 年）

指揮者

爭取其他企業協助，重新打造事業

個案研究 戴爾、愛速客樂、IKEA

┌ KEY POINT ┐─────────────────────────────────────

- 負責價值鏈上特定部分的業務，其餘業務交由其他公司處理，重新打造價值鏈。
- 能否找出現有價值鏈上的潛在「課題」，是一大關鍵。
- 可能會與自家公司的外部協力廠商打對台。

基本概念

所謂的「指揮者」，就是在某項產品、服務的價值鏈上負責特定業務，其餘業務外包給其他公司處理，好讓整體價值鏈達到最適化的一種策略，或指施行這項策略的參與者。這個概念本身與「分層專家」（p.69）雷同，因此，我們就先來看看「指揮者」與「分層專家」之間的差異。

所謂的「分層專家」，就是像專攻「中央處理器」這個特定零件的英特爾，或像專精「製造」這個特定流程的鴻海精密工業一樣，專攻價值鏈上特定分層的商業模式。

而在「指揮者」當中，最具代表性的企業之一，就是電腦銷售巨擘戴爾（Dell）。戴爾採用的是「接單生產」法（p.191），他們在「把個人電腦這項成品送到消費者手上」的一連串價值鏈當中，主要負責的是產品企畫、行銷、銷售與售後服務等。其他的產品製造、採購調度、組裝和配送等，全都外包給其他公司處理。

在電腦銷售的價值鏈上，從事可以創造附加價值的活動，其餘活動則由其他外部企業協助，以追求整體價值鏈的最適化（以戴爾為例，是採用接單生產的模式，來追求個人電腦銷售的效率化）。這樣的策略、或策略

的主要參與者，我們稱之為「指揮者」。

　　這裡的重點在於：指揮者在負責特定部分的同時，還會廣納其他企業，目標是追求整個價值鏈的最適化，不會對那些非自家企業處理的領域漠不關心。

　　我們再以戴爾為例來想一想。「電腦銷售」的運作機制，通常是製造商有幾種規格大致固定的成品，透過零售通路送到消費者手上。換個角度來看，這種做法其實就是「存貨生產」，參與電腦製造、銷售的各家企業，都要承擔虧損的風險。

　　為了消除這種虧損風險，戴爾以「接單生產」方式，發展電腦銷售事業。他們廣納有意協助這項事業的零件製造商、組裝業者和貨運業者等，重新打造了一個價值鏈，立場儼然就像「交響樂團的指揮」──這就是指揮者的特色。

指揮者和分層專家一樣，都是 BCG 所提出的架構——「解構」（deconstruction）的其中一種類型。

案例1　愛速客樂

　　愛速客樂（ASKUL）是一家經營文具、辦公用品郵購和網購的企業（現已成為軟體銀行旗下「Z 控股公司」的子公司）。愛速客樂進入市場

圖：愛速客樂操作的價值鏈最適化

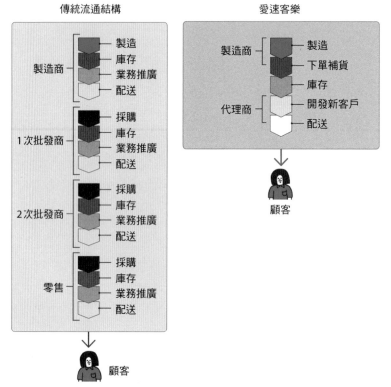

【資料來源】作者根據〈愛速客樂模式〉（https://www.askul.co.jp/kaisya/business/model.html），調整部分內容後編製。

前，製造商生產出來的文具，要透過批發商和零售商的層層轉手，才能送到顧客手上。過程中會衍生一些社會損失（social loss），例如庫存損失、物流損失等。

於是愛速客樂就在文具的價值鏈當中，以郵購業者的身分，扛起了「產品銷售業務」的工作，同時還把散佈在日本全國各地的文具零售業者，重新整合成自己的經銷據點，打造出新的價值鏈。

案例 1　IKEA

瑞典的 IKEA（宜家家居）是全球家具零售業的龍頭。他們的事業概念是供應價格便宜，而且常保一定品質的家具。

IKEA 的商業模式，是以一種稱為「平整包裝」（flat-packed）的產品銷售方式為核心。IKEA 門市裡所銷售的大部分家具，都可以拆解成零件，打包成如扁平板子般的形狀（平整包裝）。因此，在 IKEA 購買家具的消費者，都要自行帶回家具、自行組裝。

以這樣的平整包裝銷售家具，其中的家具零件製造業務，幾乎全都是委由其他家具製造商負責生產；而物流（家具配送）業務與組裝，大部分都是由消費者自行處理。

IKEA 透過聚焦「家具設計」和「銷售業務」，改革了傳統家具銷售業界向來「製造、銷售組裝好的成品」的價值鏈。

「指揮者」成立的條件

（1）在現有價值鏈當中，存在著「效率不彰的部分」

從愛速客樂、IKEA 和戴爾的案例當中，我們可以知道：指揮者所做

的，是重整那些效率不彰、尚未最適化的價值鏈。舉例來 ，傳統文具流通會有庫存損失和物流損失，過去的個人電腦的銷售也有庫存風險。產業鏈當中要有這種效率不彰的部分，指揮者的角色才能成立。

（2）能否確保外部資源或外部功能

指揮者的角色要能成立，還必須調度外部資源或外部功能。例如 IKEA 就是以「外包家具零件製造業務給外部的家具業者」，重新建立了一個價值鏈。

然而，對於這些外部企業而言，參與這樣的新價值鏈，可能會破壞他們與原有往來廠商之間的關係。因此，指揮者要讓這些外部企業看到夠多的好處，他們才會願意為指揮者企業付出經營資源、承擔某些角色功能。

指揮者的陷阱

當指揮者想重新建構價值鏈時，可能會引起現有價值鏈的參與者反彈。以愛速客樂為例，由於他們的銷售模式，看起來就像是跳過傳統流通結構（批發商和零售據點），直接銷售產品給顧客，據說曾飽受業界團體的強烈抨擊。

此外，協力廠商也有自己可能跳出來，跨入指揮者的業務範圍。例如台灣的電腦製造商華碩（ASUS），原本就是為戴爾提供個人電腦代工服務的業者，但後來他們也建立了自己的品牌，進軍電腦產業。

套用前請先釐清以下問題：

☑ 能否構思出新的價值鏈，以解決現有價值鏈當中效率不彰的問題？

☑ 現有價值鏈當中的其他參與者會不會反彈？

☑ 對於那些有意對我方事業提供協助的企業，我方能否提出相當程度的利多，來與他們建立夥伴關係？

☑ 有意對我方事業提供協助的企業，是否會成為我方的競爭者？

参考文獻

• 內田和成《解構經營革命》（日本能率協會管理中心，1998 年）
• 相葉宏二、globis 企管研究所（編）《MBA 事業策略》（鑽石社，2013 年）

04

認識各種使用者的「人際平台」
媒介型平台

個案研究 樂天市場、LINE、六本木之丘、信用卡

┌ KEY POINT ┐

· 連結 2 種以上異質使用者的商業模式。
· 各方使用者在使用媒介型平台後,能獲得比直接交易更高的價值。
· 媒介型平台多半不會想從每個使用者身上取得相同的收益。

基本概念

所謂的「媒介型平台」,就是連結至少 2 種不同使用者的平台(相互作用的場域),以提供產品或服務的商業模式。這裡所謂的「使用者」,並不是指「消費者」,而是參與者(player)的意思。

就一般商業活動而言,通常都只會針對一種使用者發展業務。以傳統的汽車製造商為例,他們會針對每一種顧客區隔,分別供應輕型汽車、跑車、家庭房車等各式商品線。就「會買車的使用者」這個角度來說,汽車製造商的確是只針對一種使用者發展業務。公司行號所發展的事業,通常都是如此。

而在媒介型平台上,則會對 2 種以上、性質不同的使用者發展業務。例如由樂天(RAKUTEN)所經營的樂天市場,要面對至少兩種不同性質的使用者,也就是「買家」和「店家」。

像這連結兩種使用者的媒介型平台,我們稱之為「雙邊平台」(two-sided platform);連結至少 3 種使用者的,我們就稱之為「多邊平台」(multi-sided platform)。

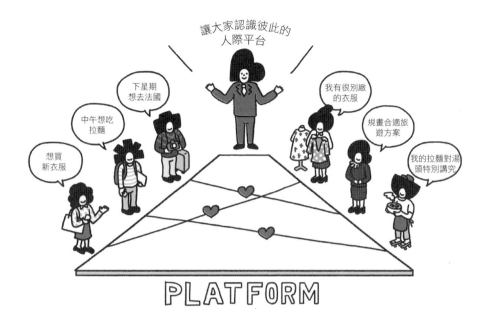

讓大家認識彼此的
人際平台

下星期
想去法國

中午想吃
拉麵

想買
新衣服

我有很別緻
的衣服

規畫合適旅
遊方案

我的拉麵對湯
頭特別講究

PLATFORM

　　還有，近年來備受矚目的網路巨擘 GAFA（Google、Apple、Facebook、Amazon），商業模式都帶有媒介型平台的色彩。Google 面對的是使用者和廣告主，Facebook 要應對的是使用者、廣告主和線上遊戲供應商等，而Amazon 則是串聯使用者（買家）、Amazon 市場的商家，以及提供電影和音樂等內容的供應商等。

媒介型平台的收益來源

　　媒介型平台的商業模式，多半不會想從 2 種以上、性質不同的使用者身上，取得相同的收益。

　　以樂天為例，買家並非直接把樂天市場的使用費和購物款項付給樂天市場；而在樂天市場開店的店家，則要直接把平台使用費和成交手續費付

給樂天市場。這種向特定使用者收費，其餘使用者則不會直接貢獻收益（減免）的機制，也成為媒介型平台的一大特色。

案例 1 **LINE**

LINE 所提供的服務，例如聊天及免費通話等，性質上都較偏向於使用者之間的溝通工具。不過，他們也推出了其他多項服務，例如透過「LINE GAME」提供遊戲服務，在「LINE MUSIC」提供音樂內容等。

而 LINE 公司的服務對象，其實不只有個人，還包括了那些想招攬更多消費者上門的企業或商家。舉例來說，他們推出的「LINE 官方帳號」

圖：LINE 的媒介型平台模式

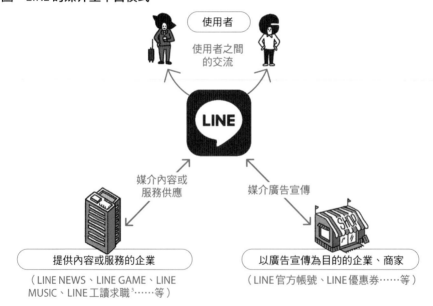

使用者

使用者之間的交流

LINE

媒介內容或服務供應

媒介廣告宣傳

提供內容或服務的企業

（LINE NEWS、LINE GAME、LINE MUSIC、LINE 工讀求職[3]⋯⋯等）

以廣告宣傳為目的的企業、商家

（LINE官方帳號、LINE優惠券⋯⋯等）

※3 LINE 在日本推出的求職媒合服務。

服務，就是一種以企業或商家為主要對象的促銷、攬客服務，可用來連結消費者和企業或商家。

換言之，LINE 的商業模式，其實就是媒介型平台（多邊平台）。說得更具體一點，LINE 是透過連結一般消費者（使用者）與企業、商家（不只是那些要向消費者進行廣告宣傳的企業，還包括了提供遊戲或音樂的企業），來賺取收益。

案例 2　六本木之丘

其實媒介型平台並不是一種僅存在於網路電商的議題。例如像六本木之丘（東京都港區）這種複合商場兼商辦大樓，就堪稱是一種媒介型平台（多邊平台）。

六本木之丘的使用，主要可分為以下 3 大類：

- 來六本木之丘購物或觀光的「消費者」
- 在六本木之丘「開店的企業」
- 在六本木之丘「開設辦公室的企業」

這些都可說是「六本木之丘」這個平台的參與者。六本木之丘連結了多個不同的使用者，而他們的收益來源，主要是向商家收取的櫃位租金，和公司行號所付的辦公室租金。

> **MEMO**
>
> 信用卡被譽為是媒介型平台最經典的案例。它連結了要付款消費的使用者，以及想提供多種付款方式的企業、商家，讓付款行為和顧客資訊的管理更有效率。

媒介型平台的成立條件

（1）連結不同性質的使用者

　　媒介型平台成立的第一個條件，就是必須連結至少 2 種不同性質的使用者，有時甚至還會連結到 3 種以上。

　　舉例來說，網路拍賣平台連結的是賣家（個人、企業）和得標者，求職網站連結的是雇主和求職者。另外，交通 IC 票卡則是為鐵路交通旅客、特約商店和票卡業者搭起了橋樑。

（2）提供比直接交易更高的價值

　　媒介型平台必須提供比「使用者彼此直接交易」更高的價值。舉例來說，樂天市場就建置了完善的「交易形式」、「付款」和「商品配送」等機制，提供給使用者。有了這些服務，不論是買家或店家，都會覺得透過樂天市場買賣，比直接交易來得更有價值、更方便。

媒介型平台的陷阱

　　媒介型平台的活絡與否，和加入平台的使用者數量增減有關。舉例來說，可刷信用卡的特約商店越多，才會有更多人想申辦信用卡，反之亦然。然而，使用者的人數不見得一定會永無止盡地成長下去。

　　還有，在市場地位提升之後，媒介型平台有時會因為給使用者的服務規格調降，而導致使用者變心離去。例如像是調漲開辦費或平台使用費，或將原本免費的服務改為收費等，都是縮減服務的做法。

套用前請先釐清以下問題：

☑ 能否針對至少 2 種不同性質的使用者發展業務？

☑ 能否提供比現行交易更方便的服務？

☑ 要向哪一種使用者收費？

☑ 吸引使用者加入媒介型平台的誘因為何？

参考文獻

• 根來龍之《平台教科書：超速成長網絡效應的基礎與應用》（日經 BP，2017 年）
• 湯瑪斯・艾森曼（Thomas Eisenmann）、傑佛瑞・帕克（Geoffrey Parker）、馬歇爾・范歐斯丁（Marshall W. Van Alstynen）〈打造雙邊市場策略〉(Strategies for Two-sided Markets)《鑽石哈佛商業評論》6 月號，第 68-81 頁（鑽石社，2007 年）

掌握服務的關鍵，並從中獲利

基礎型平台

個案研究 遊戲事業、個人電腦的作業系統、雲端服務

┌ KEY POINT ┐ ─────────────────────

- 以「有互補產品存在」為前提，負責處理產品、服務基礎建置的商業模式。
- 必須具備足以控管互補產品的技術能力，或能讓相關參與者互相媒介。
- 為廣納互補產品進入平台，誘因設計與介面設計尤其重要。

基本概念

所謂的「基礎型平台」，是以「有互補產品存在」為前提，負責處理產品、服務基礎建置（例如遊戲主機）的商業模式，打個比方來說，就像是遊戲主機和遊戲軟體之間的關係。這裡我們將平台上的產品、服務，稱之為「平台產品」。而這種商業模式，具備以下 2 項特色：

- 互補產品和平台產品要「一併使用」，才能發揮產品的功能。
- 顧客要分別向不同業者購買平台產品和互補產品。

說得更具體一點，所謂的基礎型平台，其實可以說是「一種基礎產品，要和各種互補產品搭配使用，以達到顧客想要的功能」。以遊戲主機為例，它必須搭配遊戲軟體，才能滿足顧客的需求。

此外，基礎型平台的互補產品，不見得只有一個。例如 Windows 或 macOS 這樣的個人電腦作業系統，也都是基礎型平台，要搭配 PDF、防毒軟體等應用程式，再加上電腦主機（硬體），和 USB 等周邊配件，才能滿足顧客的需求。

不論如何,在商業模式的結構當中,掌握某種產品裡可滿足顧客需求的「最關鍵基礎」,至關重要。

附帶一提,「刮鬍刀」和「替換刀片」之間的關係,乍看之下似乎是基礎型平台和互補產品,但2者都是由「同一家企業」供應,而且顧客基本上並沒有選擇權,所以不是基礎型平台。

要對基礎型平台有正確的理解,就必須特別留意:多數的基礎型平台產品,同時也具備媒介型平台(p.80)的功能。如上所述,遊戲主機是基礎型平台,遊戲軟體是它的互補產品,但它也具備媒介功能,例如在連線對戰遊戲當中,是玩家彼此溝通的管道。像這樣提供媒介功能,還能拉抬基礎型平台的價值,是發展基礎型平台時的一大重點。

　　任天堂和索尼互動娛樂（Sony Interactive Entertainment）所發展的遊戲事業，選用的商業模式就是基礎型平台。

　　任天堂和索尼，在遊戲產業當中都是負責提供平台產品，也就是所謂的硬體（遊戲主機）；而它的互補產品，也就是遊戲軟體，則是由卡普空（CAPCOM）或科樂美數位娛樂（KONAMI）等遊戲軟體開發商所供應。此外，遊戲周邊配件也是遊戲主機的互補產品。

　　遊戲主機製造商的收益，並不單只是來自遊戲機的銷售，遊戲軟體開發商所支付的授權金，也占了相當大的比重。實際上，在設定遊戲主機的價格時，的確會將遊戲軟體開發商支付的授權金納入考量。因此，遊戲主機在上市第一年時，會以「搶攻市場」為首要考量，而把硬體的價格盡可能設定在較低水準，甚至多半都是以貼近成本的價格來銷售。

圖：遊戲事業的收益模式

硬體以低於成本的策略性售價來搶攻市占率，
搭配高收益的軟體，組成整個事業並帶來收益，
是相當高風險的事業。

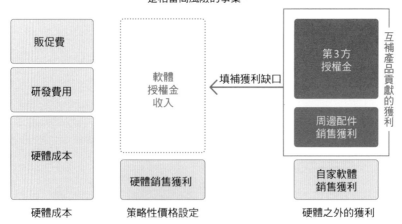

【資料來源】作者根據根來龍之、濱屋敏（編著），早稻田大學商學院根來研究室《IoT 時代的競爭分析架構》（中央經濟社，2016）之 p.102 圖表 3-15（「遊戲產業的收益結構」），調整部分內容後編製。

遊戲事業當中的網路外部性

在遊戲事業當中，網路外部性（network externality，p.352）的效應相當顯著。

首先，當特定遊戲主機（例：Nintendo Switch）因為基礎型平台而達到一定程度的普及之後，遊戲軟體開發商便會帶著對軟體銷售潛力的期待而參與市場。如此一來，對使用者而言，遊戲軟體的選項變多，成了一大誘因，促使更多顧客選購原本就已在市場普及的這一款遊戲主機，產生正向循環。

圖：遊戲事業當中的網路外部性

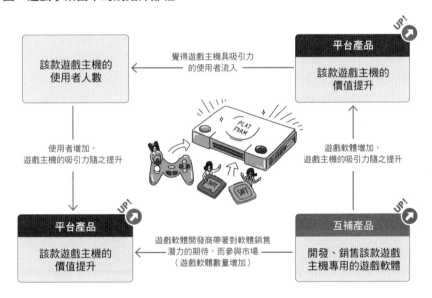

案例 2　雲端服務

　　所謂的「雲端服務」，就是透過網際網路提供硬體及軟體等電腦資源的服務。具體而言，大致可分為以下 3 種類型：

- 透過雲端提供電腦硬體的「IaaS」（基礎設施即服務，Infrastructure as a Service）。
- 提供中間層、作業系統的「PaaS」（平台即服務，Platform as a Service）。
- 提供軟體或應用程式的「SaaS」（軟體即服務，Soft as a Service）。

　　例如在 Amazon 所提供的雲端運算服務「AWS」（Amazon Web Services）當中，伺服器（Amazon EC2）提供的是 Iaas，網路應用程式的執行、管理服務（Elastic Beanstalk）則是 PaaS，至於儲存數據資料的物件檔案儲存服務（S3），則是以 SaaS 的形式，為使用者提供服務。

> MEMO
>
> 智慧型手機的作業系統（安卓和 iOS），也是基礎型平台，硬體（智慧型手機）和發布服務（App Store 或 iTune Store）是它的互補性產品，而發布平台還具有連結使用者和應用程式開發者（應用程式）的媒介功能。

基礎型平台的成立條件

（1）前提條件是要有互補產品存在

　　如前所述，基礎型平台需要有互補產品的存在。一個能單獨發揮功能的產品，就不會是基礎型平台。

舉例來說，紙本書可單獨供人閱讀，所以不是基礎型平台；而電子書籍就是一個基礎型平台，電子書城是平台產品，通訊網路、硬體和電子書（內容），就是它的互補產品。

（2）可控制互補產品的功能
　　基礎型平台產品必須具備足夠的技術能力，以便控制產品整體的功能，以及互補產品的功能。例如在一部電腦當中，如果像 Windows 這樣的作業系統，對互補產品發揮不了太大的控制力，它就無法成為一個基礎型平台。

（3）必須要有足夠的誘因，以廣納互補產品
　　要廣納各種互補產品進入基礎型平台，需要有誘因。舉例來說，倘若遊戲主機製造商向遊戲軟體開發商開出過高的授權金，軟體開發商參與該平台的誘因，恐怕就會降低。
　　同樣的，要調降互補產品參與基礎型平台的門檻，也很重要。說得更具體一點，例如公開自家企業軟體的部分程式碼或數據資料，以便與其他軟體共用的「開放應用程式介面」（Application Programming Interface，簡稱 API）等，就是這樣的案例。

基礎型平台的陷阱

　　所謂的「基礎型平台」，意味著使用者在操作時，必須連同互補商品一併使用。因此，如上所述，一旦提供給互補商品的誘因設計、或吸引互補商品參與平台的介面設計出錯，互補產品就會變心脫離基礎型平台。
　　此外，基礎型平台本身若無法像前面提過的遊戲主機連線對戰那樣，

提高對產品整體的技術能力，或加強為相關參與者提供媒介的功能，以推升平台價值的話，那麼互補產品恐怕會有被其他基礎型平台搶走的風險。

套用前請先釐清以下問題：────────

☑ 企業想發展的事業，是不是需要互補產品的事業？
☑ 企業對互補產品能發揮什麼樣的控制力？
☑ 能否設計出可以廣納互補產品的誘因和介面？
☑ 能否在技術能力，以及參與者彼此媒介的功能等方面，和其他平台做出差異化？

參考文獻

・ 根來龍之《平台教科書：超速成長網絡效應的基礎與應用》（日經 BP，2017 年）
・ 根來龍之、濱屋敏（編著），早稻田大學商學院根來研究室《IoT 時代的競爭分析架構》（中央經濟社，2016）

商業上的生態系
生態系

個案研究 iPhone、安卓系統、LINE、騰訊

┌─ KEY POINT ─┐

・由平台業者和互補業者所構成的生態系。
・為吸引互補業者進入生態系，誘因設計尤其重要。
・生態系可能因為設計錯誤或競爭者出現而衰退。

基本概念

「生態系」這個詞彙，意指「由平台業者與互補業者所構成的群體」。舉例來說，iPhone 這個產品，就是由具備 iOS 作業系統和裝置（iPhone）的平台業者「蘋果」，和供應周邊配件、應用程式和通訊線路等的互補業者所組成。

近年來，平台型的商業模式備受矚目（媒介型請見 p.80，基礎型請見 p.86）。然而，「生態系」這個術語，是透過比喻的方式，去理解負責處理平台事務的業者（平台業者），會和該業者的互補業者結合成「一個生態系（ecosystem）」，以便於探討生態系（整個群體）的優勢與附加價值時運用的一種概念。

一般而言，生態系會因為匯集眾多互補業者，而使它的規模逐漸壯大，並提升其產品功能與價值。舉例來說，圍繞平台業者「LINE」所形成的生態系，不僅有創作者所供應的貼圖，還匯集了新聞、音樂內容和購物等互補業者，它的價值才會日益提升。當生態系的價值像這樣逐步提升之後，就會匯聚更多終端使用者（end user），而這也將形成一大誘因，吸引更多互補業者進入這個生態系。

案例1 安卓系統 Android

　　安卓系統是由 Google 所提供的智慧型手機作業系統，Google 給它的定位，就是在智慧型手機產業打造生態系的平台。

　　智慧型手機的生態系，是由（1）內容（2）內容商店（3）作業平台（4）硬體（5）網路所構成。而以「Google」這個平台業者為核心所發展出來的，是作業系統「安卓」和內容商店「Google Play」。

　　Google 在這個生態系裡所採行的政策，與蘋果（iPhone/iOS）不同。舉例來說，iPhone 只能在 iTunes 上購買應用程式，但安卓系統可在 Google Play 以外的平台購買應用程式——換言之，提供網路通訊服務的通訊業者等企業，多了一個「自行開設應用程式商店」的選項。

圖：安卓系統的生態系

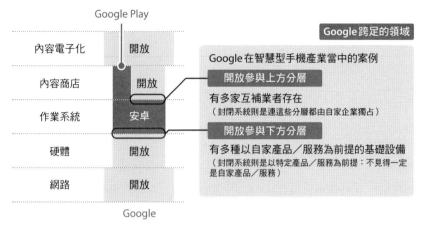

【資料來源】作者根據根來龍之、濱屋敏（編著），早稻田大學商學院根來研究室《IoT 時代的競爭分析架構》（中央經濟社，2016）之圖表 1-9（p.10），調整部分內容後編製。

此外，蘋果獨佔了 iPhone 的製造，而安卓則採行開放策略，所以其他各家廠商也都能生產搭載安卓系統的智慧型手機。每個生態系裡不同的政策，將大大地影響互補業者的營運行為。

案例 2　**騰訊**

騰訊（Tencent）是全球最大的遊戲公司。他們的特色，就是在自家平台上，發展出各式各樣的服務。

舉凡中國最大的通訊軟體「微信」（WeChat）和「QQ」，行動支付服務的「微信支付」（WeChat Pay），以及「QQ 空間」（Qzone），甚至還有線上遊戲、新聞、影音內容和瀏覽器。

此外，騰訊還收購了中、美兩國的遊戲公司，也入股知名遊戲企業超級細胞（Supercell）和動視暴雪（Activision Blizzard），大動作吸納互補業者

到自己的平台上。

此外，在支付服務「微信支付」方面，騰訊採用了免 POS 收銀機的二維條碼支付，以擴大互補業者——也就是特約商家的數量；還有，騰訊更入股了共享單車服務的「摩拜單車」（Mobike），好讓消費者在使用相關服務時，以微信支付結帳。騰訊透過諸如此類的措施，吸納能與自家服務發揮加乘效果的互補業者，以拉抬生態系的價值。

> **MEMO**
>
> 中國的 3 大資通訊業巨擘「BAT」（百度、阿里巴巴、騰訊），和 GAFA 同樣動見觀瞻，而騰訊正是其中之一。

生態系的成立條件

一個生態系要成立，最重要的莫過於「如何吸引互補業者加入生態圈」。少了互補業者的參與，就無法建立生態圈。在這個前提之下，我們整理出平台業者在管理互補業者時的幾個要訣：

（1）對開放及互補業者的管理程度

生態系所需的產品，究竟有哪些要仰賴互補業者供應？或是企業本身要專攻哪個領域？這些都需要平台業者做出決策。

舉例來說，在 iPhone 的生態圈當中，互補品——智慧型手機的生產，以及應用程式商店的營運，蘋果公司都是以封閉的方式進行，而安卓系統則是開放其他企業（互補業者）投入。

（2）提出誘因

想吸引互補業者參與生態系，需要一些誘因，而最簡單的，就是金錢

上的誘因。例如共享單車業者摩拜單車，在投效騰訊陣營之後，可望因吸納騰訊的使用者，以及運用微信支付簡化付款手續，而進一步推升收益。

其實平台業者不只要提出金錢上的誘因，還要刺激使用者免費參加的意願，或讓互補業者看到整個生態系的社會意義。例如讓開發應用程式的工程師看到自己的應用程式透過 Google Play 傳播到全世界，能帶來多大的成就感，或是讓有意參與騰訊生態系的電商網站看到中國市場的發展前景等等，就是屬於這一類的誘因。

生態系的陷阱

如前所述，生態系發展的成功與否，關鍵在於平台業者能否持續拉攏互補業者加入。因此，平台業者提供給互補業者的誘因，一旦在設計上出了錯，就會導致生態系的發展停滯不前。

例如日本最大的流行服飾電商網站 ZOZOTOWN（平台業者）在 2018 年度時，曾以收費會員為對象，推出過一檔「ZOZO ARIGATO」的折扣活動，引發當時在網站上開店的品牌業者（互補業者），以「不希望影響品牌價值」為由而出走，或讓商品暫停上架的風波。此外，因為其他生態系的發展，而導致自家平台的「終端使用者及互補業者數量減少、成長停滯」，也是一大問題。例如食譜分享網站 Cookpad（平台業者）的使用者數量，的確因為競爭對手美味廚房（DELISH KITCHEN）的崛起而減少。

套用前請先釐清以下問題：

☑ 企業能吸納到什麼樣的互補業者？

☑ 企業對互補業者的依賴程度有多深？

☑ 能端出什麼樣的誘因給互補業者？

☑ 哪些競爭者可能造成自家平台上的互補業者及終端使用者減少、成長停滯？

參考文獻

- 伊安·希帝馬可（Marco Iansiti）、黎文·洛伊（Roy Levien）《網絡互聯經濟：企業生態系統的新變化，對策略、創新以及永續性所帶來的啟示》（ *The Keystone Advantage: What the New Dynamics of Business Ecosystems Mean for Strategy, Innovation, and Sustainability* ）（翔泳社，2007 年）
- 隆·艾德納（Ron Adner）《創新拼圖下一步：把創意變現的成功心法》（東洋經濟新報社，2013 年）

07

共享經濟

個人之間共用物品或人力

個案研究 共享汽車、Airbnb、Uber、Lyft、akippa

┌─ KEY POINT ─┐

- 協助個人為閒置資產或個人能力進行媒合。
- 在資產或供需失衡的領域中成長。
- 為使用人及供應人雙方確保可靠度、可信度的技術、機制,至關重要。

基本概念

所謂的「共享經濟」,就是將閒置的物品或勞力,於特定時間內釋出到市場上,與人共享的服務。其實「共享(share)」這個詞,具有兩個含意。

第 1 個含意是「個人彼此共享物品」。例如汽車共享和服裝共享等,就是帶有這個含意的服務。

第 2 個含意是「共享勞力」。近來有越來越多企業使用的群眾外包(crowdsourcing,p.107),就是為想發包工作的企業,和想承攬案件的個人居中媒合。這個機制,是由於單一個人可為多家企業服務,才得以落實。就企業的立場而言,其實就可以說是一種「勞力共享」的制度。

共享物品、勞力的仲介

共享經濟最具代表性的案例之一,就是開拓了民宿(個人彼此租借住宿設施)市場的美國企業 Airbnb。其所發展的服務,是扮演仲介角色,連結「想出租房間的個人」和「想借宿房間的個人」。除此之外,仲介共享

乘車（一般人利用閒暇時間當司機，開自家車載送乘客的服務）的 Uber 和 Lyft，也都是共享經濟的經典案例。

這些事業，都具備上面介紹過的「個人彼此共享物品」或「共享勞力」的色彩。在民宿事業當中，共享的是空房或房屋物件這樣的「物品」；而在共享乘車當中，共享的是自家車這個「物品」。此外，像 Uber 或 Lyft 這樣的共享乘車服務，還可說是共享了司機的勞力。

共享經濟就像這樣，具備了「將閒置資產或個人能力暫時釋出到市場，在個人與個人之間接受媒合（仲介）的服務」面向，所以也可說它是一種「媒介型平台」（p.80）。

共享經濟普及的背景

一般認為，共享經濟始於 2008 ～ 2009 年之間。這個時期，社群網路服務（Social Network Services）的運用熱潮已漸趨穩定，使用網路服務時的實名主義也已普及。此外，在當事人身分確認技術的進步、定位服務的發展，以及高速通訊技術的普及等因素推波助瀾下，個人與個人之間可隨時、隨地共享需要物品的環境，趨於成熟。

還有，雲端服務（p.90）的普及，讓有意發展共享經濟事業的新創企業，也能輕鬆地拉高系統的負載量能。

在這樣的時空背景加持下，共享經濟如今已在你我的生活中扎根。

MEMO

共享經濟的源流，可回溯至 1990 年代問世的「網路拍賣」，或是在 2000 年代風行的「群眾外包」。

案例 1　**Airbnb**

　　Airbnb 是一家仲介住房（空房）租借的企業。該公司的網站於 2008 年時在舊金山開設，截至 2020 年 8 月，全球已有約 190 個國家及地區，近 600 萬個住宿地點（上架數量）註冊，以住宿地點的註冊數量而言，可說是全球規模最大的訂房服務。旅客的住宿費是付給 Airbnb，Airbnb 會在扣除約 15%的手續費之後，再將剩下的住宿費款項付給房東。

　　Airbnb 最原始的概念，是「共享房屋」。起初是由房東（個人）將自己家中的空房提供給旅客，而 Airbnb 則為這樣的個人交易提供仲介服務。如今連房東沒住的房屋，或專門買來供人住宿的物件，也都在 Airbnb 的網站上註冊。

　　Airbnb 成功在市場上扎根的背景，在於他們打造了一套讓屋主與旅客之間能彼此信任的系統。旅客會針對「看到的房間和事前得知的資訊是否

圖：Airbnb 的共享經濟模式

相符？」及「屋主的對應好壞」給予評價；而屋主則會就「旅客在租借過程中的行為態度」來打分數。此外，網站上還會根據綜合評價與取消率等多項條件，認證符合資格的房東為「超讚房東」（superhost），藉此來用更簡單明瞭的方式，呈現房東的可靠度。

建構這些機制之後，結果是旅客除了會檢視房屋的地點、設備和價格等條件之外，還會看評價來訂房；而房東也可拒絕評價低的旅客住宿。

除此之外，Airbnb 有時還會要求使用者提供可確認本人身分的資訊或證件，例如真實姓名與地址，或是由官方機構所發行的身分證明文件（駕照、護照等）。這也是用來提升房東與旅客雙方可靠度的機制之一。

案例2 akippa

日本其實也出現了一些發展共享經濟事業的企業。2009 年時於大阪成

圖：akippa 的共享經濟模式

當場進行車位租借

立的 akippa，提供了讓駕駛人可以一天為單位（部分地點甚至可以 15 分鐘為單位），使用月租停車場當中未出租的車位或個人家中空置停車格等的服務。日本都會區嚴格取締違規停車，而要找到停車位更是困難。akippa 平台上的車位，有些甚至只要計時停車場 3 分之 1 的價格就能停車，因此市占率節節攀升。

　　akippa 和 Airbnb 一樣，使用時必須綁定信用卡或手機付款（和手機通話費一併請款）；而預約停車時，也必須告知車款和車牌號碼等資訊。

MEMO

為想借錢周轉者、和想放貸以獲取利息者提供仲介服務的「P2P 網路借貸」（Peer-to-Peer Lending，Social Lending），也可說是共享經濟事業的一種。

共享經濟的成立條件

（1）資產或勞力的供需失衡

　　如前所述，所謂的共享經濟，就是協助個人為閒置資產或個人能力進行媒合（仲介）的服務。在這一套模式當中，容易被拿來「媒合」的，是在市場上供需失衡的資產或勞力。

　　舉例來說，熱門觀光勝地的飯店總是很難訂；想在一般飯店訂房網站上找到既符合個人喜好，又能跳脫日常塵俗的住宿，也很困難。而在都會區很難確保車位，也是一大問題。因此，像 Airbnb 和 akippa 這樣的事業才能成立。至於 Uber 和 Lyft 等業者，則是因為都會區裡有「想搭車時很難叫到車」的問題，所以共享乘車服務才得以成立。

　　這時並不是只要供應使用者認為「想要」的資產或勞力，服務就能成

立,「市場上要存在著一批能供應這些資產或勞力的人」重要性更是不必贅述。

（2）媒合的技術和機制尤其重要

幾乎所有共享經濟的事業,都是運用智慧型手機的應用程式提供服務。要在適當的時機促成個人與個人之間的共享,就必須運用定位資訊技術、本人身分確認及驗證技術,還有資訊安全技術。

實際上,在使用 akippa、Uber 或 Lyft 時,都會用到定位資訊技術;而在 Airbnb 平台上,有時會要求使用者提供身分證明文件;至於 akippa 則可能會要求駕駛在平台上註冊車款和車牌資訊。

（3）需具備確保可靠度和可信度的機制

如前所述,共享經濟相當重視本人身分確認。這是基於確保可靠度和可信度的觀點,也是發展共享經濟事業之際的重要成立要件。

所謂的可靠度,是指「可否於事前對供給方、使用方的能力做出品質保證」的問題。例如在 Airbnb 的平台上,使用者可以就自己實際下榻過的房間狀況,以及房東的對應等項目,給予評價;反之,房東也能針對旅客的狀況打分數。

而所謂的可信度,則是指有心人士混入服務的可能性。以民宿為例,或許有人從一開始就是打算租個房間來犯案;而在借用停車位的駕駛當中,說不定有人進出車庫時都橫衝直撞,或把車丟了就跑,甚至是只租一個車位,卻硬是停進了好幾輛車。

在共享經濟的事業當中,要確保諸如此類的可靠度、可信度問題,就必須嚴格執行評價制度、本人身分確認,以及註冊時的事前審查等動作。

共享經濟的陷阱

　　共享經濟的陷阱之一，是由於前述的可靠度、可信度問題，對企業品牌力所造成的衝擊。還有，在民宿事業當中，也有人指出旅客的噪音擾鄰、不遵守垃圾丟棄規定等問題，導致周邊的居住環境惡化。

　　這些無法在市場機制下自動解決的外部成本問題，會如影隨形地糾纏共享經濟。萬一企業在發生嚴重糾紛時未能妥善處理，市場上對該項服務的信任就會一夕崩盤。

　　另一個陷阱則是供需狀況的改善。儘管目前有些服務仍像旅館、停車位或計程車等，存在著資產或勞力供需失衡的問題，但是當大環境出現變化，或由於業者努力耕耘、政策調整等因素，使供需趨於平衡、穩定時，就會出現一些共享經濟事業失去生存空間的案例。

套用前請先釐清以下問題：

☑ 哪些是市場上供需失衡的領域？
☑ 能否靈活運用像定位資訊技術這樣的「媒合方法」？
☑ 能否規畫出一些用來確保可靠度和可信度的技術或機制？
☑ 能否事前備妥發生糾紛時的因應方案？

參考文獻

- 根來龍之《平台教科書：超速成長網絡效應的基礎與應用》（日經 BP，2017 年）
- 宮崎康二《共享經濟：Uber、Airbnb 改變世界》（日本經濟新聞出版社，2015 年）
- 亞倫・桑達拉拉揚（Arun Sundararajan）《共享經濟：雇用制的末日和群眾資本主義的崛起》（*The Sharing Economy: The End of Employment and the Rise of Crowd-Based Capitalism*）（日經 BP，2016 年）
- 一般社團法人共享經濟協會（審訂）《第一次做共享經濟事業就上手》（日本經濟新聞出版社，2017 年）

08

將群眾的智慧運用在商業上
群眾外包

個案研究 Lancers、Viibar、Gengo

┌ KEY POINT ┐ ────────────────

· 由「群眾」（crowd）和「採購」（sourcing）所組成的混合詞。
· 有「比稿型」、「專案型」和「任務型」3 種形態。
· 建立企業與個人在發包、承攬時的方便性及可靠度，是一大關鍵。

基本概念

　　所謂的「群眾外包」，就是為那些因商務需求而想採購物品或服務的「企業」，以及有意承接該項業務的「個人」，進行仲介服務。而「群眾外包」這個名稱，其實就是由「群眾」（crowd）和「採購」（sourcing）所組成的混合詞。

　　以往企業將內部業務委外辦理的手法，有委託其他公司承攬業務的「外包」（outsourcing），而群眾外包的業務委託對象則是個人。過去，企業想找願意承攬業務的個人，要耗費相當龐大的成本；如今因為網路上出現了群眾外包的平台服務，企業委託個人承攬業務的案件，便呈現了爆發性的成長。

　　群眾外包有 3 種類型，分別是「比稿型」、「專案型」和「任務型」。

　　所謂的「比稿型」，就是由案主事先提出發包金額，有意承攬者提報成品。例如某家企業以 10 萬日幣的預算，公開徵求商標設計，個人繳交完成的設計作品參加甄選，再由企業挑選錄取作品。

　　而「專案型」則是分別請多位個人提出報價或提案書，經案主評估，並斟酌提案人過去實際績效等因素之後，委託特定個人承攬業務。例如要

發包網站製作或企管顧問諮詢等專業性較高的業務時，多半會選擇這種類型的群眾外包。

　　至於任務型則是將一項業務分拆成多份，分別發包給多位個人承攬。例如將輸入大量數據資料的工作拆成好幾份，發包給多人分頭進行的案件，就是屬於這一類。

MEMO

籌措資金版的群眾外包，就是「群眾募資」（p.112）。

Lancers

Lancers 是日本第一家群眾外包服務平台，志在「創造不受時空限制的新工作模式」，該公司的服務於 2008 年 12 月正式上線。

Lancers 有超過 250 種工作分類，內容包括網頁製作、應用程式開發、數據資料蒐集、撰稿等，案主可發案給逾 50 萬名的個人註冊會員，發包總金額已逾 2,000 億日幣。

Lancers 將自家企業的服務定位為「自由工作者的綜合輔導平台」，旗下還有介紹資訊自由工作者的服務（TechAgent），以及專為企業法人代辦發包業務的服務（Enterprise）等。

圖：Lancers 的群眾外包模式

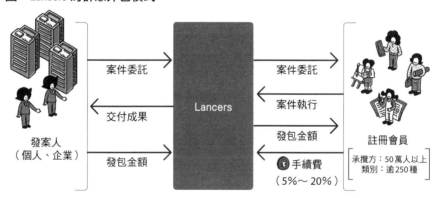

案例 2　**Viibar**

Viibar 是一家專攻影片製作的群眾外包服務平台。他們的優勢在於製作高優質的商品、服務介紹影片。

通常在製作影片時，需準備各種素材和技術，不只有音樂、影像、動

畫，還要懂拍攝和剪輯等。Viibar 扮演仲介的角色，協助連結具備各領域專業技術的個人，以及有影片製作委託需求的企業。他們不僅服務大企業，也看準那些跨足網路電商的中小企業，會有低預算的影片製作需求等，是一家持續成長的企業。

一般而言，後發企業要與 Lancers 等大型綜合平台一較高下時，必須具備一些差異化的特色。就這一點來看，像 Viibar 這樣「專攻特定領域」，其實是相當有效的策略。而除了 Viibar 之外，這種專攻特定領域型的群眾外包服務平台，還有專攻翻譯服務的 Gengo 等案例。

群眾外包的成立條件

（1）發包業務的企業和承攬業務的個人，兩者缺一不可

群眾外包其實就是一種平台型（媒介型，p.80）的商業模式。因此，群眾外包要能成立，第一個條件就是必須要有想發包業務的企業，以及有意承攬業務的個人，兩者缺一不可。同時，要確保發案人和承攬人在使用群眾外包時，比直接交易更具方便性和可靠度（例：發包、接案簡便，以及交易透明等），也很重要。

（2）個人所具備的技能多元化程度、數量與品質

在群眾外包這個模式當中，做為承攬方，個人所具備的技能多元化程度或數量，至關重要；而發案方希望確保的是「工作成果的品質」。因此，絕大多數的群眾外包網站都導入了發案方評價承攬方工作成果的機制，也會透過測試來對註冊會員的技能或能力評分。

群眾外包的陷阱

當許多平台百家爭鳴時，市場就可能會陷入價格戰，而導致服務品質難以維持。因此，群眾外包平台通常會聚焦特定領域，例如專攻軟體測試的 TESTERA，或是對角色設計著力甚深的 MUGENUP，以便做出差異化（專攻特定領域）。然而，如果差異化的程度不夠鮮明，恐將被大型綜合群眾外包網站收購，或是被大型網站跟風模仿。

此外，當發包企業與個人之間培養出一定程度的默契之後，雙方恐將選擇直接交易，不再使用群眾外包，形成「無中介」狀態，不可不慎。

套用前請先釐清以下問題：

☑ 與現有的各種服務相比，是否還有我方可以做出差異化（專攻）的領域？

☑ 我的公司評估進軍的領域，有沒有足夠的承攬方（個人）？

☑ 如何確保發包業務的品質？

☑ 要如何與承攬方（個人）建立信任關係？

參考文獻

- 比嘉邦彥、井川甲作《群眾外包的衝擊》（impressrd R&D，2013 年）
- 根來龍之審訂，富士通總研、早稻田大學商學院根來研究室（編著）《平台商務最前線：用圖解和數據資料，徹底解析 26 個領域》（翔泳社，2013 年）

09 群眾募資
向個人籌措資金

個案研究 Kickstarter、Readyfor、maneo

┌ KEY POINT ┐ ──────────────────────────

- 由「群眾」（crowd）和「資助」（funding）所組成的混合詞。
- 有「回饋型」、「股權型」、「債權型」和「捐贈型」4 種形態。
- 為收取手續費，企業須仔細辨別哪些是可實現的專案。

基本概念

　　所謂的「群眾募資」，由「群眾」（crowd）和「資助」（funding）所組成的混合詞。它是一種商業模式，為需要資金的人和願意提供資金的人，在網路上進行媒合。相較於銀行和創投等的融資借貸，群眾募資的每位贊助者資助的金額雖少，但一些先進的、具獨創性的、傳統金融機構較不願核貸的專案，都有機會透過這個模式籌措到資金。

　　依募資專案提供給贊助者的回饋類型，可將群眾募資畫分為下表的 4 大類：

表：群眾募資的分類

類型	給贊助者的回饋
回饋型	透過群眾募資開發而來的商品或內容
股權型	創業後的公司股份
債權型	依贊助金額提供一定程度的利息或分紅
捐贈型	毋需回饋

舉例來說，在全球最大的回饋型群眾募資網站「Kickstarter」上，有新產品構想的人，會公開自己的想法內容，以及資金需求目標金額，向贊助者募資。達到目標金額的專案，就會實際開發出商品，並提供給贊助者。實際上，該網站截至目前為止，催生出了好幾種創新產品，例如用來操控空調的裝置「Nature Remo」，以及用電子紙做的智慧手表「Pebble」等。

Readyfor

Readyfor 是日本規模最大的群眾募資平台，以「打造一個人人都能實現想法的社會」為遠景。他們的網站上，除了有科學、藝術、製造生產之外，還有社區營造、國際援助、兒童教育和動物等，共計 18 個類別的募資專案。

截至目前為止，在 Readyfor 網站上已經有超過 11,000 個專案募資達標，募集到的資金逾 92 億日幣，專案達標率高達 75％。在該網站上發起募資專案時，使用者要付 12％～ 17％的手續費，而這就是 Readyfor 的收益來源。

案例 2　**maneo**

maneo 是專攻「P2P 網路借貸」，也就是為個人與機關團體之間進行資金借貸媒合的融資型群眾募資服務（技慕環球通證券[4] 所提供的服務之一）。在 maneo 平台上，向個人募集而來的資金，會融通給中小企業當作事業資金，尤其是用作不動產取得資金、建案營造費用、餐飲業加盟開店資金等。

專案須先經過 maneo 平台審核，才能有機會獲得融資。借款方還款給 maneo 操盤的融資基金，maneo 再以配息的形式，把款項付給投資人（個人）。

maneo 過去已募集到逾 5,000 件資金需求專案，實際貸放金額達 1,000 億日幣以上，年投報率約為 5 ～ 8％。

※4 英文名稱為 GMO Click Securities。

圖：maneo 的群眾募資模式

MEMO

近年來，由地方政府擔任專案提案人，透過群眾募資籌措資金的「政府群眾募資」（government crowdfunding）也受到很大的矚目。

群眾募資的成立條件

（1）共鳴與可實現性

群眾募資要能成立，最重要的就是它的核心——「專案」本身的品質。群眾募資的平台營運方需仔細辨別哪些是能贏得大眾共鳴，讓人「想贊助」，而且可實現（可執行）的專案。畢竟群眾募資平台業者要帶領專案成功達標，才能從中收取手續費。

（2）專案進度狀況的視覺化

為炒熱群眾募資平台上的各個專案，備妥一套能讓贊助者掌握贊助（募資）進度的機制，是一大關鍵。有些人看到距離達標只差臨門一腳的專案，就會想支持；也有些人會想贊助那些還有待努力的專案。

還有，將專案現況（募資者目前所進行的活動，或新產品的打樣進度等）昭告大眾，也很重要。

> MEMO
>
> 群眾募資可以說是「群眾外包」的資金籌措版（p.107）。

群眾募資的陷阱

當 Readyfor、CAMPFIRE 和 Makuake 等大型群眾募資平台服務成為市場主流時，幾乎各種募資主題都能在這些網站上找到，因此後進業者要找到有意募資的提案人，或有意資助的贊助者，難度就會變高。

就像群眾外包（p.107）的案例一樣，這種時候，業者要從主題、給贊助者的回饋方式等面向，尋求差異化。舉凡專攻地區貢獻的 FAAVO、主打中小企業產品製造的 zenmono，以及日本第一家股權投資型的群眾募資平台業者 FUNDINNO 等，都是成功與同業做出區隔的案例。

此外，群眾募資還牽涉到法規方面的問題。舉例來說，股權型的群眾募資平台，在日本是由第 2 種金融商品交易業者負責營運；債權型的募資平台，業者需要有放款業的登記許可。至於最主流的回饋型，現階段的法規限制較少，但未來如果平台業者百家爭鳴，「已成案卻拿不到回饋」等亂象大增時，有關單位要立法管制群眾募資事業的內容，也不無可能。

套用前請先釐清以下問題：

- ☑ 相較於現有的各種群眾募資，我方是否能做出差異化，或專攻特定領域？
- ☑ 我方要提供的服務，是回饋型、股權型、債權型，還是捐贈型？
- ☑ 能否徵集到一些可實現的專案？
- ☑ 能否確實遵循法規？

参考文獻

- 根來龍之審訂，富士通總研、早稻田大學商學院根來研究室（編著）《平台商務最前線：用圖解和數據資料，徹底解析 26 個領域》（翔泳社，2013 年）
- 〈讓那個選項成功！群眾募資，讓每個人都覺得「幸好我試了」〉（https://readyfor.jp/proposals/intro）

個人對個人的電子商務平台

個案研究 Napster、Mercari、Coconala

┌ KEY POINT ┐ ─────────────────────────

- 仲介個人買方與賣方交易的平台商務模式。
- 使用者母數越多，顧客的需求越能獲得滿足。
- 能否解決拖欠款項、寄送延誤等可靠度方面的風險，是左右服務成敗的關鍵。

基本概念

所謂的「個人對個人電子商務平台」，是仲介個人消費者彼此買賣產品、分享資訊的一種商業模式，是前述的「媒介型平台」（p.80）之一。

網路與行動裝置的普及，使得仲介個人拍賣的平台業者與服務快速增加。其實個人與個人之間的交易，是一種由來已久的商業模式。週末常在各地舉辦的跳蚤市場或車庫拍賣，都是拍賣平台。而近來在網路上仲介個人與個人彼此交易的平台，更是備受關注。

音樂檔案交換網站 Napster，在網際網路萌芽期問市的服務當中，堪稱是赫赫有名。Napster 是一個提供「可上傳音樂檔案的伺服器」和「歌曲搜尋功能」的平台。透過這個網站，個人與個人之間就能互換音樂檔案。意指個人交易的「點對點」（Peer to Peer）一詞，其實原本就是電腦資訊領域的專業術語，而它所代表的，就是像 Napster 這種「連結有意分享資料者的電腦」的意思。後來 Napster 因為散佈盜版音樂作品，而被美國美國唱片業協會（RIAA）等團體提告，並於 2000 年時一度停止服務，但它的崛起，對「藉由網路發展的商業模式」影響甚鉅。

「個人對個人的電子商務」這個商業模式，特色如下：

- 業者所提供的服務，是一套「系統」，用來確保個人對個人的電子商務得以安全進行。
- 企業若能自行開發、使用付款系統，就能創造「回購」及「付款手續費收入」等附加價值。

　　為了讓「個人對個人的電子商務」能持續創造收益，平台業者能否不斷地為使用者提供安全、可靠，而且更方便的交易機制，至關重要。尤其在看不到對方長相的網路上，業者更必須建立一套能隨時過濾非法行為，確保交易可靠的系統。

Mercari 是主打智慧型手機版跳蚤市場（個人拍賣）的平台，服務於 2013 年 7 月上線。在這個早有「雅虎拍賣！」和「Mobaoku」等個人拍賣平台服務群雄割據的市場當中，Mercari 做為後進者，卻能以主打「手機版本平台」這個獨家服務來帶動業績，甚至到 2018 年時，還風光地在東證創業板 MOTHERS 掛牌上市。Mercari 的收益來源，是在個人拍賣交易成立時，依照成交金額收取 10%的手續費。

Mercari 最大的特色，就是只要一台手機，就能輕鬆上架、下標。商品上架時，只需要操作：（1）用手機照相機拍下想出售的商品，（2）依應用程式指示，輸入商品資訊或簡短評論。這些操作性的改善與輕鬆簡便，為 Mercari 成功開發到了以往不曾在拍賣平台上架商品的年輕女孩、家庭主婦等新使用者族群，快速推升了使用者人數。

此外，Mercari 與全國 3 大便利商店業者合作，大幅減少了個人拍賣特有的繁瑣程序──「賣家要自行包裝、寄送商品」，還導入了電子支付服務「merpay」，讓消費者可以在 Mercari 平台以外的實體通路，使用他們在 Mercari 銷售商品的所得等。這些措施，讓 Mercari 與其他同業做出了差異

圖：Mercari 的個人拍賣交易模式

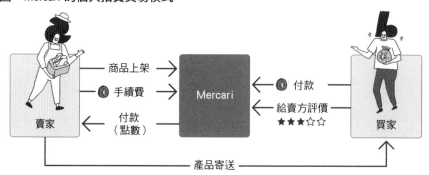

化，並提高了顧客滿意度。

目前 Mercari 的月使用者人數（月活躍使用者數，簡稱 MAU）多達 1,657 萬人，平台上的總交易金額達 1,641 億日幣（2020 年 6 月統計資料）。

案例 2　coconala

coconala 是一個可買賣插畫、網頁設計、翻譯和占卜等「個人技能」的市集平台。它的註冊會員有 130 萬人，上架的服務多達 200 種以上。

coconala 的獨特之處，在於它將原本以 B2B 或 B2C 交易為主流的服務，轉成了可在個人與個人之間交易的案件。說得更具體一點，coconala 提供給賣家的價值，是「更多接案機會」；而提供給顧客的價值，則是「成本撙節」。例如在平台上請人創作一個可供商業使用的角色插圖，價格為 3,000 ～ 10,000 日幣；製作英文資料則為 4,000 日幣起跳。他們還設計了一種「公開徵求」功能，使用者只要自行設定發包內容和預算，就能搜尋合適的接案人。

在 coconala 的平台上，賣家和顧客都可以匿名，洽談時雙方會在一個名叫「聊天室」（talk room）的非公開佈告欄互通訊息。若談妥成交，就由 coconala 負責代收、代付款項。完成交易後，還會在平台上公開賣方和顧客對彼此的評價。coconala 成功地提供了一個既能保護使用者隱私，又能安全交易的平台，而這兩者都是在個人對個人的電子商務當中，很容易發生糾紛的問題。

coconala 的收益來源，在於賣家依總銷售金額所支付的手續費。至於手續費的多寡，則是依營收金額高低，設定了不同的級距。

表：coconala 的手續費級距

總銷售金額	手續費（未稅）
1 日幣～ 5 萬日幣以下	25%
逾 5 萬日幣～ 10 萬日幣以下	20%
逾 10 萬日幣～ 50 萬日幣以下	15%
逾 50 萬日幣	10%

個人對個人電子商務平台的成立條件

（1）要有一定規模的市場與顧客

　　個人對個人的電子商務平台要能成立，那麼有意銷售產品或資訊的賣家，和有意購買該產品或資訊的顧客，雙方都必須達到一定規模。

（2）為使用者省去繁瑣的手續，並確保交易安全性

　　個人對個人的電子商務平台上，需要有一些機制，以減少因個人交易所衍生的「找人選的麻煩」，或確保交易的「安全性」。例如前面介紹過的 Mercari，就為了要減少個人商品買賣過程中的 2 大繁瑣作業──「商品寄送」和「付款」，導入了許多同業所沒有的機制。

（3）供應品項種類要多元

　　要利用網路外部性（p.352）來擴大事業規模，關鍵在於平台的服務能否滿足多元顧客的需求。而跳蚤市場和個人技能的仲介平台，由於供應的品項種類多元，故可說是這個商業模式的成功案例。

個人對個人電子商務平台的陷阱

　　這些產品或服務都仰賴個人供應，萬一賣家上架非法商品，或平台使用者之間發生糾紛，發展成社會案件時，整個平台事業恐有全毀之虞。實際上，贓物、現款在拍賣網站上架的案例，的確是層出不窮。業者如何把巡邏系統列入日常營運的一環來推動落實，至關重要。再者，由於經營個人對個人電子商務平台的模仿門檻低，因此如何比同業更快速地擴大使用者版圖，是左右事業成敗的關鍵。

套用前請先釐清以下問題：

> ☑ 是否能發展出一套為買、賣雙方省去繁瑣手續的服務？
> ☑ 能否投入行銷資源，以期在短時間內擴大使用者規模？
> ☑ 發生非法行為時，有無專業人士或組織團隊可盡速解決問題？

11

從「非物質」尋求獲利
服務化

個案研究 小松製作所、希森美康

- 在產品的製造或銷售上附加服務,以從中獲利的商業模式。
- 為了解決顧客在使用產品時的課題而出現。
- 推動服務化必須調整商業模式,故需經營資源挹注與組織改革。

基本概念

　　所謂的「服務化」,是指企業不僅製造、銷售自家產品,還在供應產品的過程中,或供應產品後的售後服務階段,提供某些服務(附加價值),藉以爭取收益和顧客滿意度的作為。

　　這裡所謂的「服務」,並不是要創造出與自家企業現有產品無關的新服務,而是「能為現有產品提供附加價值的服務」。這一點要特別留意。

　　舉例來說,美國的奇異(General Electric)公司在自家生產的飛機引擎上裝設了感測器,藉此蒐集數據資料並加以分析,為顧客提供飛機的飛行狀況與飛行計畫的優化服務。

　　近年來,製造業掀起了一波服務化的趨勢。其背後的原因之一,在於「產品商品化」(commoditization)。新興國家企業的崛起,以及資訊科技的發展,使得製造業面臨了生產門檻降低的問題,導致業者越來越難與其他同業做出差異化,為自家產品增添附加價值的難度也越來越高(產品商品化)。各家製造業大廠為了與其他同業做出區隔,爭取更多顧客支持,便開始著手推動服務化。

　　服務化可大致分為以下 2 種類型(西岡、南,2017):

- 支援自家企業產品的服務
- 支援客戶使用自家企業產品從事各項活動的服務

　　舉凡使用產品時的諮詢服務或客服專線，產品修理或備用零件的配送，以及維護保養服務等，都是屬於前者的範疇。

　　而產品運用的顧問諮詢服務，或是使用產品時的設備融資租賃服務（financial leasing），都是屬於後者的案例。

　　一般而言，後者的「支援客戶使用自家企業產品從事各項活動的服務」獲利表現較佳，但要提供這些服務，企業現有的商業模式勢必要做出根本性的轉型，也要有可供轉型之用的經營資源。因此，通常會建議最好先從「支援自家企業產品的服務」開始做起。

自 2001 年起，營造機具、採礦機械製造商小松製作所（KOMATSU）就開始提供結合營造機具和資訊科技的「KOMTRAX」服務。所謂的「KOMTRAX」，就是透過安裝在機具裡的 GPS 及通訊系統，遠距監控機具運轉狀況的一套系統。小松運用這裡所累積的數據資料，通知顧客合適的保養時機，或進行故障預測等維護管理等。另外，他們也可以支援顧客，進行車輛稼動狀況管理、車輛位置確認等。

不僅如此，小松製作所後來又於 2015 年推出一套名叫「智慧營造」（Smart Construction）的工地工程全方位解決方案。透過這項服務，可將原本以人力操作要花 1 個月的測量工作，改用無人機縮減到只花 15 ～ 30 分鐘就完成，甚至還可將測量數據全都傳送到營建機具，等於是從基地調查、測量，到施工後的檢查等，提供一條龍的支援。

圖：小松的服務化

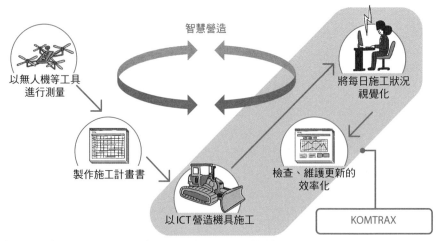

【資料來源】作者根據《小松報告書 2016 以創新追求成長的策略》（https://home.komatsu/CompanyInfo/ir/annual/html/2016/innovation/），調整部分內容後編製。

自 1999 年起，醫療儀器製造商希森美康（Sysmex）就已導入了一套叫做「SNCS」（希森美康網路通訊系統，sysmex Network Communication System）的支援服務。

SNCS 是一套讓顧客與希森美康客服中心連線的服務，用來管理醫療院所的檢測儀器精準正確。說得更具體一點，就是即時確認用希森美康的儀器所檢測出來的結果，與外部機構的檢查結果是否一致，以確保檢驗結果正確無誤。自 2011 年起，SNCS 進一步運用網路，追加了一項「設備故障預測功能」，讓他們可以提早進行儀器設備的維護、保養。

服務化的成立條件

（1）現有產品具備一定程度的品質與附加價值

說穿了，如果產品本身缺乏競爭力，那麼再怎麼附加提供服務，也吸引不了顧客的青睞。

（2）要選擇顧客在使用上可能有些課題的產品

很多產品服務化的案例，都是用來解決產品運用上的課題（例：稼動管理或數據應用）。此外，要推出這些服務，需先取得「顧客使用產品的數據資料」。因此，企業是否確實掌握供應給顧客的產品具備哪些特性，有無妥善保存產品內所累積的數據資料，將是服務化能否成功的關鍵。

（3）企業針對服務會使用到的資訊技術或事業企畫，需具備相關的資源

很多服務化的措施，都要運用資訊技術。因此，企業需具備資訊工程

師，以及資訊技術運用方面的事業企畫專業等。

服務化的陷阱

　　維護保養等合約型服務，是企業推動服務化的選項。而這些服務，其實有些業者願意免費提供。因此，企業要針對這些服務收費，就必須讓顧客充分理解這些服務的附加價值何在。再者，要推動服務化，企業的商業模式必須轉型，跳脫以往「產品製造、銷售」的老路。而轉型有時需要先推動組織改組，或組織團隊內的意識改革。

套用前請先釐清以下問題：

☑ 企業現有的商品，是否適合服務化？
☑ 推動服務化之際，要運用資訊技術。企業是否有足夠的經營資源可投入？
☑ 以現行的組織團隊，能否落時推動商業模式的轉型？

參考文獻

- 西岡健一、南知惠子《「製造業服務化」策略》（中央經濟社，2013 年）
- 盧斯克·羅伯特（Lusch, Robert F.）、史蒂芬·瓦爾格（Stephen Vargo）《服務主導邏輯》（*Service-Dominant Logic: Premises, Perspectives, Possibilities*）（同文館出版，2016 年）（譯註：繁體中文版由中國生產力中心出版）

12

從「銷售物品」走向「銷售服務」
～即服務

個案研究 賽富時、豐田、大金工業

```
┌─ KEY POINT ─┐
```

- 不是賣商品,而是以「服務」的形式來供應商品使用權。
- 透過服務來解決客戶所面臨的課題。
- 需與其他企業合作,建構資訊系統,細膩入微地跟催顧客需求。

基本概念

　　所謂的「～即服務」(As a Service),是把物品(產品)的使用權及其相關事項包裝成一項「服務」,供應到市場上的一種商業模式。它最早其實是廣受資訊業界採納的一套做法,比方電腦軟體以往都裝在盒子裡,以完整包裝形式出售,後來透過網路,改以「服務」形式供應,也就是所謂的「軟體即服務」(Software as s Service,簡稱 SaaS,p.90)等,就是極具代表性的例子。而提供 SaaS 的企業案例,則有透過雲端提供顧客管理及業務支援系統給企業用戶的賽富時(salesforce.com)。賽富時把上述這些系統包裝成服務,透過網路供應給客戶,而不是當做一套軟體來銷售。

　　近年來,受到顧客消費週期縮短,以及共享經濟(p.99)崛起的影響,越來越多人不拘泥於「擁有物品」,於是我們在各行各業都看到了企業積極將「～即服務」與事業結合的趨勢。例如汽車大廠不再只是賣車,還提供共享乘車和租車服務,甚至還結合鐵路和客運等交通工具,以期能提供「優化消費者移動交通」的服務。

　　還有,工具製造商喜利得(Hilti)也從以往的流線式工具銷售,轉換為「機隊管理」(fleet management)式的商業模式。在這種商業模式之下,

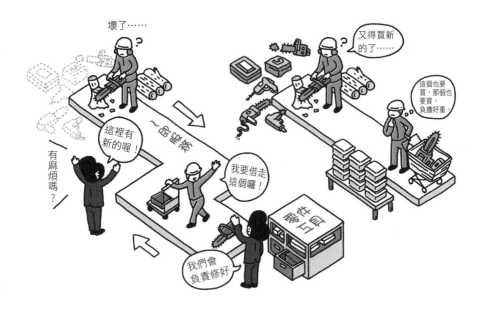

喜得利會以定額收費的方式，提供包括工具使用、修理、保固和代用工具租借等在內的一條龍服務。

> **MEMO**
>
> 這樣的發展趨勢和「服務化」（p.124）頗為相似。其實這兩者有一個差異，那就是服務化靠著「產品銷售＋收費服務」來貢獻收益；而「～即服務」則是只仰賴「收費服務」來賺取收益。

案例1　豐田

豐田（TOYOTA）對於「～即服務」當中的「交通行動服務」（Mobility as a Service，簡稱 MaaS），著力甚深。所謂的 MaaS，指的是把交通工具當做服務，供顧客使用。舉例來說，豐田目前已經推出汽車訂閱

（p.285）服務「KINTO」。顧客加入 KINTO 服務後，只要支付定額月租費，就可從指定車款中選擇自己喜歡的車，連續使用 3 年，或是每 6 個月就換開一輛凌志（Lexus）的新車。這項服務不收頭期款，車籍登記等規費，和每年要繳納的燃料、牌照等稅金，還有定期保養與其他各項保險等，都包含在月租費當中。

除此之外，豐田對於包括非汽車類交通工具的 MaaS，也積極投入推動。例如他們在西日本鐵道等地進行的實地實驗「my route」，就是結合大眾交通工具、租車、共享單車、自用車等各種交通工具，為使用者進行路線規畫建議的應用程式。

圖：何謂 MaaS ？

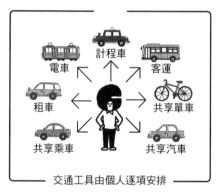

【資料來源】作者根據〈為「人的移動」帶來變革的「MaaS」究竟是什麼？為您介紹交通工具的未來樣貌〉（TIME & SPACE（KDDI））（https://time-space.kddi.com/ict-keywords/20191025/2762），調整部分內容後編製。

案例 2　大金工業

以空調設備的製造、銷售為本業的大金工業（DAIKIN），於 2018 年 1 月時，與 3 井物產攜手合作，共同成立了「空氣即服務股份有限公司」（Air as a Service，以下簡稱 AaaS），要發展企業法人設備空調的訂閱服務。

原本大樓或商場等空間的空調設備，通常都是由大樓場館的業主負責採購，維護保養費用多半也是由業主負擔，所以很難頻繁更換，進駐櫃位的廠商也只能屈就這些老舊設備。

有了 AaaS 之後，空調設備製造商會代替業主安裝、持有空調設備，並依建築的環境與空調的使用狀況，進行使用管理等，等於只要繳付定額月租費，空調業者就會提供舒適的空調服務。

〜即服務的成立條件

（1）要能體認使用者有哪些負擔

需為使用者分析購買產品（持有）會帶來哪些缺點。以上述個案為例，持有汽車或空調，會對使用者造成不便（經濟上的負擔與維護保養的麻煩），因此企業就有機會介入提供服務。

（2）要審慎評估服務內容

「〜即服務」與單純的短租或長期租賃不同，它需要藉由自家企業的產品，提升顧客在使用或消費上的方便性。因此，有意推出「〜即服務」的企業，也要像豐田或大金工業那樣，透過與其他企業的合作，來規畫整體服務內容。

（3）蒐集並分析實際的使用數據資料

為了讓使用者在產品使用上能達到最佳狀態，企業要懂得運用資訊技術及網路，精準地掌握使用者的使用狀況。

〜即服務的陷阱

在「〜即服務」模式當中，產品所有權歸屬於推動這些模式的企業，因此當產品故障或發生糾紛時，相關因應都要由企業自行承擔。企業與顧客之間，是透過「服務」來連結彼此，所以也需要細膩入微的跟催顧客需求，建立良好的客情關係。

還有，在這種商業模式中，使用者的使用狀況與使用行為等相關數據，是很重要的關鍵資料，因此有時候不太適合會排斥提供數據資料的顧客。

套用前請先釐清以下問題：

☑ 能否分析出顧客在購買、持有產品時，會造成什麼樣的負擔？
☑ 不論是自行推動，或是與其他企業合作，我的公司能否設計出比「單純租借」更理想的服務內容？
☑ 是否具備能掌握、分析顧客使用狀況的機制？
☑ 能否細膩入微地跟催顧客需求？

參考文獻

• 日高洋祐、牧村和彥、井上岳一、井上佳三《MaaS：行動運輸革命後的產業賽局變化》（日經 BP，2018 年）

13

長長久久的陪伴
可用性保證模式

個案研究 IBM、勞斯萊斯、特斯拉電動車

┌─ KEY POINT ┐────────────────────────

- 不僅賣商品，還提供維修保養服務，以獲取長期收益。
- 用在技術創新或外部環境變化快速的產品上，有利於籠絡顧客。
- 妥善運用使用者使用儀器設備後所傳回的數據資料進行提案，是企業能否提供附加價值的關鍵。

基本概念

　　所謂的「可用性保證模式」，是根據顧客的使用目的需求，將儀器設備、零件和相關的附帶服務，與維修一併包裝成全套服務，供應給顧客，從中賺取收益的一種商業模式。它最具代表性的案例，就是從電腦設備硬體銷售業者，轉型發展解決方案事業的 IBM。IBM 在企業客戶採購電腦之後，還會提供維護、檢修服務或辦公室軟體的客製化服務，創造了亮眼的獲利率表現。

　　這個商業模式發展的前提，是企業與顧客之間的「產品、服務長期使用合約」必須成立。若能成功簽下這一張合約，就能長期籠絡顧客。

　　「可用性保證模式」具備以下特色：

- 包含產品銷售與維護或客製化的包套服務，是它帶給顧客的附加價值。
- 若為技術創新循環較快的產品，企業所提供的服務要及早適應變化。

　　此外，由於近年來資訊技術的普及，發展可用性保證模式的企業，可透過自家售出的儀器設備，蒐集企業客戶的數據資料，再運用這些數據資

料，進行維護保養和檢修，甚至可向客戶提出成本效率更佳的使用方法，或儀器設備更換時機等建議。因此，現在可用性保證模式已成為「製造業服務化」（servitization，p.124）當中不可或缺的商業模式。

案例1 勞斯萊斯「按時計費制」

勞斯萊斯（Rolls-Royce）是製造、銷售大型民航機與商務噴射機引擎的企業。全球使用勞斯萊斯產品的民航機，已多達 1 萬 3 千架以上，機型逾 30 種。

勞斯萊斯採用了一套名叫「按時計費制」（Power By the Hour）的商業

圖：勞斯萊斯的可用性保證模式

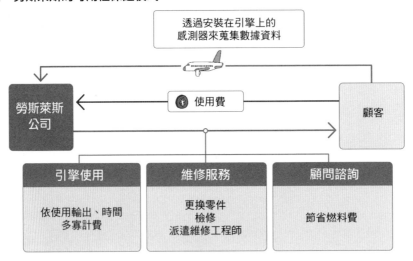

模式，依每架飛機的引擎輸出與使用時間，來決定引擎的使用費多寡。所謂的使用費，其實還包括了引擎的維護、檢修服務，而勞斯萊斯會根據他們所取得的引擎使用數據，掌握耗材或零件的更換時機，安排維修工程師進行更換作業。此外，他們也會運用蒐集到的資料，向航空公司提報更有效率的航班規畫建議，等於是再提供附帶服務。

　　對於勞斯萊斯的主要客群——低成本航空（LCC）來說，有了可用性保證模式之後，航空公司就可以不必再花成本建置維修、保養飛機引擎的工廠，也不必再聘僱相關人力，故能以更便宜的價格提供航運服務，還能降低因維修缺失導致航班延誤或取消的風險。

案例 2　特斯拉電動車

　　於 2018 年推出電動車「Roadster」的特斯拉電動車公司（Tesla），就

是採用了電動車的可用性保證模式。一開始他們會先提供給顧客「電動車」這項硬體產品，但特斯拉產品所搭載的電池容量和軟體，都會定期升級，以提升車輛的行車性能。以「Model S」車款為例，原本在出廠時所搭載的電池是 75kwh，但標準規格是設定在 60kwh。若在購車後還想再增加電池容量，車主只要支付約 113 萬日幣的費用，就可升級[5]；而自動駕駛的軟體升級，費用約為 65 萬日幣[6]。

其他像是地圖圖資、鄰車距離測定功能、遊戲和音樂內容等，從提升駕駛附加價值到視聽娛樂等，包羅萬象，服務內容相當廣泛。

可用性保證模式的成立條件

（1）有能力為自家企業所銷售的產品、零件開發附帶服務

要發展可用性保證模式，企業必須具備軟體開發能力，才能讓顧客長期使用自家企業銷售的產品或零件；還要打造合適的組織團隊，企業才能出手網羅相關的專業人才。

（2）要能迅速地因應新科技與環境的變化

推動可用性保證模式的前提，是企業要搶在第 3 方推出新的軟體或零件前，就能在內部進行服務或產品的研發。

（3）將產品與服務打包成套，能為顧客降低成本

對顧客而言，倘若自行處理該產品品類的售後服務或必要的客製化，

※5 〈特斯拉 model S 要花多少維護費用？〉（https://car-me.jp/articles/7614）
※6 〈特斯拉的自動駕駛選配 8 月起最高將調漲約 11 萬日幣〉（https://jp.techcrunch.com/2019/07/17/2019-07-16-elon-musk-is-raising-the-price-of-teslasfull-self-driving-feature-by-another-1000/）

計算起來所費不貲，企業就可藉由提供必要的服務，來籠絡長期顧客。

可用性保證模式的陷阱

在「可用性保證模式」當中所提供的服務，都是由產品衍生而來，因此較難與製造相同產品的競爭者做出差異化。當企業難以做出差異化時，就容易與競爭者一同陷入價格戰，屆時恐怕連原本供應的產品，都難以再為企業貢獻獲利。

套用前請先釐清以下問題：

☑ 要提供全方位服務的核心產品為何？
☑ 能否提供一套有助於企業客戶降低成本的服務？
☑ 提供服務需要蒐集、分析數據資料，我的公司是否有能力處理？

參考文獻

- 山田篤伸《IoT 掀起服務化浪潮湧向製造業從產品到產事》（impress，2016 年）

14

量身打造的「量產」
大量客製化

個案研究 戴爾、BMW、adidas、fukule

┌─ KEY POINT ┐

- 運用資訊技術，讓「大量生產」和「滿足個別顧客需求」得以兩全的生產、銷售方式。
- 「備妥多種選項，以因應顧客各式需求」是一大關鍵。
- 過度追求客製化，就無法降低成本。

基本概念

　　所謂的「大量客製化」，就是在運用生產或銷售量優勢的同時（大量生產），也迎合個別顧客需求，銷售產品、服務（客製化）。

　　例如電腦大廠戴爾，就針對個人電腦的各項零件（中央處理器、硬碟等），準備了好幾種不同的規格，運用「以直銷模式進行接單後生產」（Build to Order，簡稱 BTO）的做法，銷售符合顧客需求的客製化商品（p.191）。

　　德國的 BMW 公司，也推出「Mini Yours Customised」的服務，讓車主可以透過網站，自行調整「MINI」車款的內、外裝零件設計。這些客製化的零件都會以 3D 列印或雷射加工的方式，在 BMW 的工廠生產。

　　長年來，企業向來都是採取「大眾行銷」的手法。然而近年來，企業為了滿足個別顧客的需求，也開始意識到「1 對 1 行銷」（One to One Marketing）的重要。而大量客製化可說是要以更有效率的方式，來處理企業的個別訂單。

大量生產與客製化的優點

　　大量客製化這種商業模式，能讓大量生產（mass production）和客製化的優點，達到一定程度的並存。從上述戴爾和BMW的案例當中，我們不難發現：在大量客製化的過程中，那些要拿來搭配組合的零件，業者會準備多種「規格」，也就是以「規格」為單位，確保一定程度的產量。這樣安排之下的結果，首先是可透過大量採購、大量生產，來降低產品成本和生產成本；接著又能省下花費在組裝上的時間，故可有效縮短出貨的前置期。這些都可說是大量生產的優點。

　　大量客製化能依顧客需求調整規格，且和預備多種零件相比，大量客製化還能降低庫存風險。顧客拿到的產品，想必一定有著標準化產品所沒有的附加價值。這些都堪稱是客製化的優點。

　　體育用品大廠 adidas，是一家對銷售大量客製化產品著力甚深的企業。他們握有一項強大的武器，那就是德國 adidas 的全自動工廠「快速工廠」（Speedfactory）。

　　在快速工廠當中，adidas 運用了結合電腦科技的編織機和機器人等設備，讓鞋子的製作工序幾乎進入全自動化。此外，這家工廠還運用了一套 3D 模型技術，可根據鞋子素材和腳型等資訊，為個別使用者設計合適的鞋子造型。有了這些技術與設備，就能以較低成本，製作出符合顧客需求的鞋子。起初快速工廠只在德國和美國投產，為了能在日後發揮更高的效率，adidas 已決定將快速工廠轉由亞洲管轄。

圖：adidas 的大量客製化

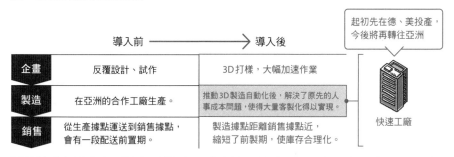

【資料來源】作者根據〈從「線型」到「網路型」數位時代下的供應鏈改革觀點 -（1）〉（埃森哲　太田陽介）（https://www.dhbr.net/articles/-/5133?page=3）之「圖 4：adidas 的快速工廠」，調整部分內容後編製。

案例 2　fukule

　　fukule 的總部位在日本紡織業的重要聚落——群馬縣桐生市，是一家生產、銷售服裝的企業。他們運用自動化的生產體系，供應價格親民的訂

製洋裝和女士套裝。

　　fukule 建立了一套生產機制，讓顧客從樣本中挑選布料、尺寸後，就利用 CAD 軟體自動繪製設計圖，而生產所需的布料和鈕釦等零件，也都會自動備妥。

　　此外，fukule 還會利用紡織廠的下腳剩布，也會與創辦人家裡經營的成衣廠或其他中小工廠、車縫師傅合作，降低生產成本。

大量客製化的成立條件

（1）顧客需求多樣，且可切分為適當單位的產品

　　上述的電腦、汽車、鞋子和服裝等適合大量客製化的產品，都有一個關鍵因素，那就是顧客的需求多元。例如顧客對電腦有不同的規格需求，對服裝的尺寸和設計也有不同喜好，需求五花八門。零件、素材能適度分解成一定單位的產品或服務，才適合套用大量客製化模式。如此一來，企業就能在運用大量生產優勢的同時，又迎合顧客的需求。

（2）將資訊科技運用到生產、銷售上

　　要推動大量客製化，企業必須先深入了解顧客的偏好，再打造出一套能因應產品、服務客製化的機制；還要備妥一套既能降低成本，又可縮短銷售前製期的生產體系。就像 adidas、BMW 或 fukule 等企業那樣，要懂得在全自動工場或生產線上運用 3D 列印、CAD 等資訊科技工具。

大量客製化的陷阱

　　過度的大量客製化，將趨向純粹的客製化，也就是個案處理（量身打

造）的狀態。就「迎合顧客需求」的角度而言，量身打造乍看似乎是一件好事，但過度講求客製化，將對大量客製化原有的一大優勢——「大量生產所帶來的成本撙節」造成衝擊，須特別留意。此外，要轉型為大量客製化模式，代表企業要重新調整現有的生產和銷售體系。而在重新調整的過程中，預估將會面臨現有體系的反彈。

套用前請先釐清以下問題：

☑ 我的公司所供應的產品，是否有多樣的顧客需求？
☑ 我的公司所供應的產品，能否以適當的單位來分解零件？
☑ 能否針對接單與生產，建構出一套結合資訊科技的系統？

參考文獻

・約瑟夫・派恩（Joseph Pine）《大量客製化》（ *Mass Customization: The New Frontier in Business Competition* ）（日本能率協會管理中心，1994 年）

15

運用數位科技客製化
個人化

個案研究 YouTube、資生堂「Optune」

┌ KEY POINT ┐

· 根據每位顧客的屬性或購買行為,提供最合適的資訊或產品。
· 隨著資訊科技的發展,購買、生活和人體生物資料等數據變得更容易取得,為各行各業創造了可推動個人化的環境。

基本概念

「個人化」這種商業模式,就是提供對顧客而言有價值的產品或資訊,它和「用一般產品投入廣大市場」可說是兩個不同的極端。行銷顧問唐·裴伯斯(Don Peppers)和瑪莎·羅傑斯(Martha Rogers)在他們的著作《一對一的未來》(*The One to One Future*)當中,就曾介紹過個人化的概念,強調企業要在供應方式和服務等方面的顧客體驗尋求差異化,而不是只聚焦在產品上。

個人化的主要特色如下:

● 為每位顧客提供有價值的產品或服務。
● 由於個人化是根據顧客既往行為或搜尋履歷所推動的措施,所以可更有效率地刺激顧客選購。

資訊科技的發展,使得企業能更精準地提供個人化產品或服務。網路的搜尋引擎就是一個很有代表性的例子。雅虎和 Google 等搜尋引擎,都會累積、分析使用者的搜尋和瀏覽記錄,並將最合適的搜尋結果排在前面。

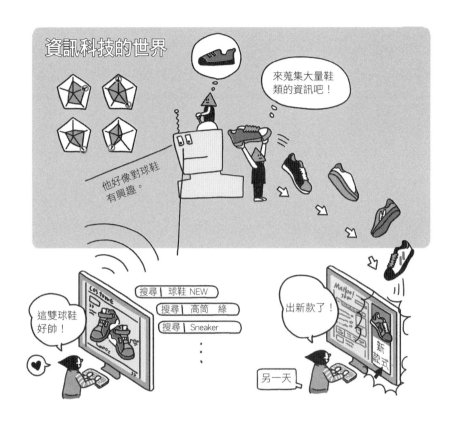

透過搜尋引擎、網路廣告和應用程式蒐集行銷數據，還有透過感測儀器蒐集人體生物資料的數據等手法，使得個人化的種類變得越來越多元。

YouTube

2005 年底正式上線的影音分享網站 YouTube，每個月都有超過 20 億名使用者登入使用，是一個規模相當可觀的平台[7]。

※**7** 〈YouTube 新聞中心〉（https://www.youtube.com/intl/ja/yt/about/press/）

YouTube 的收益來源，是影片播放時所展示的廣告（p.326）。而在播放廣告之際，YouTube 會根據每位使用者的觀看記錄與網站使用記錄等資訊，進行個人化調整。換句話說，YouTube 建立了一套系統，能為每位觀眾播放最合適的廣告內容。這一套個人化操作相當精準，許多廣告主都因為到 YouTube 投放廣告，而成功挖掘出潛在的顧客。對廣告主而言，這一點相當有吸引力。

　　另一方面，YouTube 的個人化功能，對使用者也有好處。例如依使用者觀看記錄提供的「推薦影片」（推薦功能），就能為使用者省下很多麻煩，不必慢慢地從成千上萬的內容當中，找出自己喜歡的影片。

　　因為這些措施與功能，YouTube 可說是在 B2B（對廣告主）和 B2C（對使用者）都能提供「個人化」價值，因此賺進龐大收益的商業模式。

圖：YouTube 的個人化服務與收益模式

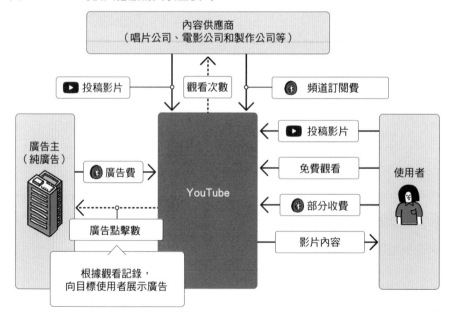

案例 2 **資生堂「Optune」**

───────────────────────────────

資生堂的美容液「Optune」，是透過手機應用程式傳回每一位顧客的肌膚狀況，並於雲端分析數據後，再將資料傳到顧客專屬的美容液槽，為每位顧客調配出最合適的美容成分。資生堂會從 8 萬種搭配組合當中，挑出適合個別顧客的配方，再用設在美容液槽旁的 5 個保養成分筒調配。

這項個人化服務的根據，就是從顧客自行拍攝的肌膚照片中所取得的個人數據資料，搭配資生堂在經年累月的研發之中，所累積而來的各種數據（季節、溫度，以及空氣中的成分等）。

Optune 的個人化服務，對企業收益也有貢獻。由於這種個人化服務的產品，要持續使用才能看到效果，因此顧客會以定額訂購的方式，直接購買裝有美容液基底——也就是保養成分的匣筒。資生堂運用個人化服務，把這些以往顧客單項選購的保養品，都轉換成了訂閱模式（p.285），堪稱是複合式的商業模式。

個人化的成立條件

───────────────────────────────

（1）顧客資訊的取得與分析

想推動個人化，需要有顧客屬性（性別、年齡和偏好等），以及過往的購買記錄等顧客資訊。因此，企業能取得多少資訊，能分析到什麼地步，至關重要。這時，企業要有能力建置取得資訊的工具、技術，還要懂得如何建構個人化服務所需的演算法。

（2）個人化能否提升產品或服務的價值？

企業所發展的業務，必須是像 YouTube 的目標式廣告（targeted

advertising），或資生堂的 Optune 那樣，能透過細膩地配合顧客屬性，來提升價值的產品或服務。

個人化的陷阱

在個人化的過程中，需要蒐集、分析很多顧客的數據資料。所以，企業只要疏於維護資安系統，就會因為數據資料外流，而面臨事業難以存續的風險。

套用前請先釐清以下問題：

☑ 能否蒐集、累積各種五花八門的顧客數據？

☑ 我的公司的產品或服務，在主打個人化之後，價值會不會提升？

☑ 能否建立一套演算法，以落實推動合宜的個人化服務？

參考文獻

・唐・裴伯斯（Don Peppers）、瑪莎・羅傑斯（Martha Rogers）《1 對 1 的未來》（鑽石社，1995 年）

16

聚沙成塔
長尾理論

個案研究 Amazon、影片隨選播放服務、東急手創館

┌ KEY POINT ┐

- 只要多增加品項，即使是小眾商品，也能創造出不比熱銷商品遜色的獲利。
- 進入數位時代後，流通平台出現，使得長尾理論的應用案例激增。
- 需考量庫存管理成本和獲利的平衡。

基本概念

　　所謂的「長尾理論」，是透過廣泛銷售各種產品，迎合多元顧客需求，以擴大收益規模的一種商業模式。它是美國雜誌《連線》（*WIRED*）前總編輯克里斯・安德森（Chris Anderson）給這個數位時代新經濟法則的名稱，意指迎合小眾需求的商品，獲利可積少成多，綜合下來就能賺得龐大的利潤，和那些以銷售暢銷商品或新商品為主的銷售策略呈現對比。

　　長尾理論有一個極具代表性的案例，那就是在 1995 年所創立的 Amazon。在實體書店賣書，由於店面空間有限，所以庫存的書籍本數和種類都備受限制；但在線上書店賣書，庫存空間就不受限制。於是 Amazon 利用這項優勢，在暢銷書籍之外，又盡可能銷售更多元、廣泛的書籍種類，例如實用書、研究書，甚至是一般認為比較小眾的書籍等，滿足各種顧客的需求，並因此而推升了收益。

　　要實現長尾理論的商業模式，網路科技絕不可少。其實不只 Amazon，拍賣網站、影片隨選播放服務等事業也一樣，若想充實小眾品項，就必須要有網路平台。

　　長尾理論的主要特色如下：

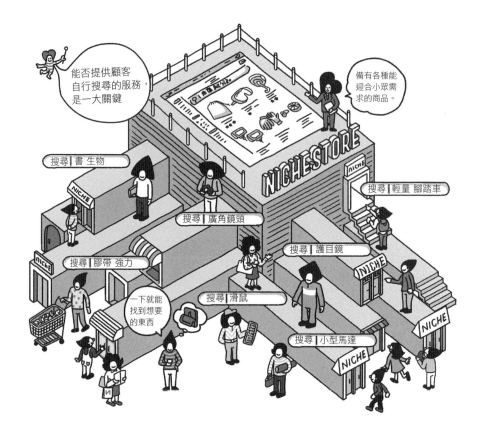

- 銷售多元品項，並提供「可自行搜尋」的服務，當做是給顧客的一項附加價值，並藉此創造利潤。
- 奉行長尾理論的零售業，則要落實庫存管理，並強化配送操作。

案例1　影片隨選播放服務

長尾理論的商業模式，適合套用在影片、音樂等具有以下特色的內容產業上：

- 顧客喜好多元
- 能以數位數據資料形式供應商品（沒有實體庫存）

　　截至 2019 年時，全球會員人數已突破 1 億 3,000 萬名的影音服務平台 Netflix，就是確立長尾模式的企業當中，極具代表性的案例。其他像是在日本市場擁有高市占率的影片隨選播放服務──dTV 和 U-NEXT 約有 12 萬部影片上架，AmazonPrime 影音（Amazon Prime Video）則有約 7 萬 2 千部影片可隨選，而 Hulu 則有約 5 萬部影片，各平台所供應的內容數量都相當可觀。有了如此多元的品項，就能解決「想看的作品 DVD 或藍光光碟斷貨買不到」，或「在常去的影音出租店找不到」等「顧客的不方便」。

圖：影片隨選播放服務的建議模式

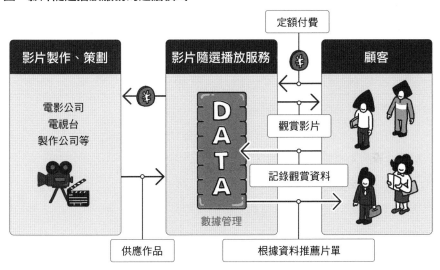

MEMO

在影片隨選播放服務的平台上，根據搜尋系統或觀看記錄來向使用者推薦影片，是一項不可或缺的功能。透過這些功能讓顧客的需求獲得滿足，就是長尾理論模式中極大的附加價值之一。

案例 2   東急手創館

以日本全國各都會區為核心，積極展店的東急手創館（TOKYU HANDS），就是實體商店的長尾模式案例。它的商品結構據聚焦在生活雜貨及 DIY 產品，並強調以品項多元為特色。1984 年，東急手創館池袋店開幕之初，便匯集了 30 萬個品項，商品總數多達 300 萬個。它在螺絲、木材和金屬零件等方面銷售的品項數量，和開在郊區的家庭五金 DIY 大賣場旗鼓相當，但東急手創館可做到「螺絲 10 根 1 組」、「螺帽 10 個 1 組」等，以「用得完的份量」分裝銷售，也是它的特色之一。這樣的少量銷售，降低了產品在店內的陳列空間占比，同時又讓銷售品項更多元。

實體門市型的長尾模式要成功，關鍵因素在於要懂得把「從大量商品中自行『挖寶』的樂趣」包裝成購物過程中的附加價值，提供給顧客。

長尾理論的成立條件

（1）庫存管理及銷售成本不超過營收

積存少量產品來銷售時，庫存管理及銷售成本不能超過營收。

（2）打造能迎合顧客需求的系統

企業要打造一套系統，讓顧客能從成千上萬的品項當中，精準地找出自己想要的商品。此外，能否提供顧客「挖寶」的樂趣，也是一大重點。

（3）雖小眾但需求可期的品類

即使是年代久遠的懷舊產品，或是知名度低的冷門產品，都要有一定程度的顧客需求可期，才能套用長尾模式。例如像影片或音樂這樣的內

容，就是很具代表性的例子。

長尾理論的陷阱

長尾理論的賣點，在於它豐富的銷售品項，甚至還包括了小眾商品。然而，即使是在 Amazon，據說貢獻絕大部分營收的，還是新產品和暢銷商品。因此，並非無止盡地擴大銷售品項，長尾理論就一定會成功。釐清哪些品項能在短期內貢獻收益，哪些品項能帶來長期收益，以及庫存管理如何維持均衡到位，都是很重要的工作。

套用前請先釐清以下問題：

☑ 能否與銷售多元品項的夥伴建立合作關係？
☑ 能否提供搜尋系統與推薦等功能？
☑ 能否正確計算出小眾商品的庫存管理成本與利潤之間的平衡？

參考文獻

· 克里斯‧安德森（Chris Anderson）《長尾理論 - 打破 80/20 法則，獲利無限延》（*The Long Tail Why the future of business is selling less of more*）（天下文化出版，2014 年）
· 森田秀一、impress 綜合研究所《影片隨選播放產業調查報告 2018》（impress，2018 年）

17 獨占特定市場
超級利基

個案研究 YKK、萬寶至馬達、YS tech

┌─ KEY POINT ─┐

- 專攻特定用途產品，打造其他競爭者無法投的市場。
- 阻止其他企業投入市場，以便在全球提高市占率和收益表現。
- 企業市占率恐有因技術創新而快速萎縮之虞。

基本概念

所謂的「超級利基」，是將企業所有資源集中在「某一特定用途的產品」，以提升競爭力，並在特定市場取得高市占率的商業模式。由於操作都集中在特定商品上，因此經驗曲線可望達到極度效率化，進而實現「高品質低價格」的境界。

超級利基最具代表性的成功案例，就是在拉鏈界市占率全球第一的YKK（p.334）。YKK 的獨特性，在於他們連生產拉鏈用的機器和材料，都自行開發、生產的「一貫製造」機制。YKK 在全球所有的生產據點，都使用相同的設備，以維持均一化的高品質生產，又能透過降低物流成本，來壓低價格。

再者，YKK 在生產拉鏈的製程上，則是透過取得多項專利，來提高新競爭者投入發展的門檻。需使用拉鏈的產品年年都在增加，YKK 以多樣化的合作夥伴來因應，成功創造營收連年成長的佳績。

超級利基的主要特色有以下 2 點：

● 生產其他企業無法投入競爭的產品，獨占特定市場（含取得專利在內）。

● 若有堅強研發實力，就有可能發展全球布局，進而達到搶占全球利基的
水準。

案例 1 **萬寶至馬達**

　　萬寶至馬達自 1954 年創立以來，持續深耕小型直流馬達的生產，目
前與汽車電裝、家電、精密儀器、玩具等各行各業的產品製造商都有合
作，在小型直流馬達市場的全球市占率近 5 成。

　　萬寶至馬達能靠著超級利基成功的背景，除了持續深耕研究開發與生
產技術之外，還有一個關鍵的因素，那就是「標準化策略」。萬寶至不因
為遷就汽車、家電製造商等各種客戶的需求規格，就開發不同的零件，而
是自行開發、生產出將需求化為最大公約數的「標準款」。透過這樣的手

法，將工廠的機器設備和製程平準化，大幅降低成本、縮短交期，更使產品品質均一。而這樣操作的結果，成功地為合作企業與自家公司創造出雙贏的關係。

此外，企業若要落實標準化策略，那麼足以將多元合作夥伴的需求標準化的研發能力，以及能讓合作夥伴願意使用標準化零件的談判能力，便顯得格外重要。

圖：萬寶至馬達的超級利基

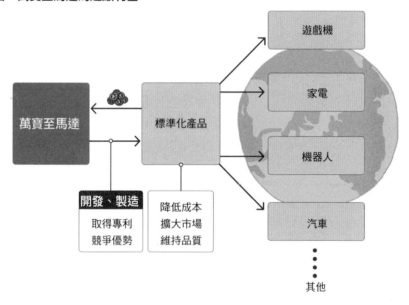

【資料來源】作者根據萬寶至馬達股份有限公司官方網站（https://www.mabuchi-motor.co.jp/）資訊，更動部分內容後編製

案例2 YS tech「耐高溫條碼標籤」

位在大阪府吹田市的 YS tech，生產的是可耐 1200℃高溫的「耐高溫條碼標籤」，用於電子零件、模具等需加熱的零件製程管理上。

YS tech 研發出了在極高溫環境下仍不會熔解的墨水、標籤和黏著劑，顧客都是製造商。廠商只要把 YS tech 的色帶和標籤裝入可熱轉印的印表機裡，就能隨時在自家工廠自製 ID 管理標籤或條碼標籤。

　　這樣的產品用途有限，有需求的市場規模並不大，不過，全世界都有一些必須在高溫環境下生產零件的產業，因此這一門生意是成立的。目前，YS tech 在全球擁有 100％的市占率，等於是獨占整個市場，客戶多達240 家企業。他們所生產的耐高溫條碼標籤，廣泛地運用在鋼鐵、鋁製造商、汽車零件等業界。

超級利基的成立條件

（1）有多個市場的產品，都要用企業的超級利基產品才能製成
　　即使超級利基產品本身的市場不大，但只要銷售該產品的客戶多元，而且具一定市場規模，企業就會有獲利。舉例來說，YS tech 所生產的標籤，本身市場並不大，但他們的客戶──製造業的市場規模相當可觀，因此做為利基商品，它是可以成立的。

（2）企業有能力研發、製造產製該項利基商品所需的機械設備和零件
　　像 YKK 或萬寶至馬達這樣，能順利發展超級利基的企業，多半都曾與合作夥伴談判，並成功請合作夥伴引進自家產品當「標準款」。想贏得這樣的成功，企業必須具備卓越的研發能力，還要從產製用的機器設備開始，都有能力一氣呵成地自行開發。

（3）能以產品或服務工序取得專利
　　若能以製造產品的製程來取得專利，就能避免仿冒品流竄搶市。市場

的進入門檻能提高到什麼程度，是企業能否獨占市場的一大關鍵。

超級利基的陷阱

「超級利基」是聚焦在某個規模有限的市場發展而來，故需投資研發費用和特殊生產設備。萬一產品實際上市時，無法順利回收這些先期投資，就會拉高企業的風險，因此事前必須確實調查清楚市場需求才行。還有，當顧客的製程因為技術創新而一舉翻轉時，企業原有的利基產品恐有淪為明日黃花之虞。

套用前請先釐清以下問題：

☑ 產品是否具備一定程度以上的市場規模？
☑ 該市場有無長期發展的可能？
☑ 能否以自家產品或製程取得專利？

參考文獻

・藤本武士、大竹敏次《跨國利基型頂尖企業之國際比較》（晃洋書房，2019 年）

創新的反向輸入
逆向創新

個案研究 奇異健康照護、P&G、驪住

```
┌─ KEY POINT ─┐
```

- 源自新興國家與開發中國家的「逆流型創新」。
- 要有符合當地需求，適合解決問題的產品，而非低階功能或平價版。
- 授權給當地負責人員後才推動。

基本概念

所謂的「逆向創新」，指的是多國籍企業根據「新興國家、開發中國家的需求」，來開發、銷售產品或服務，而不是聚焦在已開發國家。

以往，多國籍企業在進軍新興國家或開發中國家市場時，絕大多數都會先在已開發國家研發、銷售產品後，再拿「同等水準的產品」，或「只保留部分功能的平價版」，到新興國家或開發中國家去銷售。針對這一點，「逆向創新」因為在商品研發上的流程，與傳統手法完全反向操作，所以被冠上了這個「逆向」（Reverse）的名稱。

逆向創新的概念，因為美國達特茅斯大學塔克商學院教授維傑・高文達拉簡（Vijay Govindarajan）等人的著作《逆向創新：奇異、寶僑、百事等大企業親身演練的實務課，教你先一步看見未來的需求》（*Reverse Innovation : Create Far from Home, Win Everywhere*）而普及。

舉例來說，奇異健康照護（GE Healthcare）為了迎合當年還是新興國家的中國醫療市場需求，研發出了一款超低價的超音波診斷設備（15,000美元，約為傳統低價位商品的 15%），後來也在已開發國家上市銷售——畢竟並不是只在新興國家、開發中國家才有想買低成本設備的顧客，已開

發國家同樣會有。

就像這樣，源自新興國家、開發中國家的創新，稱之為「逆向創新」。

其實，前面提過的奇異健康照護公司，並不是打從一開始就循逆向創新的機制操作。原本奇異健康照護是打算把在已開發國家銷售的主力商品，也就是高級超音波診斷設備拿到中國銷售，但進行得並不順利。後來他們深入了解中國當地（尤其是鄉間村落，而不是都會區）的需求之後，才以「當地使用者買得起的超低價格」，成功打造出「與已開發國家截然

不同的商品」，即使是在鄉村進行醫療活動，運用上也很方便。

近年來，針對已開發國家和新興國家、開發中國家的不同需求，進行新產品研發的必要性與日俱增，使得逆向創新備受矚目。此外，逆向創新有助於讓多國籍企業擺脫「在已開發國家的需求」等「常識」的囿限，開創出革命性產品概念的特性，也很受到關注。

MEMO

「全球在地化」（glocalization）是結合「全球化」（globalization）和「在地化」（localization，因地制宜），所創造出來的一個混合詞。逆向創新和全球在地化有時容易混淆。不過，就「起始點」而言，逆向創新始於新興國家、開發中國家，可說是與全球在地化截然不同的概念。

案例1　P&G

消費財製造商 P&G 旗下的刮鬍刀品牌「吉列」（Gillette），是在歐美市場擁有高市占率的優質商品。當年 P&G 進軍印度時，選擇用「鋒速 3」（mach 3）這個中低價位的產品，調整包裝設計後推出，孰料未獲印度男士的青睞，市占率遲遲不見起色。

P&G 為了調查箇中原因，到當地進行了一番縝密的市場調查，找出了「印度男士刮鬍子的方法，和歐美男士不同」這個結論。原來印度男士以往會坐在地上，打一小盆水，在微光中看著隨身鏡，用兩片刀刃的刮鬍刀刮鬍子。P&G 發現，這種刮鬍方式，讓印度男士臉上的刮鬍傷痕成了家常便飯。

整理出這些調查結果之後，P&G 根據當地的狀況，開發出符合以下條件的產品：

- 中階性能
- 不需沖水清洗
- 不易刮傷的構造
- 低成本（平價）

　　產品選擇在當地生產，並以售價 15 盧比（約 0.3 美元）的刮鬍刀，搭配 5 盧比（約 0.1 美元）的替換刀片投入市場。這個價格，還不到已開發國家正常售價的 3%。

　　此外，P&G 還擬出了一套在地觀點的流通、促銷策略，包括以當地的獨立商店為銷售通路，請印度電影明星拍攝廣告代言等。這樣操作的結果，讓吉列在印度刮鬍刀市場的市占率突破了 5 成。

圖：P&G 旗下品牌「吉列」在印度的逆向創新

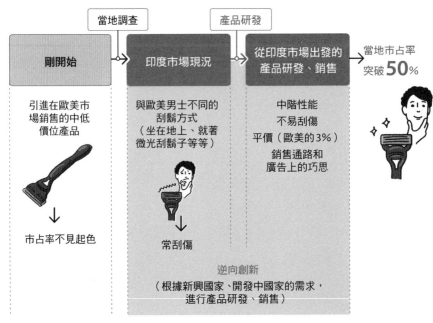

驪住（LIXIL）銷售的主要產品，是住宅或大樓的衛浴、流理台和建材，目前致力於透過供應自家產品，解決全球的公共衛生問題。

例如驪住所銷售的「SaTo」（Safe Toilet），就是考量肯亞等農村地區的現況，所開發出來的簡易廁所[8]。SaTo 是可以低成本，低用水量導入、運用的設備，驪住的目標，是希望能讓它在新興國家、開發中國家普及。

為此，驪住在內部建置了一個專責發展 SaTo 事業的組織。此外，他們也希望能推廣毋需用水，就能讓排洩物資源循環的綠色廁所系統（green toilet system）等。

這些產品不僅可在新興國家、已開發國家使用，也可望運用在先進國家的災區或缺水地區等地。

逆向創新的成立條件

逆向創新要成立，除了要具備「跨國發展的企業」這個前提條件之外，還要滿足以下 2 個條件：

（1）依當地市場需求進行產品研發、事業發展

如上述的案例所見，企業要深入了解在地市場需求，打破在已開發國家發展事業的常識框架，而不是把根據已開發國家消費者需求所開發的產品做成平價版，移植到新興國家、開發中國家去。

以 P&G 為例，他們在研發印度市場用的刮鬍刀時，在當地以民族誌

※8 SaTo 原本是驪住集團旗下美標衛浴（AMERICAN STANDARD）這家美國製造商所開發的產品。

調查法（ethnography，文化人類學的調查手法）為基礎，進行質化市場調查，並從零開始重新定義了當地消費者的需求。此外，在流通、促銷方案上，也運用了不同於已開發國家的手法。

（2）將事業發展的權限授權給當地團隊、專責團隊或人才

　　想實現逆向創新，就必須要有一些不同於現有事業的產品研發和事業發展。有時候，逆向創新可能會與自家公司現有事業的產品互相競食。例如奇異健康照護在已開發國家銷售到超低價格產品，就會和他們更早之前在同一個市場推出的中高價位產品打對台。

　　這時企業需要做的，是把在新興國家、開發中國家的事業發展，與現有事業切割，並授權給當地的團隊或專責團隊處理。例如驪住在發展 SaTo 時，就設置了專責的部門；P&G 用於市場調查方面的人才，想必也是能抱持不同於現有事業觀點的專業人才；而在奇異健康照護的案例當中，則是把他們在中國的產品研發、事業發展，都充分授權給了經驗豐富的專案負責人。

逆向創新的陷阱

　　逆向創新常會遇到的誤解，就是企業只聚焦在它低價和功能減少的面向上。要成功在國外市場創新，其實價格低或功能少，都不是必要條件。重要的是要依當地需求和問題，進行產品研發。例如印度塔塔汽車（Tata Motors）在 2009 年時，以售價約 20 萬日幣的超低價格，推出了超小型車款「納努」（Nano）。一款以在印度市場普及為目標的汽車，究竟能不能席捲歐美等市場，當時受到相當高的關注。然而，如今已是 2020 年，納努不僅沒有普及，甚至還有人預估它會停產（p.411）。由此可知，功能降

階的平價版商品，並不一定是逆向創新的成功法則。

再者，「只聚焦產品研發」也是一個陷阱。要在國外市場推動逆向創新，實際上還需要與流通業者、供應商等相關業者合作。因此企業需要的，不是只有產品的設計，而是要有設計整套商業模式的觀念。

還有，把在新興國家、開發中國家引起逆向創新的產品，拿到已開發國家銷售時，可能會面臨與現有產品自相競食的風險，和與已開發國家消費者需求不符的問題。

套用前請先釐清以下問題：

- ☑ 是否充分了解當地市場，並滿足市場需求？
- ☑ 在當地有無負責產品研發、事業發展的專職部門與人才？
- ☑ 在當地有無產品研發、事業發展上的夥伴？
- ☑ 是否已評估過逆流回已開發國家的方法，和與已開發國家產品競食的問題？

參考文獻

- 維傑・高文達拉簡、克里斯・特林柏《逆向創新》（社，2012 年）（繁體中文版由臉譜出版）

19 刮鬍刀模式

不靠「那些」，用「這些」賺錢

個案研究 吉列、Canon、日本雀巢

┌─ KEY POINT ┐

- 低價銷售商品主體，再以配套使用的耗材營收賺取長期收益。
- 耗材有遭仿冒風險，因此如何妥善保護自家技術，將是一大關鍵。
- 耗材幾乎不必動用任何廣告宣傳費。

基本概念

　　所謂的「刮鬍刀模式」，是指以低價銷售能為顧客提供價值的「核心產品」，再以持續銷售那些與核心產品搭配使用的「耗材」，賺取長期收益的一種商業模式。

　　這個商業模式最知名的案例，就是以安全刮鬍刀取得專利的吉列。吉列將安全刮鬍所需的功能，分拆成「刮鬍刀主體」（核心商品）和「替換

刀片」（耗材），並單獨銷售需頻繁更換的替換刀片，藉以搶客。

此外，在刮鬍刀模式當中，企業一旦賣出核心產品，顧客就會習慣性地購買耗材。這樣的機制，可望為企業帶來持續性的利潤進帳。況且耗材的廣告宣傳費幾近免費，是獲利效率極佳的商業模式。

案例 1　Canon

相機製造商佳能（Canon）在 1985 年推出全球第一部噴墨印表機的歷史，廣為人知。他們的噴墨印表機，機體本身只要 8,000 ～ 14,000 日幣，相當便宜，但替換用的耗材——墨水匣的價格則要 3000 ～ 5000 日幣左右，相對高價。這是因為需定期更換的必要耗材（替換用的墨水），才是企業長期收益的來源。因此，為了能在日後長期銷售更多耗材，Canon 才會以搶攻市占率為優先考量，刻意為印表機本體設定較低的價格。

此外，在這個商業模式當中，企業還會面對第 3 方企業生產平價版耗材的風險，因此如何打造合適機制，避免其他業者生產的平價版流竄，也很重要。Canon 在墨水匣的形狀、墨水噴頭和墨水的組合方式、墨水噴出方式等方面，已取得多項專利。

圖：Canon 噴墨印表機的刮鬍刀模式

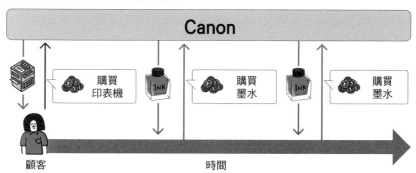

案例 2　日本雀巢

日本雀巢（Nestle）的「Nespresso 膠囊咖啡機」和「Nespresso 大使」，為在辦公室或家中品飲的咖啡提供了新價值，成功發展出一套自家的刮鬍刀模式。

Nespresso 膠囊咖啡機是雀巢開發的套裝服務，銷售「為保留咖啡豆風味而密封的鋁膠囊」（耗材）和「專用咖啡機」（核心產品）。雀巢靠著這一款膠囊咖啡機，成功打造出前所未有的「咖啡版刮鬍刀模式」。

而讓 Nespresso 膠囊咖啡機更發揚光大的，是「Nespresso 大使」這一套日本獨有的模式。「Nespresso 大使」專案是將免費將咖啡機出借給辦公室或機關團體，再由這些客戶持續購買咖啡膠囊的機制。因為有了這項服務，讓 Nespresso 膠囊咖啡機得以在企業之間普及，打進平常很難光靠宣傳就遍地開花的市場。

Nespresso 膠囊咖啡機運用雀巢長年在咖啡品牌上的優勢，採購高品質的原料，並獨家開發出機器萃取技術，形成了一道高聳的仿冒屏障。此外，在耗材的膠囊部分，光是咖啡就有多達 20 種以上，滿足顧客多樣的需求，吸引顧客持續購買。

刮鬍刀模式的成立條件

（1）耗材是核心商品的互補品

　　刮鬍刀模式要能成立，前提是耗材要能與核心產品的功能互補。使用吉列的刮鬍刀時，若不購買替換刀片，顧客就無法達到「刮鬍子」的目的；要是少了墨水，那麼就算空有印表機，同樣什麼都印不出來。在刮鬍刀模式當中，重要的是打造出一套獨家機制，讓核心產品與耗材必須同時齊備，才能達成使用目的。

（2）企業能自製耗材

　　企業要有能力自製耗材，或與嚴守機密的協力廠商建立合作關係，是這一套商業模式成立的條件。

（3）初期要能確保行銷預算和宣傳通路

　　在這個模式當中，核心產品的市場規模，決定了耗材的收益表現，因此企業往往會在核心產品的銷售上投注大筆廣告宣傳費。故在操作時，必須先確定自有資金足以支應初期投資的行銷費用，還要確保宣傳通路。

刮鬍刀模式的陷阱

　　萬一出現以低價銷售耗材的第 3 方業者時，自家企業的產品就會被捲入價格競爭，無法維持穩定的營收、獲利表現。以往由正廠供應高品質的產品，並採取「如因未使用原廠耗材而造成機器本體故障時，恕不提供原廠保固」的對策因應，但顧客還是可能因為第 3 方業者的技術提升，而體認到非原廠產品的優良品質。（藤原，2013）

此外，刮鬍刀模式還有一個特色，就是核心產品要盡可能衝高銷量，才會帶動後續耗材的銷量，也就所謂「規模法則」的效應。因此，企業為大力銷售核心產品，往往會投入龐大的行銷費用，加大廣告投放的力道。這筆高額的行銷費用，日後恐將成為獲利的絆腳石，導致商業模式無法維持下去，需特別留意。

套用前請先釐清以下問題：

☑ 企業是否具備生產耗材的能力，或可與其他企業合作？
☑ 是否能對第 3 方企業維持高度仿冒屏障？
☑ 若與其他企業合作生產，能否對製造詳情保密？
☑ 能否投資宣傳廣告，以利核心商品大規模銷售？

参考文獻

· 藤原雅俊〈耗材收益模式的陷阱：商業模式的社會作用案例探討〉《組織科學》第 46 卷 4 號，p.56-66（2013 年）

20

不花成本，專挑好處
挑精揀肥

個案研究 西南航空、樂天電信、丸和運輸

┌ KEY POINT ┐ ─────────────────────────

- 從原本涵蓋範圍廣大的服務當中，只選擇處理其中一部分，以便更有效率地賺取利潤。
- 在交通、貨運、通訊等產業較容易成功。
- 若現有業者降價，企業就有喪失優勢之虞。

基本概念

　　所謂的「挑精揀肥」，是像航空公司、貨運、通訊、自由化後的電力服務等，現有企業的事業涵蓋範圍廣大，新進業者選擇聚焦服務特定需求，發展相關事業的商業模式。此模式的名稱，來自「從一堆採收下來的櫻桃當中，只挑出已經熟透的果實」，意指只針對特定市場或顧客服務的事業。

　　為這個模式打響名號的是美國西南航空等國內線廉價航空。美國自1930年代起，就由有「四大航空」（big four）之稱的聯合航空（United Airlines）、美國航空（American Airlines）、達美航空（Delta Air Lines）和東方航空（Eastern Air Lines）建立起涵蓋全美各地的「軸輻式路網」（hub-and-spoke network）系統。於是後發的西南航空便集中經營串聯德州聖安東尼奧（San Antonio）、休士頓（Houston）和達拉斯（Dallas）之間航線。自1971年加入市場後，西南航空推出一天18趟往返航班，機票售價只要其他大型航空公司一半的方案，廣受想以低價移動的客群支持，成長快速。

　　挑精揀肥模式的主要特色如下：

- 從現有產業的客層當中，鎖定其中的特定族群，不在事業開辦和宣傳上花太多投資成本，就賺到一定程度的收益。
- 如要運用現有業者建構的部分基礎設施或系統，就很難在不壓縮對方市場的情況下，擴大自家收益。

　　此外，在這個商業模式當中，由於只聚焦爭取特定顧客，故市場比現有企業更小。因此，業者要確實撙節各項經費，以提升獲利率。例如西南航空就是透過執行以下這些的措施，降低成本，成功拉抬了收益率。

（1）機票僅受理電話或網路預約

（2）不在機場辦理登機

（3）地勤員工兼辦多項業務等

挑精揀肥模式是用於投入「已有固定客層的事業」，因此就事業而言確有其充分性。若能有效撙節成本，並以可實現低價的方式營運，那麼即使市場上還有強大的勁敵，顧客還是有望被價格吸引，而選擇該企業的商品或服務。

案例 1 樂天電信

樂天自 2014 年起，推出了低價位行動電話服務。「樂天電信」（Rakuten Mobile）是一家行動虛擬網路經營者（Mobile Virtual Network Operator，簡稱 MVNO），線路是向 NTT Docomo 和 au 租用，再銷售低價 SIM 給顧客，以提供通訊服務。無限資料傳輸的基本月租費為 2,980 日幣，樂天會員還能再折扣到 1,480 日幣（等級高的鑽石級會員只要 980 日幣）。NTT Docomo 的無限資料傳輸基本月租費是 3,980 日幣（gigaho 方案），au 則是 5,980 日幣（au 傳輸 MAX 方案 Pro），3 者用的線路都一樣，但價差卻一目瞭然（2020 年 8 月查價資訊）。有電信線路的企業，在基地台建置；維護和門市營運等方面，都需要龐大的投資和維護成本。MVNO 只需建置通訊系統和客服，就能開始做生意，所以有辦法壓低服務價格。

相較於大型電信業者，儘管 MVNO 有「通話費高」、「連線尖峰時段速度較慢」等缺點，但仍有一定程度的用戶認為他們的低月租費很具吸引力。樂天電信的特色，就是主攻這個族群。自服務啟用迄今，樂天電信一路成長，截至本書撰稿時，已有 2,200 萬名用戶。

圖：樂天電信的挑精揀肥模式

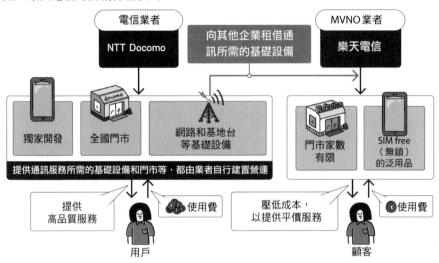

案例 2　**丸和運輸**

　　受到電商快速成長的加持，貨運業界的需求，自 2000 年代起急速攀升。Amazon 的用戶人數在 2019 年上半期就已達到 4,771 萬人（較去年增加 3.5％）。而在貨運業界當中，丸和運輸是一家只針對特定區域提供服務，卻得以快速成長的業者。丸和運輸的配送範圍僅限於東京市中心，是 Amazon 當日配送的合作夥伴。

　　Amazon 會選擇與丸和運輸合作，背後其實是受到了佐川急便退出服務（2013 年），以及雅瑪多運輸調漲運費（2017 年）等因素的影響。近年來，由於每一筆訂單的單價降低，而配送量卻增加，成了 Amazon 在維持「便宜快速的配送」這個價值主張之際的一大課題。

　　丸和運輸公開表示，為了與 Amazon 合作，他們把一批個人貨車司機組織起來，並備妥了 1 萬輛小發財車。如此一來，丸和就能省下正職司機

的人事費用。此外，丸和把配送的區域限定在「東京市中心」這個有一定需求規模，但幅員狹小的範圍內，就可以省下大筆初期投資和固定費，不必像大型物流公司那樣設置大型運籌中心和大貨車。儘管事業範圍小，但丸和還是能靠著撙節費用來確保獲利，是最典型的挑精揀肥模式。

挑精揀肥模式的成立條件

（1）已建置遍及整個市場的基礎建設與服務

　　要採取挑精揀肥模式，必須確定在自家企業投入發展該項事業前，已有大企業當先發者，把遍及整個市場的基礎建設與服務都建置完成。

（2）市場確有一定需求

　　要確認平均規格的商品或服務，的確無法滿足某些顧客的需求，而且該需求預估可有一定程度的市場。

（3）可與現有企業共存

　　需認清要有多大的業務範圍和多少收益，才能不摧毀現有企業的市場，又能讓事業持續運作發展。

挑精揀肥模式的陷阱

　　挑精揀肥模式的特色，在於限定業務範圍和客層，以降低成本，並可向顧客做低價訴求。萬一現有企業也同步調降價格時，企業恐將失去競爭優勢。

　　此外，和協助自家事業發展的現有企業市場之間，若無法保持良好的

關係，事業恐將面臨消失的危機。2019 年時，樂天電信宣布在發展 MVNO 的同時，也計畫將建置自有通訊線路。消息一出，NTT Docomo 對樂天仍持續發展低價位電信事業表示遺憾，就是這樣的案例。

套用前請先釐清以下問題：

☑ 是否能從大企業大規模提供的服務當中，找到具特定需求，且有一定規模的市場區隔？
☑ 是否能僅靠特定的小市場賺取足夠的利潤？
☑ 若在服務上壓低成本，是否還能提供足以讓顧客滿意的價值？

參考文獻

· 尼爾森數位股份有限公司〈2019 上半年數位趨勢〉《裝置別電商使用者推移》（https://www.netratings.co.jp/news_release/2019/11/Newsrelease20191121.html）
· 〈Amazon 包裹，改由一般人配送的時代〉（《日經新聞電子報》2017 年 6 月 22 日）（https://www.nikkei.com/article/DGXLASDZ22H3H_22062017000000/）

21

擴大通路以追求成長
多層次傳銷

個案研究 安麗、如新

┌─ KEY POINT ┐────────────────────────

- 直銷模式的一種，特色是由「個人」進行商品銷售。
- 若能招攬越多新的銷售員，增加銷售通路，高階銷售員的利潤就會增加。
- 銷售員的業績目標過高時，恐有涉及違法之虞。

基本概念

　　所謂的「多層次傳銷」，是將銷售自家產品的銷售員安排在公司外，並將銷售員上下分層，高階人員從低階人員的營收中分得利潤的一種商業模式。高階銷售員從自己的顧客當中招攬新的銷售員，建立起網絡狀的銷售通路，增加新顧客。

　　多層次傳銷的主要特色如下：

- 低階層當中的優秀銷售員越多，高階銷售員就越輕鬆得利。
- 若想把顧客變成銷售員，那麼銷售時的經驗談等素材較有說服力。

　　在多層次傳銷當中，由於銷售完全委由外部的個人辦理，故可將總公司聘用的正職業務員人數降到最低。此外，這種模式不需店面，可在全國甚至全球銷售推廣，所以還能降低企業的固定費開銷。此外，如果給銷售員的獎金能成功激發銷售動機，那麼銷售通路就會如自體繁殖似的擴大，也是它的一大優點。

　　而濫用多層次傳銷當中「只要招攬到新的銷售員加入，自己能拿到的

獎金就會增加」這一套簡易機制的案例，層出不窮。例如日本國內有民眾向消費者生活綜合中心檢舉某家銷售社群網站廣告版位的企業，就是屬於這樣的案例。業者宣稱只要在社群網站上買廣告版位，就能依購買金額高低取得點數，並可用點數在專屬的電商網站上購物。還祭出「介紹新顧客購買，就能增加點數」等說詞，鼓勵會員介紹新顧客。在這個案例當中，由於業者以「穩賺」為號召來宣傳，涉及誇大不實，故屬違法行為。

像這種可能涉及違法的事業，會因為個人招攬個人加入，而使得受害人數增加，需特別留意。發展多層次傳銷時，獲利的健全性和透明性是很重要的因素。

MEMO

在多層次傳銷中，由於銷售人員階級分明，有時也會被稱為「結構行銷」。

多層次傳銷最具代表性的案例之一，就是 1959 年創立於美國的安麗（Amway）。安麗生產的是健康、環保的清潔劑與家庭用品，並與稱為「直銷商」（distributor）的自營銷售員簽約，提供獨占銷售權。銷售員則向總公司進貨，銷售給親朋好友，從中賺取利潤。

銷售員也可從自己的顧客當中招攬新人，加入銷售員的行列。銷售員就等於是自立門戶的商家，要把銷售利潤上繳給比自己高階的銷售員。銷售員階層累積得越多，高階銷售員就能賺得越多收益。

截至 2016 年的統計顯示，安麗已有 69 萬組直銷商，產品營收達 1,004 億日幣。另外，直銷商自加入第 2 年起，每年需繳納 3,670 日幣的會費，未成年人和學生不得加入。

安麗公司賺取收益的途徑有兩種，一是銷售產品給直銷商，二則是直銷商的年費。

圖：安麗的多層次傳銷

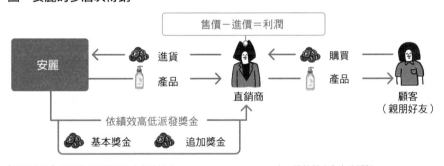

【資料來源】作者根據安麗公司官方網站（https://www.amway.co.jp/），調整部分內容後編製

1984 年創立於美國猶他州的如新（NU SKIN），是在全球逾 50 個國家與地區都有市場的化妝品製造商，民眾只要加入「品牌大使」（brand member），就可成為如新的銷售員。

如新的銷售員不只能透過銷售商品獲取利潤，依規定期間內的銷售數量多寡，也設有「獎金」制度。獎金又可分為發放給個別銷售員的獎金，以及依銷售員所組成的會員小組業績高低，所發放的獎金。這一套獎勵制度與它的教育系統連動，高階銷售員要輔導低階銷售員，以提高小組整體的營收。

在多層次傳銷當中，銷售員會連鎖式地增加，但並不是所有銷售員的營業額都會順利成長。如新的「獎金」制度，就是要讓高階銷售員輔導低階銷售員，以利銷售活動正常運作，避免銷售員業績不振的機制。

多層次傳銷的成立條件

（1）生產極具吸引力的產品

在多層次傳銷當中，由於顧客就是潛在銷售員，因此總公司要有能力研發、生產極具吸引力的產品，是發展多層次傳銷事業的前提。

（2）妥適的獎金設定

依營業額多寡所發放的獎金，必須設定適合的制度，才能讓銷售員和顧客如網狀增加。

（3）低階銷售員的工作動機管理

　　為讓事業得以持續發展，企業能否打造出一套機制，讓低階銷售員認同「階層越高，獎金越多」的做法，至關重要。例如設計晉升機制，讓低階銷售員能因成績評等向上晉升等措施，都有其必要。

多層次傳銷的陷阱

　　多層次傳銷一旦觸法，就可能面臨整個事業瓦解的巨大風險。日本禁止無限制地吸收基層銷售員，而要求銷售員達成不合理的業績目標，也屬違法。

　　除了法令限制之外，銷售員也可能為了提高個人獎金收入，而面臨破壞周遭人際關係的風險。

套用前請先釐清以下問題：

☑ 能否研發、生產出極具吸引力的產品，讓顧客甘心成為銷售員？
☑ 能否設計出完善的獎金制度，維持所有階層銷售員的工作動機？
☑ 能否規畫妥善機制，讓會員退會、庫存退貨等業務，不致於造成銷售員多餘的負擔？

參考文獻

・野中郁次郎《多層次傳銷研究》（日經 BP 顧問諮詢，1999 年）

第 4 章

營運模式

所謂的「營運模式」，呈現的是落實策略模式所需的「業務流程結構」。
企業所進行的一連串主要活動，都要靠它來決定。

從生產到銷售一手包辦
製造零售業

個案研究 蓋璞、Uniqlo、港南、家迎知、JINS

┌ KEY POINT ┐

・從企畫、生產到零售一手包辦的經營方式。
・商品品項要足以支持事業量體。
・委外生產、零件採購等協力廠商的確保與管理，至關重要。

基本概念

所謂的「製造零售業」，是指從企畫、生產到零售一手包辦的經營方式。「SPA」這個詞彙，最早是美國大型成衣零售商 GAP 的唐納德・費雪（Donald Fisher）董事長在描述自家事業特色時使用，因此「SPA」一詞，原本是專門用來形容 ZARA 和 Uniqlo 等成衣業者的經營方式，並逐漸普及。然而近年來，其他業界在 SPA 模式上的運用，舉凡家庭五金 DIY 大賣場港南（KOHNAN），以及家具通路宜得利（NITORI）等，也備受矚目。

在 SPA 模式當中，零售業者從（1）原料採購（2）產品企畫（3）生產（4）流通（5）行銷（6）銷售等，全都一手包辦。選用 SPA 模式，能讓企業享受到以下各項優勢：

（1）能從自家門市直接掌握商品銷售動向與顧客需求。
（2）掌握顧客需求和銷售動向後，可迅速反映在生產計畫上。

就結果來看，SPA 企業能把庫存控制在合理水位，而委外生產也可降低成本。因此，SPA 堪稱是一種可以合理價格供應商品的經營方式。

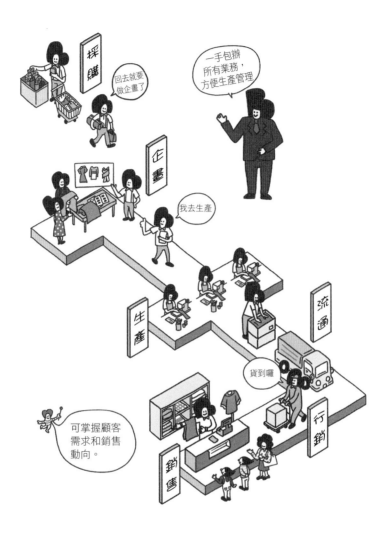

例如 Uniqlo 就整合了產品企畫、物流與銷售，根據顧客資訊來進行產品企畫、庫存和生產的管控。再者，SPA 的業者採用的是「無廠經營」，不購置生產設備，直接將生產業務外包，由其他企業在成本低廉的國家、地區進行。

無廠（fabless）是由「工廠設備」（fabrication facility）和「沒有」（less）所組成的混合詞。和無廠有關的概念，就是電子代工（EMS）這種只承攬組裝業務的產業（P.69）。

案例 1 家迎知

創立於 1989 年的家迎知（CAINZ），是將 SPA 手法導入家庭五金 DIY 大賣場的先驅。家迎知銷售逾 12,000 項自有品牌（Private Brand，簡稱 PB）產品，從商品企畫、生產管理到銷售，全都一手包辦，

早期的家庭五金 DIY 大賣場，是以建材、DIY 用品和園藝商品的進貨轉賣為主。然而，採用這種方式，店頭陳列都交給製造商或批發、經銷商，賣剩的庫存還要退還廠商，不見得一定能在品項安排或賣場陳列上符合顧客的需求。

於是家迎知改採 SPA 模式，企畫、生產能反映顧客需求的 PB 商品。實際上，家迎知為了企畫暢銷商品，組織了逾百人的採購、商化（Merchandiser，簡稱 MD）團隊，在店頭蒐集顧客需求，同時也將生產業務外包給中國的合作工廠，以打造出價格合理且符合顧客需求的商品。因應產品外包生產，家迎知也成立了專責的品質管理部門，對品檢著力甚深。

到目前為止，家迎知已透過 SPA 模式，打造出「不易爆胎的腳踏車」、「不易打破的餐具」和「可單手操作的計算機」等暢銷商品。

圖：家迎知的 SPA 模式

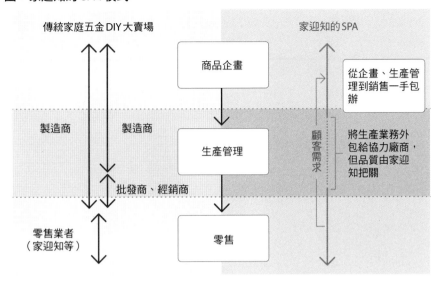

傳統家庭五金 DIY 大賣場　　　　　　　　　　　　家迎知的 SPA

商品企畫

從企畫、生產管理到銷售一手包辦

製造商　　製造商

生產管理

顧客需求

將生產業務外包給協力廠商，但品質由家迎知把關

批發商、經銷商

零售業者
（家迎知等）

零售

JINS

　　經營連鎖眼鏡行的「JINS」，也是以 SPA 模式發展旗下事業。

　　傳統的眼鏡連鎖店，從製造商到零售的配銷層級繁多，每一層都要賺取利潤，使得一副眼鏡的零售價動輒數萬日幣，還要花好幾天才能交件給客戶。JINS 的創辦人田中仁注意到了這個問題，於是選擇從韓國採購便宜鏡架和鏡片，在門市組裝銷售，事業就此起步。

　　然而，後來又有其他業者投入這樣的商業模式。為自行企畫商品，且以平實價格銷售眼鏡，於是田中仁便決定導入 SPA 模式。

　　時至今日，JINS 絕大部分的鏡架都是自行設計，而且主要都是委由中國的工廠負責生產。此外，JINS 還請來福井縣鯖江[9]的眼鏡師傅技術指

※9 日本首屈一指的鏡架產地。

圖：JINS 的 SPA 模式

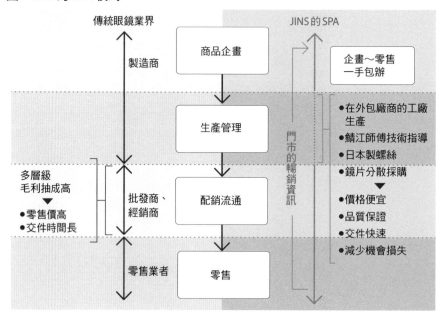

導，鏡框鉸鏈上還使用日本製的螺絲等。貫徹落實品質管理。

　　還有，JINS 因為能迅速對零售通路的暢銷資訊反映在生產上，故可降低銷售機會損失。有了這些措施的加持，JINS 才得以在門市，以一副 5,000 日幣（未稅）的價格，迅速地將商品交到顧客手上。

製造零售業的成立條件

（1）根據零售門市的資訊，進行商品企畫和生產管理

　　需從與終端消費者的接觸點當中發現顧客需求，並具備可將這些需求反映到商品企畫上的體制或機制。此外，企業也需要建置資訊系統，以便將門市現場的暢銷或庫存資訊反映到生產管理上。

（2）有可承攬外包業務的廠商，並可管理品質

　　委外大量生產以降低成本的做法，是一大關鍵。因此，企業除了要能管控外包廠商之外，也需要有一些用來確保商品品質的作為。

（3）可管理、管控整個供應鏈

　　企業需管理原料採購、生產和銷售等大範圍的多項功能，故需具備足以擘劃、優化整個供應鏈的創造力，以便管理供應鏈和外包廠商，釐清自家企業的責任範圍等。

MEMO

在 SPA 模式當中，為能將店頭的暢銷與庫存資訊反映到生產及物流現場，運用資訊系統所做的供應鏈（從原料採購到銷售商品的過程）管理，扮演著很重要的角色。

製造零售業的陷阱

　　製造零售業當中，包括生產、原料和零件的採購等在內，要仰賴其他企業的項目很多，若與這些企業的關係惡化，或與廠商之間發生糾紛，導致無法委外生產或採購時，就會阻礙 SPA 的運作。

　　此外，採用 SPA 模式還有一大優點，就是大量委外生產所帶來的成本撙節效應（以及「低價銷售」的結果）。然而，若無法掌握顧客需求，或顧客喜新厭舊，導致企業無法確保事業量體時，成本競爭力就會下降。

套用前請先釐清以下問題：————————————————————————

☑ 能否建構相關機制，以便根據零售現場的資訊進行商品企畫及生產管理？

☑ 有無可委外生產，及供應原料、零件的廠商？

☑ 能否管理整個供應鏈，以及個別商品的品質？

☑ 能否發展出足以支持事業量體的商品品項？

參考文獻

· 網倉久永、三輪剛也、齊藤昂平〈JINS 股份有限公司：眼鏡業界的 SPA 事業模式〉（Sophia Business Case Series〔SBCS〕-2015-001c、2015 年）[https://dept.sophia.ac.jp/econ/data/SBCS2015_001C.pdf]

·〈家迎知追求的「SPA 型家庭五金 DIY 大賣場」〉商業界 online〔http://shogyokai.jp/articles/-/1231〕

·〈邁向製造零售業——家迎知、港南（家庭五金 DIY 大賣場再蛻變）〉NIKKEI MESSE [https://messe.nikkei.co.jp/rt/news/58204.html]

23

以獨家機制，銷售差異化的特製品
接單生產

個案研究 愛信精機、電綜、三住集團、奧利佛

┌─ KEY POINT ─┐

- 接到顧客訂單後才生產，沒有庫存風險。
- 可以短交期、低價格供應特製品的機制，具競爭優勢。
- 要在售價和成本之間取得平衡，必須具備一定規模的需求。

基本概念

　　所謂的「接單生產」，是指接到顧客訂單後才生產的商業模式。其中最具代表性的案例，就是為汽車或電子設備大廠研發、生產產品零件的供應商。以豐田汽車為例，光是在日本國內，它的供應商就包括了愛信精機（Aisin Seiki）和電綜（DENSO）等，多達219家企業（2020年統計資料）。

　　供應商企業會先接到製造商下單，才承攬從零件研發到生產的一連串業務，優點是沒有庫存風險。它與大量客製化（p.139）的差異，在於它打造了一套獨家機制，可縮短特製品的交期，以低價提供高設計感等價值，更勝於大量接單所帶來的成本競爭優勢。

　　在「先接單、後生產」的商業模式當中，還有以電腦製造商戴爾為首的 BTO（Build To Order，先接單後生產）。不過這裡我們要介紹的，不是只負責組裝，而是連產品加工也由企業自行操作的 MTO（Make To Order）。

　　本項商業模式的特色如下：

● 接單後才開始生產，容易估算成本。

- 為追求特製品生產的效率，工廠所在地點和物流網的建置都很重要。
- 和供應商之間的生產範圍界定，將左右企業的獲利表現。

案例 1　三住

　　三住是生產工廠自動化（Factory Automation，簡稱 FA）相關零件的製造商，產品包括工廠機器設備零件，汽車、電子儀器零組件的模具用零件等。近年來，在台灣與中國的零件製造商崛起之下，三住仍能維持高度競爭優勢的原因，就在於「交期之短無與倫比」。模具零件的接單生產，通常在接單後需要的交件時間，是以週為單位計算。三住為縮短交期，建構了一套獨家機制，就是「從半成品開始做起的接單生產」。平均而言，三住是在接單後的 2 天內交件，在業界可說是無人能及。這裡所謂的半成

品，是指三住預先在海外工廠以大批量加工到一半的零件。這些零件送到三住在各地的據點後，再由三住依客戶訂單需求加工，打造出成品，訂單規格可接受微米單位的指定。產品的精準度之高，也是三住的競爭力之一。而用半成品打造成品，可將庫存量控制在最低限度，兼顧撙節成本與壓縮交期這兩方面的需求。

三住還有一個競爭優勢，那就是業務、生產與物流之間的合作。三住的生產據點在全球共有 23 處，地點遍及日本、越南和捷克等地；業務據點則有亞洲、歐洲和北美的 64 處，物流中心更是分散在全球 17 個地點。這三者之間的合作，讓三住成功在全球各地縮短訂單交期。

圖：三住的接單生產模式

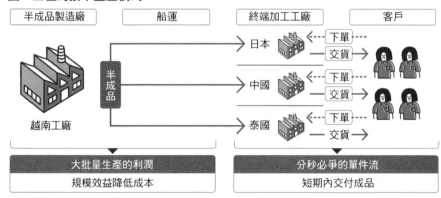

【資料來源】作者根據三住集團官方網站（https://www.misumi.co.jp/about/business.html）調整部分內容後編製

案例 2　奧利佛

奧利佛（Oliver）是為機場等公共場館、醫療院所和飯店等客戶製作特製家具的製造商。奧利佛的強項，是營業用領域的接單生產模式，被稱為是「代工」（Contract），也就是先了解客戶的需求，再進行設計、生

產。設置在機場或博物館等公共場館的家具，除了耐用、方便之外，還要有符合該場館風格的原創設計。而現成產品很少有符合建築規模的選項，況且這種家具又需要是能與建築物相得益彰的設計，因此是很適合操作接單生產的產品。

奧利佛會與客戶多次仔細討論之後，將客戶想要的形狀、顏色和設計，反映在設計稿件上，並製作樣品，確認品質後，才會大批量產。此外，奧利佛也會處理室內裝潢設計案的提報與工程施作。

接單生產的成立條件

（1）應具備產品研發及生產能力

　　發展接單生產的大前提，是企業要有能力研究、開發出符合客戶需求的產品。縱使企業未自行購置所有生產機構、設備，找到能合作的生產夥伴，至關重要。此外，如何建立適當的生產機制，才能在低成本生產的狀態下滿足客戶的需求，是接單生產模式成敗的關鍵。

（2）業務、生產與物流等各部門可充分合作

　　接單生產的難處，在於成本與售價的平衡。當業者在生產接下來要上市的部分產品時，客戶可能因為業績變動而調整下單金額，或在研發、生產過程中，被迫調整規格。對客戶的要求照單全收，就會壓縮自家公司的收益。為避免這樣的風險，企業必須建構出一個能讓業務、研發和生產部門密切合作的組織。

（3）具有無與倫比的競爭優勢

　　為了築起一道阻擋後發企業投入市場的藩籬，「選擇與集中」和「規

模優勢」便成了讓企業持續成長的條件。舉例來說，中國的富士康（鴻海科技集團，p.70）自 1970 年代後半起，便投入資金採購日本企業的模具製造機，為自家企業的資源奠定基礎；到了 1990 年代，富士康搭上了電腦市場規模擴大的浪潮，迅速地成長茁壯。企業應明訂出自己該聚焦耕耘的事業，並提升營運能力，也為大量生產做好準備，是接單生產模式成功與否的關鍵。

接單生產的陷阱

在這一套商業模式當中，生產規模會嚴重受到客戶的業績變化影響。因此，為確保企業有持續性的收益進帳，需慎選策略性的合作夥伴。再者，接單生產可能會有後發企業以低成本投入市場搶市，所以透過取得專利等方式，以確保自身競爭優勢，對企業而言是很重要的工作。

套用前請先釐清以下問題：

☑ 能否備妥生產營運機制，因應大單客戶的需求？
☑ 能否做到高品質、低成本、交期短的生產工序與業務流程？
☑ 客戶的市場是否能持續發展？
☑ 有無僅能於自家公司做到的生產營運機制，或能取得相關專利？

參考文獻

• 麥可・崔西（Michael Treacy）、弗列得・威瑟瑪（Fred Wiersema）《市場領導學：精選顧客、集中目標、掌握市場》（日本經濟新聞社，2000 年）（繁體中文版由牛頓出版社出版）

24

繞了一圈之後又復活

直接銷售

個案研究 戴爾、Factelier

┌ KEY POINT ┐

- 製造商直接銷售產品給顧客（不透過批發商仲介）。
- 省下了付給批發商和外部商家的利潤，故可壓低成本。
- 能否創造出「縮短時間」和「客製化」的新價值，是一大關鍵。

基本概念

所謂的「直接銷售」，是指作為製造商的企業，不透過批發商仲介，直接銷售產品給顧客的一種商業模式。早期有一些在工廠附設門市，直接銷售產品的企業，或是蔬菜的無人菜攤等，就是直接銷售。企業省下了被批發商、中間人賺去的利潤，企業收益增加，就有更多資金可用來增設工廠設備，或提升產品品質。

直接銷售的主要特色如下：

- 從產品企畫，到製造、行銷、業務推廣等，全都一站式進行，不透過批發商仲介經手。

然而，進入大量生產、大量消費的時代之後，切割生產、採購、商品企畫和業務推廣等環節，組成一條價值鏈，在時間上、成本上才會更有效率。由多家企業組成團隊，分別負責材料採購、銷售通路等不同工序的業務，再彼此合作的「水平整合」機制，為聚焦生產的中小企業（製造商）帶來了穩定的收益。

　　進入數位時代，製造商透過電商平台與消費者直接搭上線之後，分工變得更細膩。付款找信用卡公司，配送交給物流業者……諸如此類的「個別專業廠商」，織成一張如網般串聯的生態系（p.93）。網路上人人有機會直接銷售，對企業而言，在供應產品時，「能創造出哪些新價值」變得格外重要。

案例1　**戴爾**

　　1984年創立於美國德州的戴爾電腦，因為相中了「電腦可用規格化的

零件組裝」這個特性，便開始透過通訊訂購接單，再依顧客需求向外採購零件，組裝出成品後，再配送給客戶。當年，這一套劃時代的商業模式被稱為「直接模式」（direct model）。它使得創立時資本額僅有 1,000 美元的戴爾，在 1998 年時成為全球電腦銷量亞軍。顧客可以實惠的價格，買到客製化的產品，戴爾也不必準備多餘的庫存，對雙方都很有利。到了 1990 年後半，戴爾將通訊接單轉為網路接單，系統管理顧客的購買資料之後，還發展出根據訂購記錄為客戶找出符合業務內容或用途需求的機型，並代為適量採購的服務。

案例 2 Factelier

　　創立於 2012 年的 Factelier，是一家成衣製造商。他們與日本國內的成衣廠合作，以產品成本 2 倍的價格在門市銷售。Factelier 的特色，是「代辦直接銷售」，也就是從工廠進貨後，就在自家門市銷售。Factelier 會向工廠提出設計建議方案，也會提供行銷、門市銷售的全套服務，並從中賺取與生產成本相同金額的利潤。

　　和 Factelier 配合的是為知名品牌接單生產、技術上乘的工廠。Factelier 以平實的價格，為顧客提供高品質的產品，為工廠帶來了符合技術與原料水準的獲利。日本國內的成衣市場規模，從 1990 年代的 15 兆日幣，到 2000 年代已急速萎縮至 10 兆日幣。Factelier 這一套全新商業模式的發展，備受業界矚目。

圖：Factelier 的代辦直接銷售

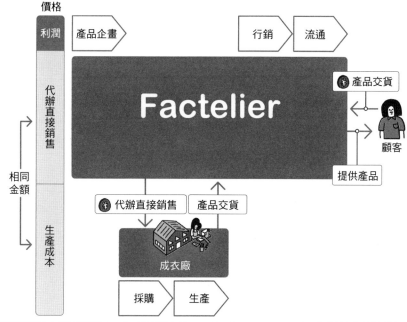

【資料來源】本書作者根據 Factelier 官方網站（https://factelier.com/aboutus/），調整部分內容後編製

直接銷售的成立條件

「有能力開拓直接銷售通路（不透過批發商）」，也就是像戴爾這樣，可自行操作通訊銷售或電子商務，是直接銷售成立的條件。進入數位時代之後，企業運用電商網站的機會越來越多。在開發銷售通路上比較有困難的案例中，Factelier 這樣的代辦服務就有成立的空間。

直接銷售的陷阱

「直接銷售」這種商業模式的結構簡單，很容易模仿。因此，業者除

了要在產品品質和原創性（獨特性）等方面追求差異化之外，如何在「交貨時間」、「客製彈性」和「產品故事」上創造出新價值，顯得格外重要。

就組織層面而言，製造業所負責的，是價值鏈上的「生產」這個工序，缺乏對行銷和業務推廣上的專業知識。因此，能否任用直接銷售所需的人才，企業需要做一番策略性的考量。

在與付款、配送等外部企業共組生態系時，業者需掌握「促使企業彼此依賴的誘因是什麼？」才能讓整個機制順利運作。所謂的誘因，包括比競爭者開出更優渥的利潤分配率、獲取新客戶，以及提高知名度等。

套用前請先釐清以下問題：

☑ 企業本身有無卓越的產品生產能力？

☑ 能否不透過批發商，自行開發銷售通路？

☑ 能否在這一套商業模式當中，打造出足以阻礙競爭者模仿的強烈獨特性？

參考文獻

· 麥克 · 戴爾（Michael Dell）《DELL 的祕密》（日本經濟新聞社，2000 年）
· 《成衣供應鏈研究會報告書》（2016 年，經濟產業省製造產業局）〔https://www.meti.go.jp/committee/kenkyukai/seizou/apparel_supply/report_001.html〕

25

低投資，高品質

代工生產

個案研究 汽車製造商、CHEZFORET

┌ KEY POINT ┐

• 製造商和出品商不是同一家企業。
• 出品商會為產品掛上自家品牌銷售，不會揭露製造者的公司名稱。
• 承接多種企業的製程訂單，有助於提高製造商的設備投資和營運效率。

基本概念

　　所謂的「代工生產」（OEM），就是將產品委託其他公司（製造商）生產，再掛上自家公司（出品商）的品牌來銷售的一種商業模式。大型超市或便利商店銷售的自有品牌商品（Private Brand），大多採取這種模式。

　　代工生產的主要特色如下：

● 不透過批發業者，在產品企畫、生產與行銷方面尋求合作。

● 出品商會在商品企畫、宣傳和銷售上多所著墨。

● 製造商則會在設備與機器的調度、購置方面進行耕耘，以便進行大規模生產。

● 有些製造商也會處理商品開發業務。

　　出品商選擇代工生產的好處，在於可透過與擁有專業技術的製造商企業合作，跨足那些難憑一己之力開發的產品品類。例如在診所或健身房銷售的獨家商品當中，有些是標示「醫藥部外品」的產品。這些產品在配方上，添加了日本厚生勞動省在健康、美容方面核准的有效成分，而且濃度

達到一定標準。要生產這些標示「醫藥部外品」的化妝、保養品，必須進行效果、功效及安全性方面的測試。因此，企業合作的代工廠商，如果不是只有生產線，而是在測試設備、專業人才上都一應俱全的製造商，就能生產出低成本、高品質的產品。

案例1 豐田與大發

　　在代工生產的模式當中，最為人所知的案例就是汽車製造商。日本國內的汽車製造商當中，絕大多數企業所銷售的車款，都是用其他公司生產的車體略做調整，再掛上出品廠商的標誌製成。

　　例如豐田（Toyota）汽車所銷售的輕型汽車「Pixis Epoch」，就是用大

發（DAIHATSU）汽車的「Mira e:S」（為 Eco & Smart Technology 之縮寫），改換車款名稱和標誌而來。豐田汽車自製的商品當中，並沒有輕型汽車這個品類，便向在輕型汽車方面擁有堅強製造實力的大發汽車採購車體來銷售。除此之外，豐田銷售的輕型汽車當中，還有好幾款商品的車體，都是向大發採購而來。

汽車製造商其實都有研發車體的技術，但要研發新車種，每次費用至少是 100 億日幣以上。為全方位滿足各類不同顧客的需求，遂發展代工生產模式。另一方面，對於這些願意讓自家車體掛上別家品牌來銷售的製造商而言，和顧客多、通路廣的出品商合作，優點是可以增加自家商品在市面上的流通。

案例 2　CHEZ FORET

可說是每月推出新產品的便利商店甜點，也是代工生產的代表性案例。日本 7-Eleven 所銷售的甜點，約有 5 成都是由 CHEZ FORET（森永乳業集團旗下企業）研發、生產。CHEZ FORET 每天約生產 12 ～ 15 萬個

圖：CHEZ FORET 的代工生產

甜點，光是在首都圈，就要供貨給 2,500 家門市。

做為出品商的日本 7-Eleven，因為與擁有大型工廠的企業合作，降低了原本該花在生產上的成本，因而得以專心發展物流、流通和企畫；製造商則因為以大型便利商店連鎖的銷量為前提生產，充分發揮規模經濟的效應（p.332），故即使產品價格較低，仍有穩定的收益進帳。

> **MEMO**
>
> 代工生產不僅是對出品商、製造商這兩家企業都有利，對顧客而言，也有「可以實惠價格購買優質商品」的好處。

代工生產的成立條件

（1）可期待一定銷量的市場

出品商已有一定的顧客基本盤，且投入新的產品品類時，預估市場的確有該類需求——這是代工生產成立的先決條件（例：在健身房銷售獨家營養補充飲料）。

（2）出品商具有強大的品牌力

出品商必須是有知名度和信譽的企業，擁有足以左右顧客購買決策的品牌（例：歐美時尚品牌也賣美妝產品）。

代工生產的陷阱

若像汽車業界那樣，製造商和出品商銷售同一款產品時，就可能會削弱出品商的品牌力，導致顧客流向低價的製造商產品。因此，為維持品牌

力所投資的行銷、宣傳費和代工生產可省下的生產成本，兩者孰輕孰重，是出品商必須認清的關鍵。

> **MEMO**
>
> 在代工生產模式當中，是品牌力和研發能力，讓企業與其他競爭者得以做出區隔。就這一方面而言，它與挾著強大生產能力，為自家競爭力奠定基礎的「直接銷售」（p.196），可說是兩個完全相反的模式。

套用前請先釐清以下問題：

☑ 我的公司是否已擁有廣大的顧客基本盤？
☑ 推出新品類的產品時，有無一定程度的銷量可期？
☑ 我的公司的品牌力是否具備強大的品牌力，足以影響顧客的購買決策？
☑ 我的公司是否具備卓越的研發能力？

26

催生新價值的新方法
開放式商業模式

個案研究 獅王、京瓷、SECOM、樂高

```
┌  KEY POINT  ┐
```

・在研發階段就與其他企業或消費者社群合作，創造出單打獨鬥無法成就的新價值。
・在創造價值的過程中，「責任畫分」尤其重要。

基本概念

　　所謂的「開放式商業模式」，就是把原本應由企業自行操作的研發工作，透過與其他企業、甚至是與消費者的合作，催生出單一企業無法成就的價值。近年來，日本也有越來越多企業積極與其他公司合作，例如獅王在 2018 年時，與京瓷共同開發了幼兒用的電動牙刷「Possi」。這一款牙刷，是透過骨傳導技術，讓電動牙刷的振動，變成只有在刷牙的小朋友才聽得到的音樂，是一項劃時代的商品。獅王提供了牙刷技術，而京瓷則是提供了小型壓電陶瓷元件技術，才讓這項商品得以問世。

　　開放式商業模式的主要特色如下：

● 邀請其他企業參與開發，以創造新價值。
● 若能透過機制整理每個參與企業的角色，就有機會創造出廣大的市場。

　　開放式商業模式的概念，類似開放源始碼軟體（open source，p.386）。開放源始碼軟體在「公開軟體的開發數據，與多家企業或消費者社群分享，以追求產品創新」這個部分，的確與開放式商業模式相同。不

過，開放式商業模式的核心概念是「開放式創新」，而當年提出「開放式創新」的亨利・伽斯柏（Henry Chesbrough），則指出「開源多半缺乏商業模式」。因此，在這裡我們對開放式商業模式的定義是：從研發階段就與外部企業合作，到開發出一個能讓商品上市流通的商業模式為止。

案例 1　**SECOM**

為企業和一般家庭提供保全服務的西科姆（SECOM），利用在防盜保

全方面所累積的專業知識和數據資料，與許多企業合作，開發出了全新的保全產品與服務。

舉例來說，SECOM 為了將傳統監視攝影機無法拍到的範圍也納入保全，便與 NEDO、KDDI 和 TerraDrone 合作，實驗用 4G LTE 線路傳送無人機遠距拍攝的影像。這個專案，是結合了 SECOM 的「保全系統」，和 TerraDrone 的「無人機飛航管理技術」，以及 KDDI 的「網路技術」，共同開發而成。

SECOM 除了這個專案之外，也和 SONY 合作，用小狗機器人「aibo」開發家用保全系統；還與門窗玻璃製造商 AGC 合作，開發內建防盜感測器的玻璃等產品。

案例 2　樂高

祭出「在企業與顧客社群之間進行開放式創新」這個獨特的策略，並大獲成功的，是丹麥的玩具製造商樂高（LEGO）。樂高會把一般使用者用樂高積木組成的趣味原創作品，發表在「樂高 IDEAS」（LEGO IDEAS）這個網站上，並開放樂高玩家投票。樂高會把得到 1 萬票以上的作品，實際製作成商品，並從商品銷售額當中提撥固定分紅做為獎金，付給作品的投稿人。在這一套機制下，接連催生出了許多話題之作，例如披頭四的專輯封面等。

MEMO

「生態系」（p.93）和開放式商業模式的關係特別深厚。在生態系當中，合作關係不是 1 對 1，而是在開發階段就有多家企業集思廣益，共同創造出多樣的事業。在這種情況下，生態系的核心企業能否妥善管理生態系裡的多家企業，將是商業模式能否長期持續下去的關鍵。

圖：樂高 IDEAS 的開放式商業模式

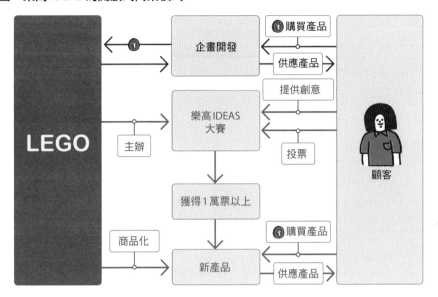

開放式商業模式的成立條件

（1）與外部合作夥伴分屬不同商業領域

　　與其他企業共同開發新價值時，在將價值化為收益的過程中，若企業與合作夥伴擅長領域不同，就能共存共榮。合作企業越多，在事前詳加規畫，釐清「誰的技術」會在商業模式的「哪個部分」創造價值，便顯得格外重要。

（2）在產品或服務開發方面的合作夥伴有發展性

　　若企業的核心技術，能與多家公司的服務或配銷通路結合，那麼就越有機會拓寬開放式商業模式的適用範圍。

開放式商業模式的陷阱

　　從開發的創意發想階段起，就由多家企業集思廣益的開放式商業模式，在發展過程中，企業可能會向其他夥伴揭露自己尚未取得專利的專業知識或技術資訊。這時，企業恐將曝露在智慧財產外洩的風險之下。因此，在展開合作前，對於資訊揭露範圍的界定，以及保密條款的簽訂，一定要審慎為之。

　　此外，在收益方面，能否訂定出一套讓所有參與企業都認同的分配方案，是攸關新產品或服務能否實現的一大關鍵。伽斯柏認為，「最先想到該項創意的人，或能運用該項創意，構思出最關鍵商業模式的人，可優先獲得相關權利回饋，非常合理。」

套用前請先釐清以下問題：

☑ 能否透過與外部企業共享專業知識，而開發出新的產品或服務？
☑ 企業與外部夥伴合作時，能否明確畫分收益歸屬？
☑ 與外部夥伴的合作，是否能創造出擴大流通網絡或提高效率等好處？

參考文獻

・亨利・伽斯柏（Henry Chesbrough）《開放式創新：哈佛流創新策略全貌》（產能大出版部，2004 年）
・亨利・伽斯柏（Henry Chesbrough）、維姆・範哈佛貝克（Wim Vanhaverbeke）、喬爾　韋斯特（Joel West）《開放式創新：跨組織的網絡能加速成長》（英治出版，2008 年）

27 消費者投入產品開發
產銷者

個案研究 丸井、良品計畫、minne

┌─ KEY POINT ┐────────────────────────────

- 由「製作者」（producer）和「消費者」（consumer）所組成的混合詞。
- 參與企業產品開發或銷售產品的消費者。
- 建置產銷者能發布資訊的軟硬體環境與主題，尤其重要。

基本概念

　　所謂的「產銷者」，就是結合「製作者」（producer）和「消費者」（consumer）所組成的混合詞。未來學者阿爾文・托夫勒（Alvin Toffler）於1980 年時，在他的著作《第 3 波》（*The Third Wave*）當中提到了產銷合一型的生活者，並將它命名為「產銷者」。近年來，由於網際網路的使用環境漸趨完善，消費者可直接向企業表達意見，或將自己的作品放到網路上銷售，使得產銷者的概念又再次受到矚目。此外，產銷者參與的產品開發或改良，就是所謂的「使用者創新」（user innovation）。

　　現代的產銷者，主要可分為以下 2 大類：

❶ 參與企業產品開發的消費者

　　消費者的價值觀越來越多元，企業要準確掌握使用者需求的難度，也越來越高。於是，不少企業開始請消費者參與產品開發，以從中了解消費者的意見。這樣的做法，就是所謂的「消費者參與式產品開發」。

　　例如百貨業者丸井（MARUI）就經營了一個名叫「shoes lab plus by 0101」的社群網站，將顧客意見運用在鞋品自有品牌的商品企畫上。

②自行開發、銷售產品的消費者

這種類型的消費者，並不是參與企業的產品研發，而是自行開發產品、服務，並自行銷售。現在這樣的案例已如雨後春筍般出現，例如個人也能開發智慧型手機的應用程式，在 App Store 或 Google Play 上架銷售，也可繪製、銷售 LINE 貼圖。

案例 1　**良品計畫**

旗下經營「無印良品」（MUJI）的良品計畫，自 2001 年起，便運用網路上的顧客社群，發展消費者參與式產品開發，並催生出包括「貼合身體的沙發」和「可移動燈光」等暢銷商品。

迄今，良品計畫仍透過「IDEA PARK」網站，持續蒐集消費者意見，並運用在產品開發上。2015 年，良品計畫共蒐集了 4,600 個來自消費者的商品想法，並將這些意見反映在約 100 項商品上。發表意見的會員可獲得

MUJI 的點數，藉以鼓勵消費者參與，邀請顧客共同打造商品。

minne

由 GMO PEPABO 所經營的「minne」，是日本國內最大型的手作、手工藝作品網路買賣服務。在這個網站上，消費者可以銷售自己製作的手作、重製作品，賺取收益。例如在 minne 網站上，有售個人手作、重製的飾品、家飾、藝術品，以及製作者些作品所需要的素材等，只要成為熱門創作者，每月在網站上的收入可上看數十萬日幣。而 GMO PEPABO 則是從買賣成交的銷售額當中賺取手續費（銷售額的 10%）

圖：minne 的收益模式

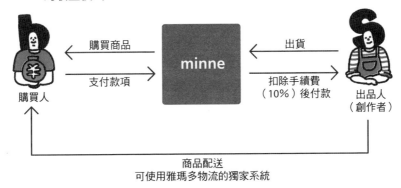

產銷者的成立條件

（1）可發布資訊的軟硬體環境與技術

除了使用網際網路的軟硬體環境外，還需要可供給產銷者發布資訊的平台，或是產銷者與企業雙向互動、交換資訊的場域，例如社群網站。此

外，開放一些消費者也可使用的技術，例如應用程式開發技術，也很重要。

（2）要有產銷者可參與的主題

若設定太專業的主題，參與門檻太高，產銷者便無法發布資訊。

（3）要有誘因，為產銷者製造參與活動的動機

企業要設計一套能吸引產銷者行動的誘因，最好不要設定太多限制或規範。此外，誘因不見得一定要是金錢方面的回饋。在很多案例當中，其實滿足產銷者的「尊重需求」更加重要。

產銷者的陷阱

投入消費者參與式產品開發的產銷者，絕大多數都是為了表達對產品的意見，或為了與其他消費者交流而主動參與。因此，當企業對他們的活動設下太多限制或嚴格規範時，產銷者的活動恐將降溫趨緩。

再者，產銷者的意見或想法，不見得都對事業發展有利，企業必須睜大眼睛才行。

套用前請先釐清以下問題：

☑ 企業的商品企畫，是否真有需要加入產銷者的意見？
☑ 是否已建置產銷者活動所需的軟硬體環境與技術？
☑ 能否設計出一套可鼓勵產銷者積極活動的誘因機制？
☑ 企業有無篩選產銷者意見或想法的機制？

參考文獻

- 阿爾文・托夫勒（Alvin Toffler）《第 3 波》（中央公論新社，1982 年）
- 小川進《使用者創新：製造業的未來，始於消費者》（東洋經濟新報社，2013 年）
- 〈蒐集顧客意見，打造成商品！無印良品「IDEA PARK」1 年蒐集到 4,600 筆顧客意見的營運術〉
  （SELECK，2016 年）〔https://seleck.cc/867〕

28

讓外部的個人幫忙銷售
聯盟行銷

個案研究 Amazon、A8.net

┌ KEY POINT ┐

• 由個人在自己的部落格或網站等平台，代為推廣產品。
• 只要顧客購買產品，推薦人就能獲得報酬，是一套雙贏的結構。
• 需規畫一套有吸引力的報酬制度，以便為產品爭取推薦機會。

基本概念

　　所謂的「聯盟行銷」，就是在個人的部落格或網站等平台上，刊登企業產品的橫幅廣告（banner ad），以引導顧客前往企業的電商網站。聯盟（Affiliate）一詞，帶有「合作」、「加盟」之意；而橫幅廣告則是在網頁版面內的廣告。隨著網路普及，這種營運模式已快速地燃起遍地烽火。

　　聯盟行銷的主要特色如下：

● 由外部的個人代替企業推廣產品。
● 只要產品賣得好，企業和代為推廣的個人都有利可圖。

　　聯盟行銷是依成果計酬（p.258）。顧客先造訪推廣者（刊出廣告的個人或企業）所經營的部落格或網站，再於網站內點擊廣告，移動到廣告投放企業的網頁。只要顧客在網頁上購買產品，推廣者就能獲得酬勞分潤。

　　這種在內容網站上刊登廣告的商業模式，除了聯盟行銷之外，還有數位廣告（廣告模式，p.326）。這種廣告只要有人點擊，推廣者就能分潤。和這種依點擊分潤的廣告相比，聯盟行銷的分潤門檻較高，因此即使廣告

主有許多需求，能成功刊登的數量也可能不如預期。

聯盟行銷的分潤單價，會因產品而有所不同。例如在 Amazon 就依廣告的物品種類，設定了一套分潤級距表。在撰寫本書時，分潤最多的是「Amazon 影音（租借、購買）」與「銷售 Amazon 幣」，推廣者可獲得售價10％的分潤。而書籍、文具和廚房用品等，則只有售價的 3％；CD、藍光光碟和遊戲軟體，更只有售價的 2％。

透過聯盟行銷銷售產品，企業可準確地掌握精細的數據資料，包括顧客造訪企業網站的契機或動機，有效的宣傳手法等。因此，「用最低限度的投資，就能做到業務推廣、行銷和宣傳」堪稱是聯盟行銷的另一項特色。

案例 1　Amazon

促使聯盟行銷在數位時代大幅普及的重要契機，一般認為是美國在 1996 年展開的「Amazon 聯盟行銷」（Amazon affiliate program）。當初納入對象的是書籍、電影和音樂產品。顧客在看過聯盟行銷的文章，並到 Amazon 網站實際購買商品後，推廣者就能得到佣金。

Amazon 聯盟行銷可免費註冊參加，加入後即可使用 Amazon 所提供的橫幅廣告與連結設計，所以任何人都可以輕鬆展開聯盟行銷。企業若想招攬更多推廣者，那麼建置這種方便使用的系統，就顯得格外重要。

此外，Amazon 銷售的產品種類繁多，也是一大賣點。光是在日本 Amazon，可供介紹的產品就有書籍、音樂、家電和戶外用品等，因此也成功地吸引了各種領域的文章寫手，加入推廣者的行列。

案例 2　A8.net

A8.net 這家企業，是為大型廣告主介紹推廣者的「廣告代理業」。舉凡樂天（Rakuten）、伊藤洋華堂（Ito-Yokado）、迅銷集團等，多家日本大企業一字排開，全都是 A8.net 的客戶。

A8.net 發展的廣告代理業，就是所謂的「聯盟行銷服務供應商」（Affiliate service provider，簡稱 ASP）。它和上述的「Amazon 聯盟行銷」不

圖：A8.net 的聯盟行銷模式

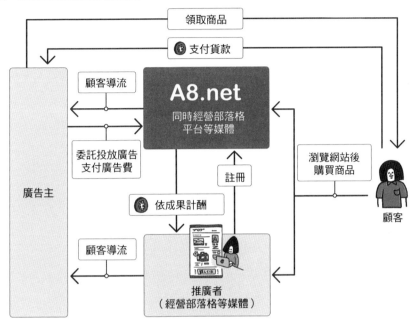

【資料來源】作者根據 A8.net 官方網站（https://www.a8.net/）資訊，調整部分內容後編製。

同，不僅介紹廣告主，還提供服務，以降低個人在開始經營網站時的開辦費用和時間成本，例如經營部落格平台、提供橫幅廣告等。此外，從個人網站進入企業網站的轉換數、消費記錄的管理，以及向企業請款等業務，也都由 ASP 包辦。

　　ASP 的收益來源，是廣告代操費用。透過 ASP 投放廣告的產品越暢銷，ASP 就有越多收益進帳。因此，能否與知名企業簽約，或爭取到更多廠商簽約，以增加服務的產品品類，將左右 ASP 的收益。

聯盟行銷的成立條件

（1）企業已有電商網站

　　聯盟行銷的功用，充其量只不過是「把顧客帶過來」，因此，企業要有自己的電商網站，是執行聯盟行銷的先決條件。尤其是那些沒有實體門市，專攻電商的企業，顧客更是會以推廣者所寫的文章和口碑，做為評估購買與否的素材，因此最適合採行這種商業模式。

（2）聯盟行銷可影響顧客決策的商品

　　聯盟行銷可望發揮攬客效益的商品，都是所謂的「經驗品」。例如像是個人健身課程、英文補習班等目的因人而異的服務，或是像電腦這樣，沒使用（經驗）過就不知道功能是否符合需求的產品。顧客在評估購買這樣的產品、服務時，若有推廣者寫下個人使用經驗或評價的部落格，就會對顧客的購買決策發揮影響力。舉例來說，「婚友社」和「植髮」等服務，是在聯盟行銷當中分潤率較高的商品。這些服務，都是光憑企業所投放的廣告，很難判斷最終結果的價值能否符合付出的金額，或要經歷哪些過程才能得到該有的價值。這時候，透過聯盟行銷的方式，提供詳細描述個人經驗的文章，可說是相當合適的操作手法。

（3）高價產品，或初期費用偏高

　　企業供應的產品或服務為高價商品時，也很適合透過聯盟行銷的方式來賺取收益。如前所述，個人健身課程、英語補習班和婚友社等服務，不少業者光是入會費就要價好幾萬日幣。像這種初期費用會造成顧客龐大負擔，且必須長期使用才能看到成果的產品，若有使用者的經驗談，就能爭取到顧客更多的認同。

聯盟行銷的陷阱

在聯盟行銷當中，願意將企業的廣告寫成文章，並刊登出來的寫手（推廣者）越多，廣告效果越好。因此，若產品過於小眾，推廣者的人數自然就會變少，企業對廣告效果恐怕也很難有太多期待，需特別留意。

此外，缺乏吸引力的分潤機制，會拉低推廣者的工作動機，以致於無法確定他們是否能確實做好商品介紹。商品或服務的分潤，究竟是適用點擊次數計價，還是要依成果計酬，會因其售價高低而有所不同；而分潤的損益平衡點該如何設定，也要精打細算，否則可能會造成事業虧損。

套用前請先釐清以下問題：

☑ 能否研發、生產出極具吸引力的產品，讓顧客甘心成為銷售員？
☑ 能否設計出完善的獎金制度，維持所有階層銷售員的工作動機？
☑ 能否規畫妥善機制，讓會員退會、庫存退貨等業務，不致於造成銷售員多餘的負擔？

參考文獻

- 〈Amazon 聯盟行銷介紹佣金表〉〔https://affiliate.amazon.co.jp/welsome/compensation〕
- 〈簡單、免費，馬上開始 Amazon 聯盟行銷〉〔https://affiliate.amazon.co.jp〕

29

加盟

銷售經營專業

┌ KEY POINT ┐

- 將開業或事業的經營專業化為商品。
- 拓展加盟店,就能壯大企業的事業規模。
- 加盟店的一舉一動,都有破壞總公司品牌形象之虞。

基本概念

　　所謂的「加盟」,就是企業為有心獨立開店的人士,提供事業發展上的專業知識,或代為採購產品等,並從中收取權利金做為對價的一種商業模式。在企業的事業部當中,會將加盟總部稱為「加盟授權者」(Franchisor),加盟店則稱為「加盟主」(Franchisee)。

　　加盟可分為「零售加盟」和「服務加盟」這2大類。

　　所謂的「零售加盟」,是由總部提供門市營運的專業與銷售用的商品給加盟店,就像便利商店或加油站的經營形態。便利商店從門市裡放置的設備,到商品的採購進貨、物流計畫和配送等,都由總部負責安排。總部具備強大的商品採購能力、行銷能力和產品開發能力,是加盟成立的前提條件。

　　而所謂的「服務加盟」,則是由總部提供服務的專業知識給加盟店,也就是像健身房、修理業和補教業那樣的經營形態。無法編寫操作手冊的高難度服務,若要發展加盟,總部就要有營運操作能力,能為加盟店安排人員培訓,或在門市開幕提供協助、支援,還需要具備素材和教材等獨家產品的研發能力。

此外，在產品採購或服務內容方面，總部願意給加盟店多少自由發揮的空間，各家企業的標準不盡相同。

這種商業模式的特色如下：

● 企業將自家產品的銷售權、事業營運和流通專業知識等無形資源，提供給加盟店。

- 加盟店數量與總部規模擴大程度成正比。
- 產品及專業知識在開發時的成本最高，因此加盟規模擴大之後，就可壓低邊際成本。

　　不論是那一種加盟模式，總部的知名度，對加盟店而言都具有相當大的吸引力。只要整個「加盟連鎖系統」名氣夠響，就可省下廣告宣傳方面的成本。

案例 1　TSUTAYA

　　「TSUTAYA」是書店和 DVD 出租店的連鎖系統，在日本國內約有 1,300 家門市，其中有約 9 成都是由加盟店負責經營，是一種零售加盟。TUSTAYA 的收益來源，若以 DVD 出租店為例，有加盟店支付的加盟金（300 萬日幣）、開店準備金（40 萬日幣）、營業額權利金（營業額 5%）和廣告分攤費。

　　書籍、影片和音樂等娛樂內容，由於流行轉換和作品發行速度快，很難慧眼挑出暢銷大作。於是總部提供給加盟店一套「自動下單系統」，根據獨家 POS 收銀機蒐集到的數據，找出日期別、時間別的營收數字，再加上區位特性、會員特性等個別門市的資訊，搭配最新商品動向進行分析，並依分析結果，由負責影片、音樂的專業採購採買商品後，送到加盟店。這樣，加盟店裡就能隨時買到新作品或話題之作，也能提高商品周轉率。

　　2010 年代以後，CD／DVD 租借面臨與數位影音平台之間的競爭。TSUTAYA 除了積極發展數位化，近年來也將透過商品進行生活風格提案的概念門市——蔦屋書店（截至 2020 年，日本全國共 20 家門市），也有部分是以加盟店形態經營，提供以不同主題陳列的書籍，和附設咖啡館等

圖：TSUTAYA 加盟店與總部所扮演的角色

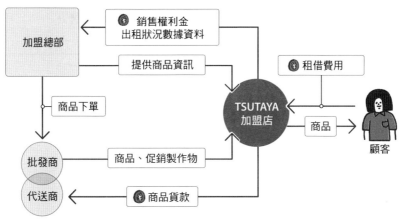

【資料來源】作者根據文化便利俱樂部（Culture Convenience Club，簡稱 CCC）股份有限公司官方網站（https://www.ccc.co.jp/info/fc/index.html）資訊，更動部分內容後編製。

全套營利模式。

案例 2　**KUMON**

　　補教機構「KUMON」功文式教育是極具代表性的服務加盟案例之一，在日本國內就有 16,200 處教室，海外也有 8,600 個教室據點，年營業額約 930 億日幣，迄今仍不斷成長。日本國內的升學補習班、重考班的市場規模有 9,720 億日幣，光是 KUMON 一家公司，就吃下了近十分之一的市場大餅。KUMON 的收益來源，是加盟者開設教室時繳交的初始加盟金（100 萬日幣，未稅），以及從各教室學生繳交的學費當中收取權利金。

　　KUMON 會提供長期支援，以便讓沒有補教經驗的加盟主可以開設教室，並順利營運。

　　舉例來說，KUMON 會提供加盟主以下這樣的支援：

- 設有協助解答學生問題的專線電話（營業時間內亦可服務）。
- 由專責人員提供建議，協助加盟主與家長溝通。
- 提供社群團體，以便加盟主彼此交流。

就服務而言，教育事業的無形性（Intangibility）特別強烈，往往需仰賴指導老師的個人技巧，不易打造出加盟特有的元素——整套營利模式，是一大難題。而 KUMON 成功的關鍵，在於他們建構了 2 套營運機制，將抽象的教育服務轉為優勢。

第 1 套機制，是建置資料庫，累積、管理各教室因應終端顧客（學生、家長）的服務案例等隱性知識。他們很早就將資料管理電子化，目前全球各地加盟教室的資訊，都由總部負責管理。

第 2 套機制是把加盟主彼此的資訊交流，轉換成知識經驗的共享，以及主動提攜後進。成功的加盟主協助其他加盟主——這樣的態度，可說是反映了教育事業經營者的專業意識。這 2 套營運機制，堪稱是支撐 KUMON 發展全球加盟連鎖成功的關鍵因素。

加盟的成立條件

（1）足以提供營運專業知識的投資能力

總部必須具備投資能力，才能持續開發、提供門市設計、採購與服務方面的所有專業知識。對加盟主而言，總部提供的整套營利模式，有助於壓縮開業成本和營運成本，是吸引他們加盟的關鍵因素。

（2）建構一套難以模仿的機制

「建構一套難以模仿的機制」的策略很重要。以零售加盟為例，企業

必須祭出細膩的地區優勢策略（P.342），以維持對其他同業的競爭優勢。

（3）開發有望確保一定收益的產業部門

不論是誰在哪裡開業，都有一定需求，且可望確保一定程度收益的產業部門（例：餐飲、旅宿、教育業等），是加盟事業成立的前提。

加盟的陷阱

加盟的魅力，在於它開業、營運簡便，但相對的，若無法將模仿門檻維持在高檔，恐將面臨規模縮小的風險。此外，加盟店跳槽投奔其他連鎖加盟體系，對企業總部而言也是一大風險。

在零售加盟體系當中，物流管理業務會隨著加盟店的規模擴大而漸趨複雜，因此成本管控也非常重要。

還有，近年來，加盟店計時人員在社群網站上發布不當影片，引發問題的案例層出不窮，顯見加盟店的人員管理妥適與否，也可能帶來破壞品牌形象的風險。

套用前請先釐清以下問題：

- ☑ 能否建構出一套能讓加盟店穩定獲利的誘人機制？
- ☑ 能否在創業初期就迅速拓展加盟店數量？
- ☑ 企業能否開發、運用出吸引人的服務，讓消費者願意選用？
- ☑ 能否阻止加盟店流向其他競爭者的連鎖加盟體系？

參考文獻

· 〈CCC 解體新書 #02【完整解說】揭露收益來源『CCC 的數字』大公開〉（Newspicks，2018 年）
〔https://newspicks.com/news/3478227/body〕

30

相互支持，追求成長
自願加盟連鎖

個案研究 CGC（三德）、力餅食堂

┌ KEY POINT ┐

- 中小零售業者共同合作，以降低成本的互助模式。
- 透過大量整批採購、共同設備投資等方式壓低成本。
- 在各加盟店共組的總部當中，能否共享資訊、推動改善，是左右連鎖體系存續與否的關鍵。

基本概念

所謂的「自願加盟連鎖」，就是多家獨立零售商店，在相同的目的下集結，形成組織，打造出如連鎖店般的機制。它和「加盟」（p.222）是很相似的概念，不過，如下圖所示，「自願加盟連鎖」是由加盟店自行組成總部，而「加盟」則是總部和加盟店涇渭分明，這一點是很顯著的差異。

圖：「自願加盟連鎖」和「加盟」的差異

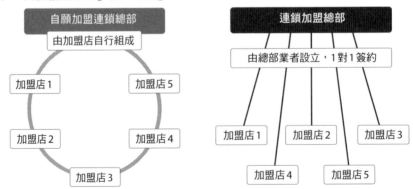

【資料來源】作者根據一般社團法人日本自願加盟連鎖協會官方網站（https://www.vca.or.jp/about/）資訊，調整部分內容後編製。

在特定區域、醫院和大學校園等場館設施內開設的山崎 Y SHOP，就是自願加盟連鎖很具代表性的案例之一。加盟店為了使用「山崎 Y SHOP」的品牌和促銷製作物，並採購 Y SHOP 品牌的商品，每月要付一筆固定營運費給總部，當做加盟金，但不必再依營業額高低另行支付權利金。此外，總部對於銷售品項沒有設限，所以有些門市會賣手工甜點、家常菜，甚至還有門市賣起了中古車。

這一種商業模式的特色如下：

● 銷售品項和銷售方法的自由度都很高，門市可設定反映在地或顧客特質的價格與品項安排。
● 加盟店「共同整批採購」，可降低成本。
● 門市之間彼此共享資訊，有助於改善服務。

這些特色讓自願加盟連鎖堪稱是「結合自營商行和加盟的優點」。

案例 1 CGC 集團

隸屬三德公司的獨立部門——CGC 日本，在東京有 28 家門市，主要集中在新宿區周邊，在神奈川縣有 5 家門市，千葉縣則有 2 家門市。它是將日本全國中堅超市收編做為加盟店，進行共同採購、商品開發的組織。目前在日本國內共有 208 家企業加盟，門市總數達 4,119 家，集團年營收則有 4 兆 6,017 億日幣，是日本全國最大，全球第 2 大的自願加盟連鎖。

CGC 是「共同銷售食品的連鎖」（Co-operative Grocer Chain）的簡稱，以 4 大自願加盟事業做為營運主軸。

第 1 項事業是運用集團的規模經濟效益，進行共同採購與開發自有品

牌商品（PB 商品）；第 2 項事業是物流中心的共同營運；第 3 是用來支援商品採購與物流計畫的共同資訊系統事業，統一管理加盟店的 POS 資料，並分析暢銷商品，改善業務效率；第 4 項則是協助擴大對終端消費者的服務，例如發展集團的共同信用卡事業，以及設置銀行 ATM 等。

　　CGC 集團的特色，是在集團整體的龐大規模加持下，握有對製造商和批發商的議價能力。而另一方面，CGC 的門市也保有中堅零售商店才有的優勢，例如親切的店員、呼應在地需求的品項安排等，可說是「去蕪存菁」的經營形態。

圖：CGC 日本的自願加盟連鎖

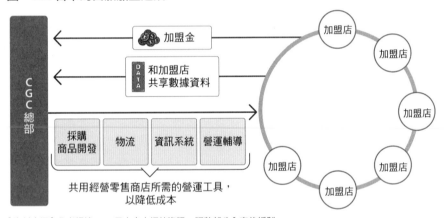

【資料來源】作者根據 CGC 日本官方網站資訊，調整部分內容後編製

案例 2　力餅食堂

　　以兩根交叉的杵椿作為識別標誌的力餅食堂，是一家明治 22 年（1889）年在兵庫縣創立的日式豆沙小包店，後來又發展成大眾飯館。員工凡是在門市習藝 8 年以上者，便可以「分暖簾」，也就是獲准使用力餅食堂的商標開店。因為有這一套制度，許多從力餅食堂出來自立門戶者，

都選在京阪神一帶開店。除了要使用共同的店名和標誌，以及菜單裡必須要有紅豆飯和日式麻糬之外，力餅食堂對這些門市並沒有特別限制，各店也自行構思菜單，各自營業。

這些門市並沒有彼此持股，只要願意加入由 73 名會員所組成的「力餅聯合會」，就能獲得資金調度、找尋店面等方面的協助，甚至還有人找其他會員商量婚姻大事等。儘管這樣的組織，和原本為了追求規模經濟的效益，以期能撙節成本的自願加盟連鎖，在定義上確有不同，但因為有這種如家人般的互相扶持，而得以維持至今的獨特經營機制，堪稱是一種充滿古早韻味的傳統商業模式。

自願加盟連鎖的成立條件

（1）能帶來與其他同業合作的好處

加盟店數的規模越龐大，越能提升自願加盟連鎖在商業上的優勢。因此，如何擴大規模，可說是它成敗的關鍵。自願加盟連鎖的加盟店，多為中堅規模的獨立自營業者，若彼此店面位置相近，同業之間還會有競爭關係。自願加盟連鎖能否端出一些好處，讓加盟店即使在這樣的競爭關係之中，仍願意透過合作，來降低進貨成本、充實銷售品項等，以促進彼此切磋成長，至關重要。

（2）要有一套機制，以便吸引擁有獨家專業知識的加盟店加盟

對於那些已具備獨到見解與經營專業，懂得如何因應在地與顧客特性，安排品項搭配的加盟店而言，參加自願加盟連鎖的好處是「共同採購」與「提供系統平台」。因此，自願加盟連鎖當中必須備妥相關機制。

（3）各家業者的自由度與品牌力的維持必須取得平衡

多家業者共同使用特定品牌名稱時，「過度自由」的品項安排與經營形態的，恐將傷害品牌形象。儘管山崎 Y SHOP 和力餅食堂都是因為各店自由的品項安排，而贏得了忠實顧客的支持，但過度自由恐將使得自願加盟連鎖失去共同扶持彼此事業的意義，需特別留意。

自願加盟連鎖的陷阱

這個商業模式，通常適用於個人經營的獨立店。倘若要繳納給加盟總部的加盟金和固定營運費，高於加盟後可節省的採購和物流成本，那麼自願加盟連鎖便難以成立。

此外，加盟主過於自由的經營形態，恐有破壞品牌形象之虞，故需評估加盟主彼此之間該怎麼整合意見。

套用前請先釐清以下問題：

☑ 自願加盟連鎖的加盟店都是中堅規模的業者。在籌組連鎖前，中堅業者是否可望達到一定數量規模？（例：餐廳、食品商行等）
☑ 總部營運模式是否能贏得加盟主認同？
☑ 能否建構合宜的商品開發、設備投資與營運架構，讓所有加盟店都能夠因此受惠？

參考文獻

- 一般社團法人日本自願加盟連鎖協會官方網站〔https://www.vca.or.jp/〕
- 一般社團法人大阪外食產業協會官方網站〔https://www.ora.or.jp/member/6933.html〕
- 〈岡力的「管窺雜記本」剖析力餅食堂的祕密〉（2018 年 12 月 17 日）大阪日日新聞〔https://www.nnn.co.jp/dainichi/rensai/zakki/181217/2181217047.html〕

31

從搖籃到墳墓
顧客生命週期管理

個案研究 雅滋養、貝親

┌─ KEY POINT ┐─────────────────────────

- 根據企業與顧客之間的關係變化，調整溝通策略或供應商品。
- 運用數據資料掌握與顧客之間的關係。
- 過度聚焦在現有顧客的維護、管理，恐有無法察覺環境新變化之虞。

基本概念

　　所謂的「顧客生命週期」，是將某家企業或產品顧客的關係變化，用人的一生（生命週期）來呈現的一種比喻。在顧客生命週期中，認為顧客會走過下表的 4 個階段，而企業在每個階段都要調整耕耘的方向。

表：顧客生命週期階段

階段名稱	企業應耕耘的方向
1. 非顧客 潛在顧客	要從尚未成為自家顧客的「非顧客」當中，爭取到潛在顧客，就要透過網路活動、資料申請表單或派發樣品等方式，來取得對自家產品有興趣的顧客資訊。在這個階段當中，顧客幾乎不會為企業帶來任何價值。
2. 首購顧客 首次回購顧客	首購顧客容易變心投奔敵營，因此懂得透過數據分析，找出有望回購的顧客，再運用 DM 等工具發送折價券或優惠資訊，將首購顧客培養成回購顧客，便顯得特別重要。成為首次回購顧客後，顧客為企業所帶來的價值，就會開始增加。
3. 主力顧客	顧客為企業帶來的價值達到顛峰。此時顧客忠誠度極高，因此就企業的角度而言，維繫成本會降低。然而，企業要因應顧客的需求變化，故也要供應現有產品的高階版本或新產品。

階段名稱	企業應耕耘的方向
4. 跳槽顧客	競品的出現，以及顧客需求的變化，將導致顧客變心跳槽，為企業帶來的價值也會開始降低。為避免顧客變心，企業要懂得迎合顧客需求，維持、甚至是提升產品、服務的品質。

　　一位顧客在整個顧客生命週期內，能為企業帶來的收益總和，就是所謂的「顧客終身價值」（Life time Value，簡稱 LTV）。對企業而言，妥善管理顧客生命週期，藉以將顧客終身價值極大化，是一件相當重要的工作。

MEMO

企業為爭取潛在顧客所做的行銷活動，就是所謂的「潛在客戶開發」（Lead Generation）。「Lead」意即「潛在顧客」。

通訊銷售健康食品的雅滋養（yazaya），採用了「顧客組合管理理論」（Customer Portfolio Management，簡稱 CPM）的手法。

說得更具體一點，其實雅滋養是運用 CPM 的手法，以消費金額、消費頻率、消費後經過的天數、跳槽後的天數等條件，將顧客分為以下 10 類來管理。

表：雅滋養的顧客分類

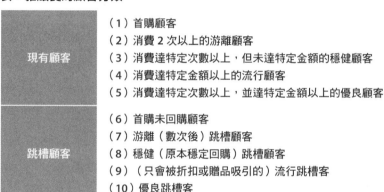

現有顧客	（1）首購顧客 （2）消費 2 次以上的游離顧客 （3）消費達特定次數以上，但未達特定金額的穩健顧客 （4）消費達特定金額以上的流行顧客 （5）消費達特定次數以上，並達特定金額以上的優良顧客
跳槽顧客	（6）首購未回購顧客 （7）游離（數次後）跳槽顧客 （8）穩健（原本穩定回購）跳槽顧客 （9）（只會被折扣或贈品吸引的）流行跳槽客 （10）優良跳槽客

【資料來源】作者根據橋本（2008）資料，調整部分內容後編製。

雅滋養會根據上述這樣的分類，分別對不同階段的顧客祭出最合適的宣傳策略。

例如對首購顧客或游離顧客，會加強傳達商品資訊或優點；針對游離顧客或優良顧客，則會把公司資訊當做溝通工具，透過傳達這些資訊，來提升顧客對公司的信任、偏好與親切感，以防顧客變心；此外，雅滋養還會耕耘跳槽顧客，設法讓顧客再回頭。導入這一套手法之後，雅滋養的營業額竟成長了 10 倍之多。

貝親（Pigeon）是知名的嬰兒用品品牌，最早是以生產、銷售奶瓶起家。貝親意識到嬰兒的成長，為了維持、培養現有顧客留下，才將事業朝嬰兒車、肌膚保養、副食品、嬰兒食品和飲品等相關商品，以及鞋子、服飾、玩具等領域發展。

進入 2000 年代之後，貝親為支持許多要兼顧育兒和工作的父母，又跨足發展幼托幼保、幼兒教育等事業。此外，貝親為女性減輕腰部、膝蓋和腳踝等處的負擔，也成立了預防老化的品牌，還推出專為失能長輩設計的產品。

貝親推動的這些策略，可以說都是為了迎合購買嬰兒用品的顧客，配合他們在不同生命週期的需求，期能推升每位顧客的終身價值。

顧客生命週期的成立條件

（1）能透過數據資料來掌握顧客的狀態

企業需透過數據資料，來管理顧客的狀態（是只消費一次的顧客，還是主力顧客，或是跳槽後已經過多久等），並設法溝通。

（2）要依階段調整因應

企業需依顧客在生命週期所處的階段不同，調整與顧客之間的溝通、宣傳，或提供不同的產品，以避免顧客因厭倦一成不變而變心離去。

顧客生命週期的陷阱

企業在依顧客生命週期調整因應策略時，若無法明確釐清每個階段的差異，就可能導致顧客厭倦產品一成不變，甚至變心離去。再者，若是太露骨地讓顧客感受到「差別待遇」，恐將失去顧客對企業的信任。

另外，過於專注用現有產品來維繫、管理顧客，卻忽略企業本身所處的環境變化，恐將延宕企業在透過新產品、服務開發新事業領域或新顧客的腳步。

套用前請先釐清以下問題：

- ☑ 企業能否運用數據資料分析顧客生命週期？
- ☑ 企業在溝通策略與產品開發上，有無不同劇本，以因應顧客生命週期的變化？
- ☑ 能否明確設定顧客之間的差異何在？

參考文獻

- 橋本陽輔《老闆不知道的祕密措施任何業種、商品都適用！保證看得到績效的「黃金法則」》（商業社，2008 年）
- 酒井光雄、武田雅之《必勝行銷全書：向 43 家成功企業學習 6 大行銷戰略》（神吉出版，2013 年）

32

挖掘看不見的商機
顧客數據運用

個案研究 第一生命、Everysense Japan

┌ KEY POINT ┐ ──────────────────────────

- 由於網際網路的普及,而出現的價值創造新手法之一。
- 將顧客資料拿到自家企業以外的地方運用,同樣能發揮價值。因此對擁有獨家數據的企業而言,這些資料可成為一大收益來源。

基本概念

所謂的「顧客數據運用」,是運用顧客屬性或行為記錄等數據資料,化為企業收益來源的一種商業模式。它很適合搭配電商網站那些可刺激購買決策的功能使用,例如推薦、評論等,因此隨著網際網路(尤其是Amazon 等電商網站)的普及,數據資料的運用也越來越廣泛。這些和顧客有關的數據資料,不僅對企業本身的事業發展有益,也是一份可供其他企業使用的稀缺資源。

數位時代的顧客數據資料,大致可分為以下這 2 大類:

(1)顧客的居住地、年齡、收入、家庭結構等「屬性資訊」。
(2)一般網站或電商網站的存取、瀏覽、購買記錄、位置資訊等「行動記錄」。

一般而言,企業所擁有的用戶(user)越多,就能蒐集到更多的顧客數據。因此,像臉書、Google 等企業,都擁有規模龐大且種類多元(年齡、國籍、職業)的顧客群。這些網路巨擘快速成長背後的原因,就是來

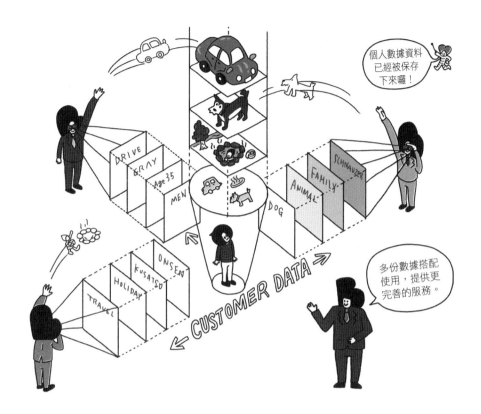

自於顧客數據資料的運用。

　　顧客數據運用的主要特色如下：

- 網際網路的普及，使得資料更容易蒐集，邊際成本也低。
- 企業會將自己累積的顧客數據提供給第 3 人，以賺取收益。
- 多份數據搭配使用，可提供更有益的服務。

運用顧客數據資料的商業模式，其實早在網路普及之前就已問世。信用卡資料就是一個很具代表性的例子。持卡人的消費記錄，在廣告業、保險、汽車銷售等各種商品的銷售上，都有助於業者篩選目標族群，是很有價值的資訊。

案例 1　第一生命

壽險保單是很難在同業競爭當中做出差異化的商品類型。而日本的第一生命保險公司，已透過顧客數據運用，開始為顧客提供新價值。2017 年 3 月推出的壽險商品「健康第一」，就是一套將被保險人的健康狀態與日常健康管理活動數據化，進而個別設定不同保費的服務。

「健康第一」還附贈 2 項服務：一是除了第一生命所保存的顧客數據之外，還用醫療院所、政府單位所保存的健檢及病歷等，為顧客建立了一個「數據平台」。未來第一生命也評估要和外部資料勾稽，提供保戶可從個人裝置上查詢健檢結果和年金領取狀況的服務。

還有一項服務，是與其他企業合作，透過數據運用來提供新價值給顧客的服務。在 2017 年上架的應用程式「健康第一」上，用戶只要拿智慧型手機拍下自己的餐點內容，就能「自動計算熱量」與「提供健康菜單建議」。這一款應用程式，在透過影像進行數據解析的技術方面，是與索尼行動通訊公司（Sony Mobile Communications）合作，在菜單規畫上則是與谷田（TANITA）結盟，是擴大運用顧客數據的經典案例。

Everysense Japan

越來越多企業都投入了顧客數據運用，期能建立起新的商業模式。因此，光憑單一企業難以蒐集的外部資訊，在市場上成了炙手可熱的珍寶。在這樣的大環境推波助瀾下，「數據交易市場」（data exchange market）便應運而生。

由 Everysense Japan 所經營的「EveryPost」，是一款可將個人數據資料傳送到數據市場上的應用程式服務，使用者完成註冊後，可自行選擇「地點數據」、「步數數據」和「心跳數據」等各種願意提供的個人數據。而系統會視提供的數據資料多寡，給予點數回饋，使用者可在兌換網站上，將點數換成現金或服務點數。Everysense Japan 會再將蒐集到的數據資料化為後設資料（抽象化、匿名化），銷售給企業或機關團體，以賺取收益。

圖：Everysense Japan 的顧客數據運用

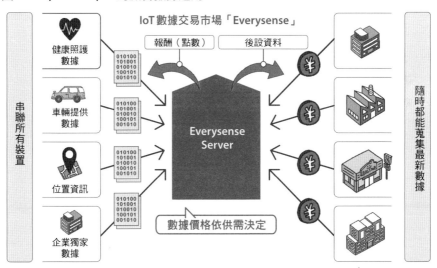

【資料來源】作者根據 everysense 股份有限公司官方網站（https://every-sense.com/services/everysense/）資料，調整部分內容後編製。

顧客數據運用的成立條件

（1）可透過基本事業來累積顧客數據資料

當企業已建置官方網站或電商網站，有能力自行蒐集顧客數據時，就可望運用這種商業模式賺取更多的收益。在 Amazon 網站上，除了會分析每位顧客既往的購買記錄之外，也會分析購買相同產品的其他顧客在消費上有何趨勢，再向顧客推薦下次可購買哪些商品。

（2）網路外部性的運用

企業在發展顧客數據運用的同時，若想將保存在自家平台上的顧客數據資料化為產品，那麼蒐集到的數據量越多，品質越好，就越能拉抬數據資料的價值。倘若本業所提供的服務，能創造較高的網路外部性（p.352），那麼顧客資訊就可望為企業賺進收益。

顧客數據運用的陷阱

顧客數據運用最大的課題，在於「個人資料保護」。日本的個人資料保護法在 2017 年 5 月正式上路，個人資料於匿名後，可開放一定程度供第 3 人使用。然而，企業不慎外洩大量個資的問題時有所聞，嚴重者甚至可能危及事業存亡。

此外，當年選舉顧問公司劍橋分析（Cambridge Analytica）不當蒐集臉書上顧客數據資料的案例還殷鑑不遠，所以企業如何妥善管理自家數據，以免遭到其他企業剝削濫用，也是很重要的工作。企業若想建立一套以顧客數據做為收益來源的商業機制，那麼要評估的，就不只是規畫數據資料如何蒐集，還要考量如何配備資安管理工具。

套用前請先釐清以下問題：——————————————————————

☑ 企業是否已累積與自家事業有關的顧客及交易數據？

☑ 面對多元的顧客，運用數據資料所做的客製化，是否會被認定為價值？

☑ 是否適用可蒐集多樣資料的「網路外部性」？

☑ 是否已備妥資安管理機制？

33

盡可能挖出顧客口袋裡的每 1 塊錢

交叉銷售 & 向上銷售

個案研究 漢堡、印表機、荻野、Alp

┌ KEY POINT ┐ ─────────────────

- 對購買某項商品的顧客,提報相關產品或高階產品。
- 需建置顧客資料庫,並妥善運用。
- 需提報和原先銷售產品有差異的相關產品或高階產品。

基本概念

所謂的「交叉銷售」,是對已購買某項商品的顧客,推薦其他相關產品,以增加每位顧客購買的品項數,進而推升收益的一種銷售手法。

例如在漢堡店裡,店員會向購買漢堡的顧客推薦炸薯條;在家電量販店,店員會推薦購買印表機的顧客一併選購墨水匣和列印用紙等案例,都是交叉銷售的應用。

廣義而言,交叉銷售販賣的是「某項商品的相關產品」,但更容易讓顧客接受的,是推銷「互補品」。所謂的互補品,就是「和某項產品搭配使用時,才能發揮使用價值的產品」。針對互補品進行交叉銷售時,顧客較容易感受到一併購買的必要性,便能提高銷售機會。

而所謂的「向上銷售」,則是向購買某項商品的顧客,在購買、汰舊換新或續約時,推薦和原本商品同類,但更高級(售價或利潤更高)的商品,以增加顧客消費單價的一種銷售手法。

例如當我們在餐廳裡點了普通份量的義大利麵之後,店員建議我們「加 100 日幣就可以加大份量」,就是向上銷售的應用。此外,顧客在換車時,車商通常都會推薦更高階的高級車,也是向上銷售的案例。

　此外，在收益模式當中的免費增值（p.320），就訴求「付費功能」這個附加價值的含意上而言，也堪稱是運用了向上銷售的手法。

　另外，向上銷售也可說是透過提高消費單價，讓顧客終身價值（LTV）（p.234）極大化的一種方法。

像 Amazon 或樂天這種電商網站上的推薦（推薦相關商品或其他人購買過的商品），也是以交叉銷售、向上銷售為目的的措施。

案例 1　荻野

荻野（OGINO）的門市據點主要多在山梨縣，是一家銷售食品、服飾和家庭用品的超級市場。該公司於 1996 年時，導入了「荻野綠色集點卡」（OGINO green stamp card），並利用這張會員使用率逾 9 成的集點卡，搭配顧客的購物明細，進行商品的「同時購買」分析，例如「義大利麵和乳製品一起賣」、「秋刀魚搭味噌湯配料銷售」等，積極發展出一套獨特的交叉銷售。

此外，荻野超市還會針對消費金額排名較高的優良顧客，發放特別優惠券，或運用與製造商合作的 DM，以提高客單價。

為推動上述這些措施，荻野超市設有專責分析顧客消費數據的團隊，負責分析這些行銷數據。

案例 2　Alp

換到另個觀點，介紹協助企業進行交叉銷售、向上銷售的公司案例。

由大型插畫溝通服務企業 pixiv 的前董事長伊藤浩樹等人所成立的 Alp，打造了「Scalebase」這個平台，能將「訂閱制」（p.285）商業模式的效率和收益放大到極限。

Scalebase 是可將商品管理、顧客管理、結帳、數據分析等訂閱商業模

式的相關業務，全都一站式管理、自動化處理的一項服務。對於像 Spotify
或豐田汽車的 KINTO 這種提供訂閱服務的企業來說，重點不僅是要提高
現有顧客的續訂率，還要推銷自選服務和方案升級等，積極操作交叉銷售
或向上銷售，以提升客單價。

　　有上述這些課題的企業，可藉由導入 Scalebase，輕鬆上架新商品、自
選服務或升級方案，以及調整收費方式等。

圖：Alp 的 Scalebase

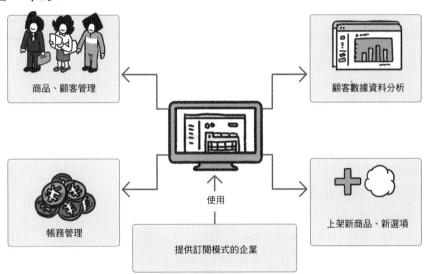

【資料來源】作者根據「關於『Scalebase』」（https://prtimes.jp/main/html/rd/p/000000005.000050107.html）
資料，調整部分內容後編製。

交叉銷售&向上銷售的成立條件

（1）對象商品皆已齊備

　　企業所銷售的商品需具備相關商品、互補品和高階商品，是運用交叉

銷售 & 向上銷售手法的前提條件。商品數量有限，或未進行顧客生命週期（p.233）管理的企業，較難導入這樣的措施。

（2）具備管理、分析顧客數據資料的機制與體制

　　企業需建構資料庫，掌握顧客偏好、生活形態和消費記錄等，以便找出同時購買趨勢和優良顧客。若自家企業難以建置這樣的資料庫，也可評估使用外部企業的服務。

（3）可提供與現有商品「看得出來的差別」

　　發動交叉銷售或向上銷售時，要追加提供某項商品，比原先賣給顧客的商品更具附加價值，或更有落差，以期最終能讓顧客認同、滿意。

交叉銷售 & 向上銷售的陷阱

　　如前所述，當企業要銷售給顧客的商品，在與過去賣給顧客的商品比較時，無法訴求「購買的必要性」或「具可識別之附加價值」時，交叉銷售或向上銷售便很難成立。

　　此外，顧客數據資料分析要持續進化，否則顧客眼中所看到的，可能就只是「換湯不換藥的建議」，很容易覺得厭煩。還有，若顧客數據資料和企業建議的商品之間有落差，例如在發動向上銷售時，把高級品推薦給不想要高級品，或買不起高級品的人，恐有導致顧客變心離去之虞。

套用前請先釐清以下問題：

- ☑ 企業是否已有相關商品，且該商品與當初銷售出去的商品之間，具「看得出來的差別」？
- ☑ 能否根據顧客數據資料分析的結果，找出目標客群和應推薦的商品？
- ☑ 有無負責管理、分析顧客數據資料的組織團隊？
- ☑ 能否持續檢討推薦給顧客的商品或內容？

參考文獻

- 菲利浦・科特勒《科特勒談行銷》（鑽石社，2000 年）
- 〈荻野：賣「韭菜炒豬肝賺大錢」〉《日經 business》（2010.3.15）
- 〈Alp 訂閱模式自動化服務「scalebase」，可依認列時機或合約彈性請款〉〔https://moneyzine.jp/article/detail/216522〕
- 〈Alp 讓訂閱模式效率、收益極大化的平台「scalebase」上線〉〔https://prtimes.jp/main/html/rd/p/000000002.000050107.html〕

34

到手的獵物，怎能讓牠逃了

顧客鎖入

個案研究 富士藥品、DeAGOSTINI

┌ KEY POINT ┐

- 企業包圍現有顧客的手法。
- 依顧客所感受到的成本與產品特性不同，可採取的方式有 7 種。
- 企業還需留意鎖入效應是否轉弱。

基本概念

　　所謂的「顧客鎖入」，是企業用來留住顧客的各種手法，目的是要與現有顧客發展長期的關係。一般來說，爭取新顧客所花的成本，會比維持、擴大現有顧客的成本高。再者，就顧客生命週期管理（p.233）的觀點來看，包圍現有顧客的確是有效的做法。企業能發動顧客鎖入，是因為對顧客而言，下表中的任一個或多個因素作用的結果。

表：可發動顧客鎖入的 3 個因素

因素	說明
轉換成本 （switching cost）	顧客要從目前使用的產品，轉換到其他企業產品時的金錢、心理負擔和手續等成本。例如更換新手機時，除了要付出購買手機的費用之外，還要從頭開始學習它的使用方法。
沉沒成本 （sunk cost）	已付出的成本。站在顧客的角度，當然不想浪費已付出的費用或產品使用經驗等。在這樣的意識運作下，顧客會選則持續使用某一特定企業的產品。例如很多人不想浪費已經拿到的哩程，便持續搭乘同一家航空公司的班機。
網路外部性 （network externality）	在網路和通訊服務這種用戶越多，使用價值越高的服務當中，要用戶從原本人數較多的服務，跳槽到其他服務的誘因就會變小（p.286）。

7 種顧客鎖入策略

在以上這些因素的影響下，企業可採取顧客鎖入策略，共分為 7 種（中川、日戶、宮本，2001）。每一種方法，都是考慮到了顧客的轉換成本、沉沒成本，以及產品、服務的網路外部性，所祭出的措施。

表：7 種顧客鎖入策略

因素	說明
密切鎖入 （Intimacy lock-in）	訴求企業或產品與顧客的人際關係密切，以建立彼此關係，進而留住顧客。
會員鎖入 （membership lock-in）	運用會員或點數等機制建立關係，進而留住顧客。
便利鎖入 （convenience lock-in）	提供 1 站式服務、補充型服務等，加強顧客的方便性，以留住顧客。
品牌鎖入 （brand lock-in）	利用商品的品牌力或知名度來留住顧客
運轉鎖入 （ruuning lock-in）	利用產品、服務在使用上的學習成本（金錢和手續等）來留住顧客。
社群鎖入 （community lock-in）	製造「別人都在用，我當然也要繼續用」的誘因，以留住顧客。
系列鎖入 （series lock-in）	發展完整產品線，以留住顧客。

【資料來源】作者根據中川理、日戶浩之、宮本弘之〈顧客鎖入策略〉《鑽石哈佛商業評論》（2001）資訊，調整部分內容後編製。

MEMO

當某一產品成為事實標準（de facto standard）（p.357）時，它在市場就是實質的標準，品牌力也夠強，因此更容易鎖入顧客。

密切鎖入

密切鎖入最具代表性的案例，就是保險公司或車商的推銷手法。透過業務員一再與顧客密切互動，讓顧客感到放心，進而認為轉換其他業者服務很麻煩。

會員鎖入

如前所述，會員鎖入最具代表性的案例，就是會員制和集點服務。航空公司的哩程數或零售業的集點卡，固然都是這種類型的顧客鎖入，其實好市多（Costco）或健身俱樂部的會員制，也都是在製造讓顧客「想回本」的誘因。

圖：會員鎖入

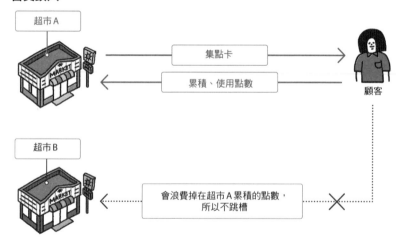

便利鎖入

便利鎖入最具代表性的案例，就是名符其實的便利商店，和像永旺夢樂城（Aeon mall）這種什麼都有的購物中心。此外，富士藥品的配置藥

（寄藥包），也是屬於這一類的案例。

品牌鎖入

　　品牌鎖入最具代表性的案例就是高級名車、服飾和珠寶等精品品牌。另外 在日本一提到洋芋片就想到卡樂比（Calbee），一說到可樂就想到可口可樂——這種擁有強大品牌力的產品，也是屬於品牌鎖入的案例。

> **MEMO**
>
> 當顧客發動特定消費行為時，腦海中所想到的產品選項，就是所謂的「喚起集合」（Evoked Set）。像卡樂比或可口可樂這樣，在喚起集合當中名列前茅的企業或產品，多半已成功鎖入顧客。

運轉鎖入
圖：品牌鎖入

運轉鎖入最具代表性的案例，就是電腦的軟體。顧客一旦記住特定軟體的操作方法，就會覺得改用其他類似軟體很麻煩。

有些鎖入是像這樣，因為顧客自己的學習累積而被鎖入；也有些鎖入是因為他人所累積的學習而引發。例如客戶倚重的企管顧問公司，或是對現場課題瞭若指掌，可為客戶提供合適產品的工業用感測器大廠基恩斯（KEYENCE）（p.424）的業務員等，都是屬於這一類。

▌社群鎖入

社群鎖入和網路外部性（p.352）的關係相當密切。例如顧客會持續使用 LINE 或特定社群遊戲，「因為別人都在用」是一個很重要的因素。

或是因為「其他上班族都在看」而廣受顧客青睞的「日本經濟新聞」，也是一個很好的例子。

圖：系列鎖入

迪亞哥 ① 迪亞哥 ② 迪亞哥 ③ 迪亞哥 ④ 迪亞哥 ⑤ 迪亞哥 ⑥

總有 1 天要買到……

我想全部蒐集齊全……

▌ 系列鎖入

　　系列鎖入最具代表性的案例，就是有各種五花八門的角色和道具的寶可夢卡牌遊戲，或是迪亞哥（DeAgostini）的分冊百科系列書籍等。當然不見得每位顧客都會完整蒐集全系列，但有意集滿所有產品的顧客，就會被企業鎖入這些系列。

顧客鎖入的成立條件

（1）顧客具備一定程度的高忠誠度

　　當顧客對企業毫無忠誠度或眷戀感時，硬是發展顧客鎖入，有時會讓顧客感到不耐煩。

（2）相較於其他企業，自家產品在功能、品牌面上更有魅力

　　若其他企業的類似商品出類拔萃、無與倫比時，即使轉換成本或沉沒成本再高，顧客還是會選擇琵琶別抱。

顧客鎖入的陷阱

　　在顧客鎖入模式當中，有時候是產品本身成為鎖入的對象（例：大型購物中心或配置藥局），也有些是要利用附加服務才能將顧客鎖入（例：點數或哩程）。

　　後者在推動時會有費用產生。而當類似產品在功能上具有出類拔萃的優勢，或具備現有商品缺乏的方便性，甚至是顧客厭倦現有商品時，鎖入的效果就會轉弱（例：報紙和網路新聞、系列化的書籍）。

套用前請先釐清以下問題：────────────────

☑ 自家產品是否已拉高顧客的轉換成本或沉沒成本？

☑ 自家產品是否具有網路外部性？

☑ 適合自家產品的鎖入策略是哪一種？

☑ 鎖入效果是否會隨時間轉弱？

參考文獻

• 中川理、日戶浩之、宮本弘之〈顧客鎖入策略〉《鑽石哈佛商業評論》（鑽石社，2001 年 10 月號）

第 5 章

收益模式

所謂的「收益模式」，就是呈現企業「獲取收益的方法」與「成本結構」
的模式，用來決定企業該擘劃多大的事業規模、產品單價和成本。本書
所介紹的收益模式相當詳盡，你在評估如何確保自家產品、服務的收入
時，不妨強迫套用這裡所列出來的各種模式，看看適用哪一種，也不失
為一個有效的方法。

35

賺多賺少，端看成果

成果計酬

個案研究 GMO、Livesense、Prored Partners

┌ KEY POINT ┐

- 依成果支付酬勞。
- 適合對成本精打細算、講究花在刀口的使用者或企業。
- 事前明訂成果、達成共識，是一大關鍵。

基本概念

所謂的「成果計酬」，是當滿足下單時所訂定的條件，就支付報酬的一套機制。基本上，未達到預期成果時，就不會支付報酬。

成果計酬型的收益模式，在網路廣告、人力仲介、企管顧問、業務推廣代辦等各種行業都看得到，運用廣泛，但「成果」的定義在各個領域不盡相同。例如業務推廣代辦業的成果，就是實際開發到的新顧客人數或簽約成交等。其他像是大型網路服務商 GMO，提供的則是成果計酬型的網路廣告服務，僅在使用者透過廣告而購買指定商品或註冊成為會員時，才會計收廣告費。

在成果計酬模式當中，其實不只有「完全成果計酬」，也就是在獲得預期成果前皆可免費使用的形態，還有不論成果達成與否，都會計收開案費或交通費等費用的案例。

只不過，不論是哪一種形態，成果計酬型的服務，可在風險較低的狀態下單，對於資金較不寬裕，要盡可能對開銷精打細算、講究花在刀口的使用者，或有意逐步將事業費用轉為變動費的企業來說，可說是好處多多的收益模式。例如請成果計酬型的業者代辦業務推廣，就可以將聘用業務

員所需的人事費用（固定費）轉為變動費。

MEMO

成果計酬型的收益模式當中，有一種是所謂的「分潤」（p.263），也就是在達到指定績效時，收益由發案方和接案方拆帳分配。

案例1 **Livesense**

　　Livesense 是製作徵才廣告的企業。通常企業在刊登徵才廣告時，絕大多數都要先付廣告刊登費用。而 Livesense 選擇反其道而行，他們的徵才廣告，是在企業獲得「錄取求職者」這個成果時，才需要付使用費（成功報酬）。

例如在 Livesense 經營的計時人員徵才網「馬赫打工」（Mach baito）上，刊登徵才廣告的企業，要在確定錄用求職者時，才需要付廣告費。然而，光是這樣做，企業為了規避付費，可能會對 Livesense 隱瞞錄用求職者的事實。因此，Livesense 又建立了一套付「送紅包」（馬赫獎金，最高 1 萬日幣）的機制，以便讓求職者主動回報錄取。Livesense 還用這一套制度，跨足發展獵人頭公司與不動產仲介事業等，業務蒸蒸日上。

圖：Livesense（馬赫打工）的成果計酬模式

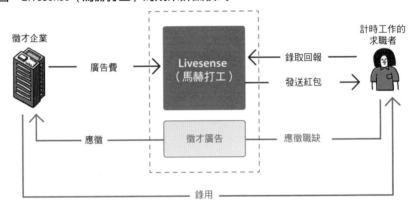

MEMO

除了網路廣告或企管顧問之外，例如為店面房東代尋租客的 Area Quest 公司，做的也是成果計酬型的生意。

案例 2　**Prored Partners**

企管顧問業界的工作，是為企業客戶提供經營管理上的建議或輔導改善執行。在這一行當中，由於很難看出執行顧問諮詢與經營績效之間的因

果關係，所以絕大部分都是以專案執行期間投入的人力，和客戶簽訂固定報酬型的合約。

在這樣的業界當中，Prored Partners 大膽推動成果計酬型的顧問諮詢服務。他們根據一些容易反映在損益表上的經營指標，包括行銷、企業流程改造（Business Process Reengineering，簡稱 BPR）、間接材料的成本撙節等項目的改善幅度，提供顧問諮詢服務。

此外，由於上述成果不見得一定會在顧問諮詢服務後，立即出現顯著的成果，所以 Prored Partners 還會在諮詢專案結束後，設定數年的「效果保固期」。在顧問諮詢服務的個案當中，發案方和接案方之間，很容易因為對成果指標的歧見而發生糾紛。Prored Partners 反覆檢視合約數百次，才打造出了現在的成果計酬機制。

成果計酬的成立條件

「成果計酬」要能成立，最重要的條件就是「明確定義成果，並在發案方與接案方之間達成共識」。觀察 Livesense 和 Prored Partners 的案例，錄取或成本撙節幅度，都是很明確的「成果」；網路廣告方面，也會在事前訂定明確的成果指標，例如實際購買件數、會員註冊人數或點擊次數等。

此外，「接案方是否具備達到指定成果所需的資源」也是一個相當重要的條件。以網路廣告或徵才廣告為例，接案方要具備創造實際成效所需的技術能力和服務研發能力；代辦業務推廣或企管顧問公司，則需要承辦團隊有能力拿下訂單，或懂得如何降低成本，並仰賴他們發揮專業能力。

成果計酬的陷阱

在「成立條件」當中也曾提過，發案者和接案者雙方若無法先就目標成果達成共識，日後恐將引發糾紛。

再者，就發案方的立場而言，有時可能會因為專案成果超乎想像，而導致酬勞也高於預期。因此，議約時明確釐清成果範圍與上限，也是相當重要的工作。

套用前請先釐清以下問題：

☑ 企業所提供的，是否為容易確認、測量成果的服務？

☑ 該項服務能為發案方降低哪些方面的風險？

☑ 適合自家產品的鎖入策略是哪一種？能否於事前訂定出可達到的成果，並取得發案方及接案方的共識？

☑ 接案方是否具備達到指定成果所需的資源？

參考文獻

· 上阪徹《Livesense〈生存的意義〉》（日經 BP，2012 年）
· 〈用獨特的成果計酬型商業模式，支援有投資風險的專案執行〉（哈佛商業評論，2018 年）〔https://www.dhbr.net/articles/-/5508〕

36

分潤

賺錢大家分

個案研究 阿倍野海闊天空大廈 ×PanasonicIS、d 美食 ×cookpad

┌ KEY POINT ┐

・根據成果計酬的精神,由發案方和接案方拆帳,分享收益。
・發案方的收益試算,是一大重點。
・須明確訂定角色分配和拆帳比例。

基本概念

所謂的「分潤」,是企業彼此合作發展事業,再依事先訂定的拆帳比例分配收益的一種收益模式。近年來,尤其在電商網站、遊戲軟體、線上學習和預約系統等資訊、網路方面的系統或應用程式開發專案當中,它都被視為是一種有助於降低企業風險的合約形態,運用廣泛。

通常在開發系統時,會由發案方和接案方(開發端)共同推動開發專案,也就是會有至少兩家企業參與。在分潤的收益模式當中,接案方不會向發案方收取簽約金當作日後的研發費用,而是自行負擔費用,投入開發。而開發完成後,透過運用、銷售服務所賺取的利潤,再由接案方和發案方一同拆帳共享。

像這種由發案方和接案方共同承擔風險,並以成果計酬的方式簽訂合約者,我們就稱之為「分潤合約」;而固定支付開發費用,也就是目前一般企業廣為使用的契約型式,就是所謂的「委託合約」。

MEMO

分潤的好處,是在達成某項特定事業目標時,既可獲得收入與利潤進帳,又能降低風險。它也是屬於「成果計酬型收益模式」(p.258)的一種。

分潤需求興起的背景

在資訊、網路方面的系統或應用程式產業當中，開發的工程浩大，成本可觀，但實際上究竟能不能上線運轉，或能否透過這些系統開創新事業，其實有很多不確定因素。而分潤就是在這樣的背景下，應運而生的產物，能為接案方和發案方帶來更多好處。

首先，對發案方而言，分潤模式可降低開發所需投入的初期成本，除了拆帳率以外，也不需要再多付其他費用。再者，分潤基本上都是採成果計酬型的合約，因此對接案方而言，能爭取到比固定金額的研發費用更多，且是持續性的收入進帳。還有，萬一在研發系統時，進度不如預期順利，接案方也不必在定額的研發費用之外，再自掏腰包貼補缺口，相較於自行負擔研發費用，分潤模式可大幅降低企業蒙受鉅額損失的風險。再加

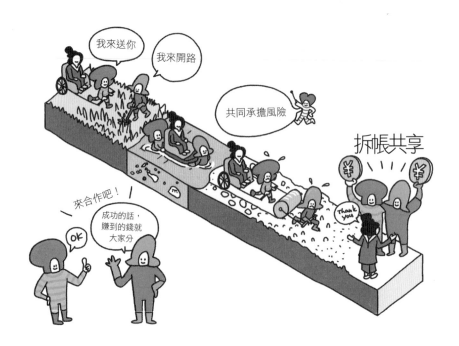

上雙方採取成果計酬型合約，故可維持投入開發專案的動機，堪稱是另一大優點。

案例 1 　阿倍野海闊天空大廈 × PanasonicIS

大阪市內有一棟全日本最高的大樓——阿倍野海闊天空大廈（Abeno Harukas），它的門禁管理系統，就是以分潤型式開發、營運。而阿倍野海闊天空大樓所委託的對象，就是 PanasonicIS。

這一套系統在開發上的特色，就是阿倍野海闊天空大廈沒有這套系統的所有權，而是由 PanasonicIS 以雲端的型式，提供這項門禁管理系統的服務。從場館內的售票機或入場閘門蒐集到的入場者數據資料，全都與 PanasonicIS 的數據中心連線連線，可自動統計票券營收，而場內的電子看板也會提供即時導覽等資訊。

在這個案例當中，分潤是依票券實際銷售張數來拆帳（比例不公開）。有了這樣的分潤機制，對阿倍野海闊天空大廈而言，系統開發、營運費用便成了隨入場人數波動的變動費，是一大優點；而對 PanasonicIS 而言，若能透過數據分析來擴大入場人數，PanasonicIS 的收益也會隨之增加，有助於提升他們全力投入營運管理的動機。

案例 2 　d 美食 × cookpad

d 美食是由日本電信業者 NTT Docomo 經營的食譜分享網站，由 cookpad 提供食譜。d 美食考量到若要自行開發、準備大量食譜內容，恐怕費用可觀且曠日廢時，於是便把腦筋動到了 cookpad 保存的食譜上，希望能用 d 美食的收益分潤為交換條件，來運用這些食譜。會員事業是

cookpad 的收益模式之一，除了向自家的白金會員收取會員費用之外，這份分潤收入，也計算在會員事業的營收當中。

　　儘管這個這個案例並不是系統或應用程式的開發專案，但內容開發專案當中的「分散風險」和「事業營收持續進帳」等，都很鮮明地呈現出了分潤模式的特質。

分潤的成立條件

（1）事業可望獲得持續性的收益進帳

　　分潤模式要能成立，最大的條件，就是看系統開發完成後，是否有望獲得持續性的收入進帳。分潤採取的是成果計酬模式，因此和無望在事業收益上有所斬獲的發案人簽約，會造成企業的風險。

（2）雙方的角色與利益分配合宜

　　要落實分潤，合作雙方在角色分配（雙方各自以從事哪些活動為主）的安排，以及根據預期收益妥善設定拆帳比例等方面，也都相當重要。

分潤的陷阱

　　站在發案方的立場，有時在專案中賺得的收益越多，反而要等比例地付費給接案方，導致成本不斷膨脹，最終甚至比簽固定合約所付出的費用還多。反之，對接案方而言，合作也可能淪入無利可圖的窘境──因為有時簽訂固定合約，可賺到更豐厚的收入。由於不乏上述這樣的案例，故在簽訂合約前，企業要做好完整的事業模擬試算。

套用前請先釐清以下問題：

☑ 開發出系統或應用程式後，能否持續為發案方帶來事業收益？

☑ 在營收、成本方面，能否取得比固定合約更優渥的條件？

☑ 發案方和接案方之間，是否已就角色分配與收益拆帳比例達成共識？

☑ 系統上線後的問題處理或營運操作，是否可以彼此協調？

参考文獻

・〈阿倍野海闊天空大廈靠分潤建置資訊系統 PanasonicIS 以雲端服務形態提供〉（IT Leaders，2014 年）
〔https://it.impress.co.jp/articles/-/11528〕

37

用多少，付多少
以量計價

個案研究 電話費、普客 24、VisasQ

┌ KEY POINT ┐

• 付費金額依使用的時間長短或用量多寡來決定。
• 使用時間或用量必須可以量化成數字。
• 無法管控顧客用量，故難以預測收益。

基本概念

所謂的「以量計價」，是產品或服務「依指定期間內的使用時間或用量計費」（守口，2012）的收益模式。

依通話時間長短和通話對象距離遠近收費的「電話費」，就是傳統的以量計價模式。即使通話裝置已從市內電話轉為行動電話，但商業模式仍舊沒有改變。不過，在進入 2000 年代，智慧型手機日漸普及之後，「封包傳輸」這種新的以量計價模式。自此之後，各家電信業者便各出奇招，針對通話費和連線費用，準備了多種以量計價和定額付費的方案，並因應用戶的使用形態，搭配出各種資費建議，以期能與競爭者做出差異化。

以量計價的主要特色如下：

● 可依服務的使用時間或用量，設定固定金額的費用（價格透明）。
● 可與基本使用費搭配運用（定額收益來源）。

在以量計價的模式當中，付款金額是依服務的使用時間長短或用量多寡而定，從顧客的角度看來，可以說是很公開透明的商業模式。

另一方面，對企業而言，由於服務用量完全掌握在顧客手中，所以很難預估事業收益表現。因此，我們也看到有些企業或服務，會選擇像智慧型手機那樣，先設定一個固定額度的基本費，超出服務額度的部分，再以量計價收費，雙管齊下，以期能有穩定的收益進帳。

案例 1 **普客 24**

在日本全國各地開設計時停車場「Times parking」的普客 24 公司，利用設置在停車場裡的汽車擋板和全自動繳費機，讓停車場可在無人的狀態下，管理車主的停車時間。自 1990 年代後期起，那些無法興建住宅的畸

零地，紛紛蓋起了計時停車場，是地主利用土地生財的手法之一。從 1997 年到 2002 年，光是由普客 24 所經營的停車場，車位數量就增加了 2.5 倍之多。

普客 24 的商業模式，是付給地主定額的土地租金，並向停車的車主收取停車費。而這兩者的差額，就是普客 24 的營收。停車場的使用率越高，普客 24 的收益表現就越好；反之，若使用率欠佳，停車場就有虧損之虞。

案例 2　**VisasQ**

VisasQ 提供的服務，是讓顧客輕輕鬆鬆打通電話，就能向商業顧問諮詢的平台。VisasQ 除了會依顧客想諮詢的內容，協助媒合可提供專業見解的顧問之外，也提供一套依通話時間長短，計時收取諮詢費的機制。由顧

圖：VisasQ 的以量計價模式

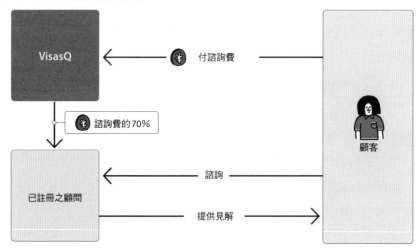

客自行指定顧問的「自行媒合方案」，費用目前為每小時 5,000 日幣起跳。

　　VisasQ 這些以量計價的收費模式，可滿足包括「想輕鬆做個短時間的諮詢」、「想長時間暢談，不必在意時間長短」在內的多種需求，贏得了各種不同族群的顧客青睞。

以量計價的成立條件

（1）可提供以時間、用量為單位的服務

　　「以量計價」的模式要能成立，前提是要能依顧客需求調整服務。這一點和銷售物理性產品給顧客的模式很不一樣。對顧客而言，以量計價固然是很方便的服務，但為了賺取更多的收益，企業必須爭取到一定規模的顧客數量，以避免顧客的使用規模遠超出或低於預期等不確定因素。

（2）可量測使用時間或用量

　　「以量計價」的模式要能成立，需要有一套機制，將顧客使用了哪些商品或服務、用量多寡，都予以量化。拜網際網路的普及之賜，利用數位資料來管理時間或物量，更為簡便。發展以量計價事業的企業，要有能力建構系統，以便迅速而精準地蒐集到自家服務所需的數據資料。

以量計價的陷阱

　　在「以量計價」模式當中，顧客用得越多，企業越有機會賺得更多收益。然而，實際用量會達到什麼水準，會因顧客所採取的行動而定，因此企業很難預估收益表現如何，應特別留意。

　　再者，由於企業未設定收費上限，而使得以量計價的請款金額，超出

顧客付款能力的案例，屢見不鮮。例如在線上遊戲或社群遊戲當中，也有以免費搭配以量計價的收費模式。遊戲本身提供玩家免費下載，但要在遊戲裡提高玩家能力，或延長遊戲使用時間，都要付費。其中有一種被稱為「轉蛋」的以量計價手法。玩家付費後，系統會隨機提供道具、寶物。有些玩家為了要拿到自己想要的道具，就會不斷付費轉蛋、抽寶，導致包括未成年人在內的玩家付出鉅額費用，形成社會問題。「用多少、付多少」的以量計價制度，收費機制講求誠信，若以不實手法賺取收益，將導致整個事業毀於一旦的風險大增。

套用前請先釐清以下問題：

☑ 使用時間或用量可否量化為數字？
☑ 可否與非「以量計價」的其他模式結合？
☑ 能否落實推動誠實不欺的收費機制？

參考文獻

• 守口剛〈收費方式的類型〉《行銷新聞》Vol.32 No.2, p.4-12（2012 年）

38

心情喜好可以換成鈔票
打賞模式

個案研究 街頭藝人、教會的義賣市集、推趣、SHOWROOM

┌─ KEY POINT ─┐

- 顧客在享受服務後，隨個人喜好付費。
- 價值主張不再是統一的「物品」，而是顧客的「滿意度」。
- 若能明確定義顧客是「為了什麼而付費」，更有機會獲得穩定的利益進帳。

基本概念

　　所謂的「打賞模式」，是企業不對自己所提供的商品或服務設定價格，由顧客自行支付願付金額的收益模式。它的英文名稱是「PWYW」（Pay What You Want，想付多少就付多少），日文翻譯為「打賞模式」或「香油錢模式」。

　　打賞模式很適合在網路生態，因此許多業界都已開始出現運用這種模式的事業（包括平台式的服務），例如娛樂產業，或在網路上的樣品製作、供應等。

　　打賞模式具有以下 2 個主要的特徵：

- 可藉由提供難以明訂價格的價值（難以取得的服務等），來賺取收益。
- 有一定數量的顧客願意付高價，事業才能成立。

　　打賞模式其實是一種很常見的商業模式。舉凡街頭藝人、餐廳小費，或是教會的義賣市集等，都是採取打賞模式——顧客感受到多少價值，就付多少金額。顧客所付的金額當中，其實也包含了心理上的充實或滿足。

案例 1　推趣

在遊戲實況直播平台「推趣」（Twich）上，使用者可打賞給自己想支持的直播主。打賞時，使用的是一種可在推趣上購買的虛擬貨幣「小奇點」（bits），100 個小奇點的價格是 175 日幣。只要使用者打賞小奇點給直播主，系統就會依金額高低給予不同的圖示，並呈現在直播畫面旁的聊天室裡，讓大家都能看到誰打賞了多少錢。

除了上述這種打賞機制之外，推趣上也提供了「訂閱」功能，讓使用者可透過月付方案，支持特定直播主。

打賞帶有贊助（Patron）的意味，以「和直播主建立關係」做為價值主張。就商業模式而言，這一點的確有其新穎之處。

推趣在 2014 年時被 Amazon 收購，平台上所使用的小奇點，目前改由

Amazon 和 PayPal 代售。此外，小奇點還有一套發放機制，就是使用者只要在推趣上收看推播廣告，就能得到小奇點──可見推趣也會透過廣告模式（p.326）賺取收益。

圖：推趣的收益模式

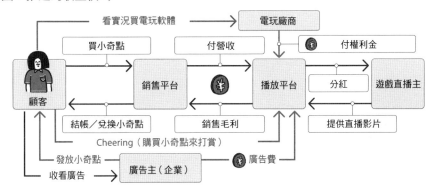

案例 2　SHOWROOM

日本串流影音網站「SHOWROOM」於 2013 年 11 月上線啟用，是一個能讓粉絲即時欣賞偶像或藝人演唱會直播的平台。在宛如演唱會現場的介面，使用者的分身（Avatar）會和藝人一起出現在直播畫面上，是它的一大特色。

SHOWROOM 最大的特色，就是可為演出者加油打氣的「送禮」（gifting）機制。使用者只要註冊帳號，就可以購買「禮物」，內容包括心形、玫瑰和玩偶等圖示。使用者可把這些禮物丟到模仿舞台打造的直播畫面上，充滿了身歷其境的臨場感。

購買禮物時，使用者要先進入「Show Gold」平台購買虛擬貨幣，每 111G（Show Gold）的售價是 120 日幣起跳。一般禮物的價位則是在

100～300 日幣左右，丟出上千、上萬日幣的高價禮物時，使用者的分身就會被優先排到虛擬演唱會會場的前排位置，可彰顯自己對藝人的支持，有時甚至還可以當場互動溝通。

> **MEMO**
>
> 推趣的價值主張，是「可表明自己支持的對象」；而 SHOWROOM 的價值主張，則是「能與自己支持的對象溝通」。觀察這些現象，我們可以這樣說：在數位時代裡，顧客透過打賞與服務提供者之間所建立的關係，象徵的正是「串聯的價值」。

打賞模式的成立條件

（1）企業可自行建構出打賞用的「舞台」

不論是街頭藝人或服務平台，提供價值者和顧客要置身在同一個場域，才有機會出現打賞。因此，打賞模式最重要的，就是要先搭建「舞台」。同時，就像有些業者會依顧客支付的金額高低，而給予不同的圖示一樣，企業需要有一套機制，讓顧客貢獻的金額等級高低視覺化。

（2）產品能否打造出一套持續帶來收益的機制？

想從顧客身上持續賺取收益，那麼企業能否提高產品——也就是內容投入的頻率，落實服務的多樣性，至關重要。

打賞模式的陷阱

在打賞模式當中，難免會有一些搭便車的顧客，因此，企業必須研擬

出一套「沒有打賞也能成立」的收益結構。例如推趣就打造了「顧客在觀看影片後購買電玩軟體，推趣就能獲得權利金收入」的機制，以及廣告模式等來搭配，以確保平台有一定收益的獲利可期。

　　另外，在餐飲或旅宿等面對面的行業中，使用者會有「付太少錢會愧疚」的心態，因此就算導入打賞模式，也不致於出現太嚴重的虧損。

套用前請先釐清以下問題：

☑ 企業是否能提供優質的產品或服務，讓顧客獲得心靈上的充實？
☑ 能否打造出一套讓付出的金錢視覺化，以提升顧客滿意度的機制？
☑ 除了打賞收入外，能否確保其他收益來源，例如廣告等？

39

我在那一天和這一天是它的主人

分散式所有權

個案研究 噴射機的分散式所有權、XIV

┌─ KEY POINT ─┐

- 將要價數億日幣的高價財物或不動產分割出售給多位屋主。
- 收益來源是手續費或管理售出的財物、不動產。
- 需運用顧客數據資料，創造出新的附加價值。

基本概念

所謂的「分散式所有權」，是將飛機、船隻或不動產等高價資產的部分所有權，分割出售給顧客的收益模式。由於是多位屋主共同持有資產，要區分彼此的「使用時間」，所以也被稱為是「分時享有」（time share）。分散式所有權的起源，始於歐洲銷售的「一年當中有一週可享度假勝地的別墅使用權」服務。高爾夫球場的會員權，其實也是屬於這種商業模式。

分散式所有權的主要特色如下：

- 企業的收益來源，在於屋主使用分割銷售的財物或不動產時，所支付的管理費（維護費或人事費用等）。
- 多人共同使用同一資產，可降低屋主的投資風險。
- 採分散式所有權的資產，所有權歸屬於屋主（可繼承、買賣）。

分散式所有權最大的特色，就是資產的所有權歸屬於屋主。屋主針對自己持有的部分，可自由轉賣或繼承。舉例來說，擁有「一年當中有一週可享受的別墅使用權」者，會辦理 1/51 的別墅所有權登記，是屋主正式持

有的資產[10]。具所有權，可永久使用，以及可做為財產來繼承，和只供「使用」的共享經濟（p.99）有很大的差異。

案例 1　噴射機的分散式所有權

分散式所有權最具代表性的案例之一，就是「噴射機的分散式所有權」。商務噴射機一架動輒數億日幣，還有機師的人事費用、機棚的維護

※10 通常別墅等不動產會有一週時間列為管理維護之用，故可用來銷售的時間是 51 週以下。

費用，以及飛機的修理費用等，林林總總加起來，每年要花上億日幣，況且大多數人並不會那麼頻繁地使用。像這樣的高價財物，若能以分散式所有權來操作，就能大幅降低擁有者的持有成本。

目前在全球幾家銷售噴射機分散式所有權的業者當中，有一家標榜低價新秀——Jet It。該公司的創辦人威薩爾・海爾瑪斯（Vishal Hiremath）和葛倫・岡薩雷斯（Glenn Gonzales）在航空業界的資歷很深，曾於本田飛機公司（Honda Aircraft Company）的銷售團隊任職。

Jet It 讓多位持有人共享一架由本田打造，要價約 5 億 4 千萬日幣的「本田噴射機」（Honda Jet）。一架噴射機若以 5 人來操作分散式所有權，那麼每人每年可使用的天數就是 55 天，平均每小時的使用費為 1,600 美元

圖：Jet It 的分散式所有權模式

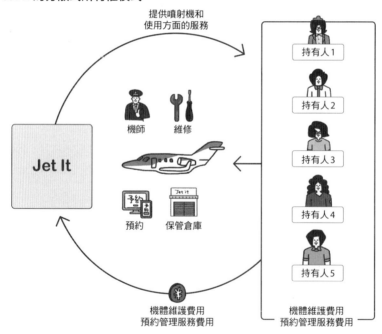

提供噴射機和
使用方面的服務

機師　維修

Jet It

預約　保管倉庫

持有人 1

持有人 2

持有人 3

持有人 4

持有人 5

機體維護費用
預約管理服務費用

機體維護費用
預約管理服務費用

（約 17 萬 5 千日幣）。持有人若想使用比持分占比更長的時間，亦可以小時為單位額外付費。Jet It 還負責包下機師和維修技師，因此包括不使用噴射機的期間在內，持有人都不必長期聘用相關人力。

案例 2　**XIV**

XIV 是由 RESORT TRUST 經營的會員制度假飯店，在輕井澤、山中湖、箱根等日本數一數二度假勝地，擁有多家飯店。他們提供一年可住宿多日的分散式所有權，也就是「分時享有機制」（time Share），由 14 位屋主共同持有一間客房的會員權，每年保障住宿 26 晚。

這一套服務的獨特之處，就在於它的會員權和使用權形態。持有人會

圖：XIV 的分散式所有權模式

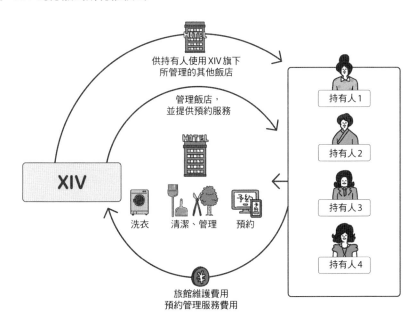

擁有某一家飯店的會員權,但在使用上,則不限於自己持有的飯店。只要想入住的日期有空房,持有人亦可下榻在其他同等級的飯店。XIV 在日本全國各地共有 27 家飯店,其中不乏名留史冊的知名旅館,或在文學鉅著曾出現過的旅館舊址再興建旅宿,成功與其他競爭者做出了區隔。

分散式所有權的成立條件

(1)即使持有物品再高價,也有服務方面的需求

　　雖說以「分散式所有權」形式供應的商品確實高價,但就「比單獨持有的成本下降許多」,以及「所有權可出售」這 2 點而言,它對於想使用這些商品的顧客而言,的確可以說是具妥適性的商業模式。

　　以持有私人專機為例,灣流(Gulfstream)的飛機光是機體就要價 20 ～ 60 億日幣,每年光是維護成本就要花上 2 ～ 3 億日幣。然而,若是像政要或企業高層這種特殊身分的人士,既需要嚴密的人身安全保護,又必須講求移動的方便性時,就算使用私人專機比搭乘一般航線的頭等艙還要昂貴,使用上還是有它的優勢。

(2)可發揮規模經濟的效益

　　分散式所有權是一套很簡單的機制,因此當競爭對手出現時,就有可能掀起價格戰。所以,若要與競爭者做出差異化,企業就必須端出「分割出售所有權」之外的其他附加價值。

　　舉例來說,美國的利捷(NetJets)是私人專機服務的鼻祖,擁有串聯全球 5,000 個城市的航線,並在全球雇用超過 600 位機師與機組員等,透過「規模經濟」(p.332)提升其價值。

（3）能以「功能取勝」，創造保有資產的差異化

　　在案例 1 當中所提到的 Jet It，在市場上屬於後發者。他們為了讓自己和競爭對手做出區隔，便向顧客大力強調本田噴射機的功能。舉凡「飛行速度快，能更早抵達目的地」、「機內毫無引擎聲」等功能，都很吸引商務客。

（4）透過資訊工具來管理並活用顧客數據資料

　　為滿足顧客的個別需求，彰顯服務的附加價值，企業必須在內部建構可運用顧客數據資料的系統。

　　除了最基本的顧客消費記錄管理之外，累積顧客消費時的需求細節（若是噴射機或飯店，可記錄備品需求及清潔內容等），可掌握顧客的潛在需求，成為創造差異化的新契機。

（5）人才確保與談判能力

　　提供高價商品與服務的分散式所有權事業要能成立，「在多個據點確保人才」（含全球各地）與「和當地政府之間的關係」，也是先決條件。此外，與各有關單位之間的談判能力，也很重要。舉例來說，提供商務噴射機的企業，要與各地公共機場談判使用事宜；提供度假飯店的企業，則要與各開發地區協商。企業必須懂得建構策略，以期與各方有關單位建立雙贏的關係。

分散式所有權的陷阱

　　分散式所有權的投資對象都是高價商品，業者如無法確實掌握使用服務的顧客規模大小和跳槽率，恐將蒙受鉅額虧損。對持有人而言，「資產

可轉手賣出」的確是服務使用上的一大優點；但對業者而言，這種出售時機很難掌握，尤其當持有人是企業法人時，業績變動也可能成為出售資產的契機，故管控收益高低的主導權，並不在業者手上。因此，度假飯店會將所有權賣給企業法人與個人客戶，以降低風險。

此外，經營分散式所有權的業者，往往會因為在員工的教育訓練和特殊職能上投資，而有固定成本偏高的傾向。這一點也是業者在導入分散式所有權時，需特別留意的地方。

套用前請先釐清以下問題：

☑ 面對高額的使用費，業者能否爭取到一定數量的顧客？

☑ 為提升顧客的便利性，業者是否能維持持有資產的規模？

☑ 是否已就顧客跳槽的風險做好準備？

參考文獻

• 〈起飛準備就緒！私人專機分散式所有權業者 Jet IT，首架 HondaJet Elite 交機〉（PR wire，2019 年）
  〔https://kyodonewsprwire.jp/release/201901182356〕

40

定額長期往來

訂閱制

個案研究 SHAREL、空氣衣櫃、NORERU

┌ KEY POINT ┐

• 以定期收取定額費用的方式,持續提供服務。
• 基本模式可分為「會員型」和「定額方案型」。
• 須活用顧客數據資料,打造新方案。

基本概念

　　所謂的「訂閱制」,是以類似「月費」的形態,由業者持續提供服務,而顧客則定期支付固定費用的一種收益模式。長期訂閱報紙或雜誌,可說是最典型的訂閱模式。

　　訂閱模式的主要特色如下:

● 業者明訂一定期間內的使用費,提供指定服務,持續從中賺取收益。

● 採「固定價格契約」制,故可降低企業為爭取收益所付出的成本。

● 須提供吸引顧客選擇定期契約的誘因,例如價格折扣或附加服務等。

　　訂閱制可分為 2 種,分別是「會員型」和「定額方案型」。

　　所謂的「會員型」,是每月支付一定金額的會費,就能無限使用的服務。健身房就是一個很代表性的案例。

　　而所謂的「定額方案型」,是依使用的服務內容而訂定價格,在一定範圍內可盡情享用的一種服務。

　　不論是哪一種訂閱模式,都有很多企業選用,做為一種爭取穩定收益

的價格策略。

新的訂閱服務

2000 年代以後出現的新式訂閱服務，可說是一種「在產業結構轉變下應運而生的進化型訂閱模式」。進化型的訂閱模式有以下種類：

1 雲端活用型

由於雲端技術的發達，使得供應成本降低，於是才有機會發展出來的一種商業模式，影音播放平台等服務是它最具代表性的案例。這些都是你我在生活當中，會想「開著讓它播」的內容。業者蒐集了許多作品，規畫出可以盡情欣賞的定額服務，以提高顧客在使用上的便利性。自 2019 年起，蘋果和 Google 也推出了月費式的遊戲平台服務等，讓雲端活用型的訂閱服務類型發展得越來越多元。

圖：進化型的新訂閱模式

1.雲端活用型	2.使用經濟型
隨時欣賞喜歡的作品	歸還後可再無限次租借（亦可長期租借）

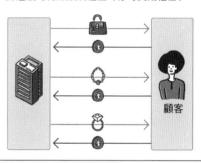

3.顧客終身價值型	4.連網（IoT）型
機器租借和月租服務的搭配	顧客可盡情使用業者根據數據資料所提供的個人化服務

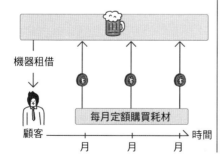

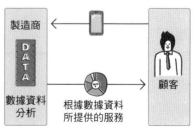

2 使用經濟型

共享服務（p.99）的定額版本。早期會買下來持有的物品，現在改成無限借用的服務。例如日本的「SHAREL」，就是專為女性所規畫的時尚配件租借服務，以每月 4,800 日幣（未稅）的價格，供顧客使用 55 個知名品牌（本書撰寫時）的包包和珠寶。其他像是汽車、家電等多種商品的定額服務，也都已經陸續問世。

3 顧客終身價值型（customer lifetime value，LTV）

LTV 型是一種藉由顧客持續使用服務而賺取利潤的商業模式。例如日本麒麟啤酒公司所推出的定額服務「Home Tap」，就是先在顧客家中免費安裝啤酒機，之後每月收取使用費 2,900 日幣（未稅），配送 2 次啤酒到府。它和刮鬍刀模式（p.166）最大的差異，在於顧客不是每次需要時才購買，而是定額付費。

4 連網型

連網型的訂閱模式，是透過專用的應用程式，為顧客提供個人化服務的商業模式。例如雀巢咖啡所提供的「雀巢健康大使」（Nestle Wellness Ambassador）服務，就是依每位顧客的個人需求，定期（每月、隔月）配送內含健康成分的飲料膠囊。

案例1　**空氣衣櫃**

空氣衣櫃（airCloset）是一項「連網型」的服務，顧客只要每月支付定額費用，就可租借由造型師依顧客特質所挑選出來的服飾。該平台會員有 30 萬人（2020 年統計數據），主要為 20 ～ 30 多歲的女性。資費部分

則有每月只可租借 3 件的「輕省方案」（6,800 日幣／月），和每月可無限次租借的「標準方案」（9,800 日幣／月）。

顧客只要在註冊成為會員時，輸入自己穿的服裝尺寸、體型特色、喜歡的顏色、想嘗試的服裝等項目，企業就會根據這些資訊，挑選服裝配送到顧客家中。

空氣衣櫃的強項，在於它的專業人脈（特約品牌和特約造型師的質與量）和顧客數據資料管理的搭配。

空氣衣櫃的特約品牌逾 300 個，更有超過 200 位特約造型師，對提升服務品質貢獻良多。此外，該公司除了握有顧客的基本資料之外，還將顧客給造型師的建議、意見，以及在歸還衣服時留下的訊息等，全都建檔管理，運用在數據分析上。

在訂閱模式中，只要產品調度和數據應用搭配得宜，就能同時做到「提升顧客滿意度」和「降低企業業務成本」（掌握顧客需求、挑選產品所需的時間）。而空氣衣櫃就是運用這個優勢，不斷成長茁壯的事業。

MEMO

傳統的訂閱模式，走的是企業以划算的價格提供服務，以喚起顧客需求的「價格策略」路線。2000 年代以後所發展出來的訂閱模式，則是「雲端應用」與「使用經濟」等趨勢，帶動了「從擁有到使用」的概念變化興起，而企業為了做出因應，才催生出了這些新的附加價值。

圖：空氣衣櫃的訂閱模式

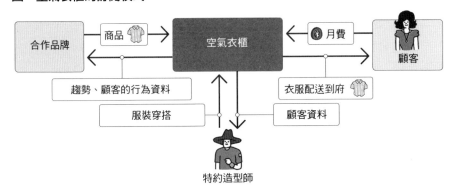

案例 2　**NORERU**

日本大型二手車商格列佛（Gulliver），自 2016 年起啟動了一項新的服務，那就是可以月租形式租用汽車的「使用經濟型」訂閱服務。每月只要 5 萬 9 千 8 百日幣起，就能租用汽車，而且月費內含車險、各項稅費與驗車等維護成本。顧客不僅可選擇駕駛新車或二手車，還能開跑車、廂型車等車種，也可挑選車體顏色，甚至還可以每月改開不同的車款。

NORERU 隸屬於格列佛集團，手上的二手車庫存應有盡有，所以才能做到這樣的服務。近年來，汽車銷量銳減，中古車商為求生存，也改將商業模式從擁有轉型為使用。NORERU 就是一個很好的例子。

訂閱的成立條件

（1）可維持一定數量的顧客規模

訂閱模式是使用的顧客越多，越有機會賺進更多收益。因此，能否爭取到一定程度的顧客規模，大大地影響訂閱模式發展的成敗。單純只是供

應商品，有時會讓顧客認為服務的價格偏高。因此，要讓顧客願意持續付費，就要巧妙地提供一些附加服務或折扣優惠。一般而言，維持現有顧客的成本，會比爭取新顧客來得低，所以只要有一定程度的顧客基本盤，就有機會發展成為穩定的事業。

（2）需有可圓滿完成「顧客任務」的附加服務

克雷頓 · 克里斯汀生（Clayton M. Christensen）在「用途理論」（Theory of Jobs to Be Done）當中，提出「顧客還有『想完成的任務』，所以才使用我們的產品或服務」的論述。進化型訂閱模式的特色，就是不只要有價格策略，還要能了解「顧客想透過產品傳達什麼？」並把顧客想追求的東西，當做附加價值來提供。

訂閱的陷阱

在發展訂閱模式的過程中，企業必須精算要達到多少顧客規模，才能打平產品成本，進而維持穩定的收益循環。這和企業使用的商品素材有很大的關係。小眾產品的顧客規模原本就有限，像這樣的小型市場，就不適合發展訂閱模式。

另一方面，像日本的「Amazon 定期購」，銷售的就是洗衣精或文具之類的消費品或消耗品，較不受顧客的喜惡、偏好影響，故可望爭取到一定程度的續訂。

此外，訂閱模式還有一個很大的陷阱，那就是「阻止不了顧客退訂的決策」。尤其像是內容產業這種顧客喜好和業者品項容易出現落差的產業，更要特別留意。

還有，在訂閱模式當中，如果退訂方法太過輕而易舉，將導致顧客數

波動，但也不能因此就設計得過於複雜，否則將引發顧客不滿。

套用前請先釐清以下問題：────────────────

☑ 有無足夠需求，可讓企業爭取到「願付固定費用的顧客規模」？

☑ 能否透過定額制來降低成本？

☑ 能否建立一套機制，以便持續提供服務？

☑ 能否祭出顧客認同的價格與服務優勢？

参考文獻

• 根來龍之〈商學院式知識軍備講座為什麼訂閱型商業模式在增加？關鍵字：產業結構的 4 個變化〉
《PRESIDENT 雜誌》（2018 年 11 月 27 日出刊號）

41

追加銷售，再賺一筆
擴充加值

個案研究 廉價航空、IBM SPSS、婚禮產業

┌─ KEY POINT ─┐

- 透過追加銷售來提升收益的機制。
- 光以產品或服務的基本部分，無法滿足顧客需求時最有效。
- 附加價值與價格設定尤其重要。

基本概念

　　所謂的「擴充加值」，是透過某項商品或服務的「追加銷售」，來提升收益的機制。舉例來說，通常日航（JAL）和全日空（ANA）等航空公司的機上服務，費用其實都包含在機票票價當中，因此飲料、餐點都是免費提供。而低成本航空（Low-cost Carrier，簡稱 LCC）樂桃的機票票價，就比 JAL 或 ANA 便宜，但機上的飲料、餐點都要另外收費。最便宜的「Simple Peach」機票，甚至連托運行李都要收費。

　　再者，像是在統計分析軟體「SAS Analytics Pro」當中，除了有軟體本身可以做的統計分析之外，還有付費選項「統計分析 add on」，可進行更高階的統計分析或分時預測等。

　　在擴充加值當中，在基本商品（或服務）之上會再追加的，多半是以下這些選項的其中之一。

- 與商品或服務的基本部分互補，有助於讓原有的功能更充實。
- 相較於基本商品或服務，附加價值更高。

> **MEMO**
>
> 免費模式（free）的其中一種形態「直接交叉補貼」（p.313），也是一種
> 擴充加值。例如社群遊戲的收費道具，就可說是一種擴充加值。

企業選用擴充加值模式的原因

　　企業會選用擴充加值模式的原因，是為了提高從「現有顧客」身上賺
取到的收益。通常，企業在開發新顧客時，需耗費相當多的成本與時間。
因此，企業便針對這些已在使用自家產品的顧客（或是有意使用的顧
客），進行追加銷售，期能更有效率地賺取收益。

　　再者，企業若想一次就滴水不漏地滿足所有顧客的需求，必須打從一

開始湊齊所有產品。例如前面提過的 SAS，如果想用一套產品應付所有統計分析，那麼它將會是一套價格昂貴、功能多元的軟體，或許就只有一些特定族群願意購買——這對企業來說，將是一大風險。

從企業的角度來看，擴充加值模式可說是透過「讓顧客自選追加選項」的策略，以期能確實賣出基本方案的機制。

案例1 IBM SPSS

SPSS 是 IBM 供學術研究及顧客分析等領域使用的統計分析軟體。在 IBM 的作業系統 IBM SPSS Statistics 當中，有一個按月收費的基本方案「Base Subscription」，只要月付 13,800 日幣起，即可使用。用這個基本方案，顧客可以跑因素分析、集群分析和線性迴歸等基本的統計分析。

除此之外，IBM 還準備了 3 種更精密的統計分析服務，顧客只要每月多付 11,000 日幣即可使用（請參考下圖，價格方案為本書撰寫時之資訊）。

圖：IBM SPSS Statistics

Base Subscription
13,800 日幣～（未稅）
（平均每為使用者的月費）

基本部分　基本的統計分析

Custom Tables、Advanced Statistics etc.
11,000 日幣～（未稅）（平均每為使用者的月費）

Complex Samples、Conjoint etc.
11,000 日幣～（未稅）（平均每為使用者的月費）

Fore casting、DecisionCustom Tables、Advanced Statistics etc.
11,000 日幣～（未稅）（平均每為使用者的月費）

擴充加值部分　可做更精密的統計分析

婚禮產業（婚禮、婚宴產業）是很典型的擴充加值收益模式。通常，業者會依婚禮、婚宴的參加人數、日期、地點、供應餐點等條件，為新人準備一份「基本方案」，並開出報價。

另一方面，服裝、髮型、典禮表演、裝飾、花藝、紙類文件用品、餐點飲料的升級等，都可依顧客的喜好或實際狀況選擇，費用也會因選項多寡而往上加。

擴充加值的成立條件

（1）光有基本部分，無法滿足所有顧客的需求

擴充加值要成立，最重要的條件，就是光有企業所提供的基本產品、服務，無法滿足所有顧客的需求。從本項目當中所介紹的低成本航空（LCC）、統計軟體和婚禮產業當中，你應該不難明白：業者透過追加提供擴充加值的部分，來讓產品、服務達到客製化，以滿足顧客的需求。

（2）相較於基本部分，擴充加值部分具有足夠的附加價值

相較於基本部分，擴充加值部分具有足夠的附加價值——這也是一個相當重要的關鍵。若須額外付費的部分和基本部分沒有差異，便無法激起顧客付費的意願。

（3）擴充加值不會拉低企業收益

要是因為追加了擴充加值的部分，而使得企業的收益性（獲利率）降低，那就沒有意義了。因此，企業所選擇的擴充加值方案，其成本不能比

提供基本部分所需的成本高出太多。

擴充加值的陷阱

如前所述，若擴充加值部分並沒有比基本部分多出一些附加價值，顧客就不會選擇擴充加值方案。此外，如果擴充加值部分設定得太貴，恐怕顧客會選擇在使用完基本部分之後就結案。

還有，倘若企業所提供的產品，在基本部分的功能就相當完善，便無法製造出選擇擴充加值方案的誘因。

套用前請先釐清以下問題：

☑ 光是產品的基本部分，能否滿足顧客的需求？
☑ 針對擴充加值的部分，能否準備多個方案？
☑ 相較於基本部分，擴充加值部分是否更具附加價值？
☑ 加值部分的價格設定是否妥適？

42

留住顧客與持續使用

顧客忠誠度計畫

個案研究 哩程累積服務、星巴克、樂天

KEY POINT

- 依消費內容提供點數，對企業和顧客都有利。
- 設計會員制度，以便與顧客持續溝通。
- 需針對未使用點數需提撥準備金，恐將造成公司資產壓力，需特別留意。

基本概念

　　所謂的「顧客忠誠度計畫」，是依消費金額或顧客等級提供點數或服務，藉以留住顧客，促使顧客持續使用企業產品或服務的收益模式。在此，我們主要將探討的是提供點數的服務。

　　這個收益模式最具代表性的例子，就是航空公司的哩程累積服務。美國航空領先全球，在 1981 年展開了一項名叫「AAdvantage」的服務。他們會依旅客的飛航距離，賦予一種名叫「哩程」的點數，累積一定點數之後，就可兌換機票，還有套裝行程、飯店住宿券等多種回饋顧客的優惠。當初推動這項計畫的契機，原本是為了避免業績下滑，沒想到竟意外因為導入了哩程服務，成功爭取到會員，更拉抬了會員回頭使用的頻率。

　　我們已經知道，這種累積點數的服務能有效地留住顧客。尤其是無法直接在價格上給折扣的行業，更是有效。

　　此外，企業可透過「點數有效運用建議」的形式與顧客溝通，就建立長期的顧客關係而言，是非常重要的工作。點數的贈送、兌換，並不只是單純取代折扣而已。蒐集顧客的需求，以優化服務的相關活動，是培養顧客忠誠度的重要元素。

案例1 星巴克

　　美國知名咖啡館連鎖星巴克，透過應用程式提供一套「星禮程」（Starbucks Rewards）服務，依顧客消費金額提供一種被稱為是「星星」（star）的點數，並依星等提供優惠給顧客。

　　顧客凡消費滿 54 日幣，就可獲得 1 顆綠星；集滿 250 個顆綠星，就

圖：星巴克的「星禮程」機制

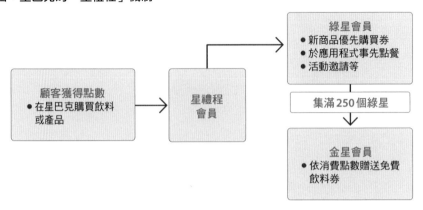

可升級為金星；金星累積到一定數量後，就可獲得免費飲料兌換券。

除此之外，星巴克還提供了許多會員優惠服務，例如新商品的優先購買券，或可透過應用程式事先點餐等。

案例 2　樂天點數

樂天所發行的「樂天超級點數」，是依顧客在樂天市場、樂天旅遊和樂天卡（信用卡）等平台的消費狀況，提供點數的一項服務。累積的點數可以 1 點換 1 日幣，除了可在樂天相關的服務平台上使用外，還可於電影院、便利商店、餐廳和百貨公司等外部企業使用。光是在日本國內，樂天的會員人數據說就有逾 1 億人以上，對於那些特約的外部企業而言，可因為「規模經濟」（p.332）的效應，而享受到顧客導流的好處。

在鼓勵顧客回流消費的「消費次數包圍」方面，樂天超級點數的效果非常卓著；不僅如此，它還能築起「品類包圍網」，鼓勵顧客一併使用樂天旗下五花八門的服務，包括樂天公司所經營的樂天市場、旅遊、不動產

和金融等。顧客因為使用樂天旗下所經營的多種服務，而獲得許多點數優惠，於是便會更進一步參與在樂天經濟圈裡的行動。

就這樣，樂天成功地將培養、提升顧客忠誠度的策略，與顧客在樂天經濟圈的活動，緊密地串聯在一起。

顧客忠誠度計畫的成立條件

（1）企業旗下就有可供集點兌換的產品或服務

要透過累積點數服務來鼓勵顧客持續消費時，可用點數兌換的自家商品或服務夠不夠吸引人，以及種類是否多樣，至關重要。

（2）能提供多樣的服務

若能透過累積點數的服務，提供一些「平常拿不到的產品或服務」，例如限量贈品，或航空公司的優先登機禮遇等，對顧客而言，保持會員身分就會變得更有價值。

（3）可建立與外部企業合作的網絡

想邀請外部企業加入自家公司的累積點數計畫，需提出對合作對象有利的條件與資源，例如「擁有龐大的客群」、「擅長經營高資產客群」等。

顧客忠誠度計畫的陷阱

對企業而言，顧客忠誠度計畫的風險在於必須針對顧客尚未使用的點數提撥「準備金」。實際上，日本電信業者已贈送出去，但「尚未兌換的點數」，總金額已逾 1,000 億日幣。這些點數都是虛擬貨幣，更是「顧客

寄存的錢」，要是金額過度膨脹，恐有造成企業資產壓力之虞，應特別留意。所以，在規畫將累積點數服務加入自家企業的商業模式之際，設計「該如何讓顧客願意使用點數」的機制，也是相當重要的一環。

套用前請先釐清以下問題：

☑ 能否以合理的點數贈送率，贏得顧客的滿意？
☑ 有無充裕資金，可供建構管理顧客數據資料和資訊系統？
☑ 能否找到一些吸引顧客想持續兌換的商品？
☑ 能否持續增加合作夥伴，成為一個累積點數的平台業者？

43

将品牌與智慧財產賣給其他企業

授權

個案研究 迪士尼、安謀、萬代南夢宮、日產汽車

┌ KEY POINT ┐

- 將自家品牌或智慧財產出售給其他企業的收益模式。
- 必須是被授權人認為有吸引力的品牌或智慧財產。
- 仔細審閱合約是一大關鍵。

基本概念

　　所謂的「授權」，是企業有償提供自家擁有的品牌（商標權）或智慧財產給其他企業，以賺取收益的一套機制。提供品牌的企業，就是所謂的「授權人」；而付授權費使用該品牌名稱者，我們稱之為「被授權人」。

　　迪士尼就是一個成功發展授權模式的案例。他們將自家企業所擁有的品牌（迪士尼的卡通角色），授權給文具或成衣製造商，以賺取收益；而文具或成衣製造商在製造、銷售迪士尼卡通角色的產品時，都要付授權費給迪士尼。

　　授權較具代表性的案例，的確是像迪士尼這樣，透過卡通角色或品牌提供來進行授權，但其實它的範圍還不僅如此。例如透過授權，將專利等智慧財產權提供其他企業使用的案例，也不在少數。

　　舉例來說，近來軟體銀行集團決定要賣出持股的英國企業安謀（Arm），是一家設計半導體晶片主要技術的企業。他們的事業核心，就是在進行技術的授權。說得更具體一點，安謀除了把自家技術提供給超過1,500 家的特約客戶，賺取授權收入之外，當被授權人利用這些授權技術，成功開發出產品、技術時，安謀仍可持續賺進權利金收入。

授權的 3 大優點

授權有以下 3 個優點：

第 1，擴大收益、加速投資回收：不光只是自家企業運用品牌或智慧財產發展事業，還能向其他企業收取權利金，以早日讓事業出現盈餘。

第 2，解決人員與設備上的課題：若只有自家企業運用品牌或專利，仍無法壯大事業規模時，就可透過提供授權來克服這個問題。

第 3 個優點，是讓自家技術或品牌在市場上普及。透過授權給其他企業，讓自家的技術或品牌在市場上開枝散葉，進而將自家技術推升為事實標準（p.357），並力圖強化品牌力。

> **MEMO**
>
> 授權有一種所謂的「交互授權」（cross licensing），是由多家企業對彼此（cross）的品牌或智慧財產，提供授權的一種方法。例如卡普空（Capcom）和COLOPL，就在線上遊戲方面的專利上交互授權彼此使用。

案例 1 萬代南夢宮集團

　　銷售遊戲和玩具的萬代南夢宮集團（BANDAI NAMCO），握有好幾個著名的卡通角色，例如超人力霸王、鋼彈、麵包超人、光之美少女等。他們以這些作品的智慧財產權（intellectual property，簡稱IP）為主軸，對推動授權給其他業者使用的業務，也著力甚深。

　　目前市場上已有許多運用萬代南夢宮智慧財產權所製成的商品，例如麵包超人的繪本、光之美少女的服裝等。萬代南夢宮也在公司內部成立了IP創意事業，負責版權的創作與管理等，以賺取授權相關收入（於撰寫本書時，該事業部營收約220億日幣）。

圖：萬代南夢宮的授權事業

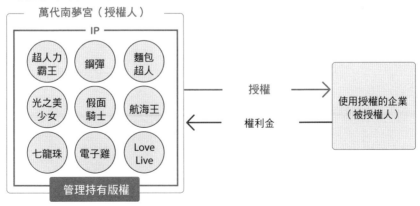

日產汽車進行的是技術方面的授權。原本汽車就是零件的集合體，使用到的零件據說超過 3 萬個，可說是先進技術的結晶。日產汽車透過「日產技術授權」，提供給各業界廠商包括汽車馬達、座椅用的皮革、機械助力臂、聲音感測器、不易刮傷的防水漆等方面的技術授權。例如他們將用在汽車扶手上的合成皮革素材授權給生產高爾夫球袋和沙發的企業，不易刮傷的防水漆技術，授權給行動電話的裝置製造商，授權範圍相當廣泛。

授權的成立條件

（1）擁有具吸引力的品牌或技術

用來授權的品牌或智慧財產，對被授權人而言是不是具吸引力的品牌或技術，至關重要。

（2）授權人的競爭力不會因為授權而降低

授權人的競爭力，不能因為授權而降低，這一點非常重要。智慧財產通常是企業的核心資源或能力，若是因為將品牌或技術提供給其他業者，而導致企業本身的競爭力降低，那就沒有意義了。

授權的陷阱

用來授權的品牌或智慧財產，是否能得到被授權人的妥善運用，是一個很重要的問題。舉例來說，萬一被授權人推出了有損授權人品牌價值的產品，或技術運用錯誤，導致與被授權人的顧客之間產生糾紛，是授權人

可能面對的風險。此外，被授權人是否會將技術外流，也是一大風險。

　　因此，在進行授權之前，需要訂定縝密的授權合約。此時，授權人與被授權人應具體約定授權標的，使用方法與範圍，以及授權期間、權利金等事宜。

套用前請先釐清以下問題：

☑ 有無可供授權的品牌或智慧財產？
☑ 提供授權的品牌或智慧財產，對被授權人而言有沒有吸引力？
☑ 授權是否會降低自家企業的競爭力？

参考文獻

• 〈安謀公司 2019 年 3 月期第 1 季法人說明會資料〉〔http://cdn.group.softbank/corp/set/data/irinfo/presentations/results/pdf/2019/softbank_presentation_2019_001_004.pdf〕

44 一魚多吃
多元發行窗口

一魚多吃

個案研究 電影產業、紙本雜誌與網路雜誌

┌ KEY POINT ┐────────────────────────────

- 一部作品於不同時期或媒體多次上映，將收益放大到極致。
- 即使在最早進軍的市場上無法回收投資，也能階段性的賺得收益。
- 要將收益極大化，關鍵在於依產品生命週期所擬訂的發行計畫。

基本概念

所謂的「多元發行窗口」，是指一部作品於不同時期或媒體多次上映，將收益放大到極致的一套機制。這一套模式主要是用在電影或動畫內容作品上。

「窗口」名字的由來，是因為「電影作品要上映或播放時，會調整螢幕或畫面尺寸（縮小或放大）」（木村，2011）而來。以電影作品為例，一開始會先在大型影城上映，接著再於電視台播放，或銷售 DVD、藍光光碟等。利用這樣的方式，調整發行時期與媒體，以賺取長期的收益。

多元發行窗口的主要特色有以下 2 點：

- 調整作品的發行時期或媒體，以賺取長期的收益。
- 讓二次使用的平台種類（通路）更多樣化，就能擴大市場。

案例 1 電影產業

　　多元發行窗口的做法，始於美國的電影產業。電影作品先是在都會區的大影城上映，接著再到二輪影院、鄉鎮影院等地點播映，藉由上映順序的時間序列變化，拉長發行業者能賺到收益進帳的時間。1930 年代以後，由於電視的普及，遂將電視播映也納入多元發行窗口。後來隨著技術的進步，發行窗口又拓展到錄影帶、DVD 等影音產品，以及近來的串流平台。

表：影像軟體在主要媒體的市場規模（2017 年日本）　　　　　　　　單位：億日幣

	戲院上映	影碟銷售	影碟出租	無線台播放	衛星台播放	CATVIPTV	通訊網路
影像作品	2,286	350	1,231	332	611	328	2,529
錄影作品		1,309	441				2,579
無線台節目		255	1,709	23,735	500	1,301	624
衛星、CATV 節目				205	4,290	3,678	862

【資料來源】〈媒體、軟體之製作與流通實態研究〉（2019）總務省資訊通訊政策研究所

如此豐富的發行通路，也是多元發行窗口的特色之一。目前在日本，幾乎所有電影作品的影院票房，都不如多元運用加總起來的總收益多。因此，內容產業的投資回收，都是以多元發行窗口的商業模式為前提。

案例2　文春 on-line 與週刊文春

　　由文藝春秋社所發行的老牌新聞週刊《週刊文春》，在 2017 年 1 月發行了網路雜誌《文春 on-line》。網路版除了有和紙本相同的報導之外，還提供獨家報導。

圖：文春 on-line 和週刊文春所建構的多元發行窗口

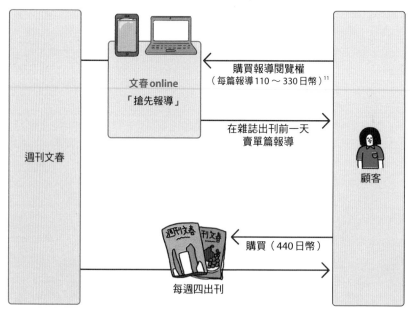

※11 雜誌、報導皆為本書撰寫時的金額（含稅）

週刊文春有每本 440 日幣的賣斷模式，搭配廣告模式複合運用。而文春 on-line 的收益，則是來自於網路上那些刊登在報導版面上的廣告，以及讀者閱覽收費文章時，依量所付的費用。緋聞八卦則有在紙本出刊前一天上架的「搶先報導」服務，每一則報導約 110 ～ 330 日幣。紙本週刊和網路雜誌分別在不同的時間，透過不同的媒體平台來爭取收益，堪稱是數位時代下的多元發行窗口模式。

多元發行窗口的成立條件

用一部作品創造出更多衍生利潤的「多元發行窗口」（尤其是影像作品）模式中，「事前宣傳投資」和「認清產品生命週期」是重要的關鍵。

以電影產業為例，「讓首輪熱賣，提升認知度」有助於提升二次及後續使用的收益；網路報導則是「話題熱度高的緋聞八卦」，有助於衝高購買人數。這樣的特質與規模經濟（p.332）和範疇經濟（p.337）也有關係。

二次及後續使用所帶來的播放、上架權利金，會因為在哪個媒體、依何種順序安排發行窗口期，而影響企業的收益。因此，依產品生命週期安排發行期程，以及媒體選擇策略，對業者來說尤其重要。

多元發行窗口的陷阱

「內容」是與撰寫人、演出人、樂曲提供人、美術提供人等多方著作權人相關的產品。因此，套用多元發行窗口時，必須「妥善處理權利」，否則恐怕無法創造收益。在作品展開製作之際，就明確訂定出權利歸屬、二次及後續使用的窗口及手續費，還有收益分配率等條件，是發展這一套商業模式的前提。

套用前請先釐清以下問題：────────────────────────────

　　☑ 能否在首輪發行時就贏得一定程度的認知？

　　☑ 作品能否在多個通路上架流通？

　　☑ 能否依發行後的不同時期與通路，設定合理的費用？

　　☑ 能否妥善處理著作權方面的權利問題？

参考文獻

・ 木村誠〈動畫產業的基本模式〉高橋光輝、津堅信之編《動畫學》p.115 - p.151（NTT 出版股份有限
公司，2011 年）

45

天下沒有白吃的午餐

免費

個案研究 電視播映、LINE、BASE、推特

┌ KEY POINT ┐

・與產品、服務免費化有關的收益模式。
・分為直接交叉補貼、3方市場、免費增值和非金錢市場這4種類型。
・除了免費的部分之外，還要有能賺取收益的付費部分。

基本概念

近年來崛起的各項網路事業當中，供人免費使用的服務越來越多，例如智慧型手機的應用程式，絕大多數都可免費使用。不過，站在企業的立場，光是免費提供產品或服務給顧客，無法賺得收益。在「免費」的背後，企業一定還有別的方法可以爭取收益。於是我們把這些在網路上免費提供各種內容的收益模式，統稱為「免費模式」（Free）。

根據克里斯・安德森（Chris Anderson）的論述，免費模式可分為以下這4種：

1 直接交叉補貼

所謂的「直接交叉補貼」（Cross Subsidies），是指為了讓某項產品或服務賺得收益，刻意免費（或以極低的價格）供應其他商品的手法。例如日本的富士急樂園，就是以「入園免費」為號召，靠著遊樂設施或餐飲服務來爭取收益。其他像是基本部分免費的社群遊戲，另有一些付費道具或追加關卡等的收入進帳，也是屬於直接交叉補貼的案例。

② 3方市場

所謂的3方市場（Gift Economy），就是有2方在市場上進行免費的產品或服務往來，而市場上的費用（收益），則另由第3人負擔。例如在一般的民營電視台當中，電視台和觀眾之間並沒有利益上的往來（兩方交易），但廣告主會支付電視廣告的費用給電視台（第3人負擔）。

③ 免費增值

所謂的「免費增值（freemium）」，就是用收費會員所付的費用，讓包括免費使用者在內的整個服務機制得以成立的收益模式。例如當智慧型手機的應用程式有免費版和收費版時，業者就是用那些從收費版使用者身上賺來的收益，來支撐免費版的服務。有關免費增值的詳細內容，我們會在p.320再做仔細解說。

4 非金錢市場

　　所謂的「非貨幣市場（Nonmonetary markets）」，指的是免費提供產品或服務，不期待對價。例如維基百科就是一種非貨幣市場型的收益模式。然而，實務上也有些個案是仰賴募捐等方式，以籌措營運資金。

> **MEMO**
>
> 免費模式的 4 種分類，是由長尾理論（p.149）的倡議者克里斯‧安德森（Chris Anderson）在他的著作《免費！揭開零定價的獲利祕密》（*Free— The Future of a Radical Price*，NHK 出版）所提出。

多種免費模式的搭配組合

　　免費模式雖有以上 4 種，但在實務上，並不是每一項產品或服務，都只能套用一種免費模式。很多時候，反而是仰賴多種免費模式的搭配組合，才能有收益進帳。

　　例如 LINE 就是採用免費模式，但支撐 LINE 收益表現的，有使用者在遊戲上的消費（直接交叉補貼）、企業的廣告收入（3 方市場），以及 LINE MUSIC 的付費方案（免費增值）等，種類繁多。

　　綜上所述，企業在規畫實際商業模式時，須預先設想多種免費模式的搭配組合。

　　此外，免費模式在「網路外部性」（p.352）可奏效的事業當中，效果尤其顯著。所謂的「網路外部性」，是指一項產品或服務的屬性，導致使用者多寡會比功能或品質更能影響事業成敗，又或是指這樣的現象。盡早突破關鍵多數（Critical Mass，請參考以下 MEMO）固然重要，而免費模式就是用來突破關鍵多數的一項利器。若能以「免費」為號召，降低使用

者的進入門檻，企業就能匯集到更多的使用者。

案例 1　BASE

　　BASE 是電商網站創建服務，即使是毫無相關經驗的個人，也能免費
開出線上商店。在這裡，只要挑好設計模板，人人都能輕鬆地在網路上開

圖：BASE 的收益模式

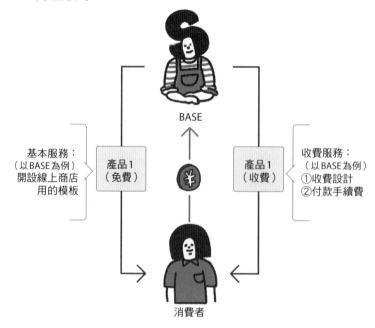

基本服務：
（以BASE為例）
開設線上商店
用的模板

產品1
（免費）

BASE

產品1
（收費）

收費服務：
（以BASE為例）
①收費設計
②付款手續費

消費者

店。此外，BASE 網站上也針對講究設計的顧客，推出了收費設計模板的銷售服務。這種被稱為是「內容使用費」的收益模式，可說是「直接交叉補貼」免費模式當中的代表性案例。BASE 的收益來源，其實還不止這些收費的模板。使用者在 BASE 不必繳註冊費和月費，但在 BASE 售出商品時，每一筆訂單都要付「平台使用費」或「BASE 簡易結帳手續費」，而他們正是 BASE 的收益來源。

案例 2　**推特**

支撐推特的收益模式，是來自企業等客戶的廣告收入。換言之，我們可以看得出來：推特的收益模式，其實就是典型的 3 方市場。你在瀏覽推

圖：3 方市場模式

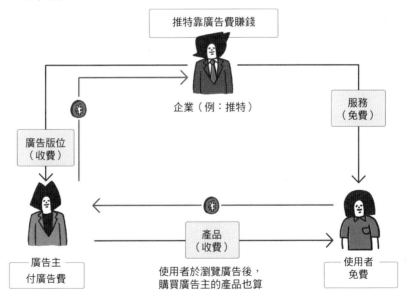

【資料來源】作者根據克里斯・安德森在《免費！揭開零定價的獲利祕密》、〈免費的真相〉《週刊鑽石》（2010 年 3 月 13 日號）等，調整部分內容後編製。

特時，應該都會出現一些旨在廣告的推文。它們就是所謂的「推薦推文」（Promoted Tweets）。推薦推文所帶來的收入，目前佔推特總收入來源的 8 成多。

關於廣告模式的部分，請你一併參考 p.326 的內容。

MEMO

> 除了網路產業之外，3 方市場模式也還有其他的案例。例如「了解咖啡」（SHIRU CAFÉ，限大學生進場的免費咖啡館）就會免費供應飲料給大學生，而這個事業，是因為有些想介紹徵才、求職資訊給學生的企業提供贊助，才得以成立。

免費模式的成立條件

在這裡，我們要來思考一下免費背後另有收益來源的免費模式〔P.313-314（1）～（3）的模式〕有哪些成立條件。

（1）除了免費部分之外，要另有可賺取收益的部分

首先，企業在免費部分之外，還要能提供一些負責賺取收益的產品或服務。如果非免費的產品、服務缺乏價值，那麼免費模式就不會成立。

（2）願意付費的使用者，要有一定程度的人數可期

免費模式要能成立，那麼「願意付費的使用者」人數，就要能支應免費服務的必要成本。如此一來，才有可能建立起一個奠基在「免費」之上的商業模式。

而上述這些成立條件的背景，在於近年來電腦硬體的售價下跌，以及

網際網路在全球普及，商品或服務的複製成本降低等，也就是大環境已整頓成「成本容易負擔的狀態」——這一點也不容忽視。

免費模式的陷阱

如前所述，免費模式要能成立，就必須用收費部分的收入，去支應免費部分所需的成本。因此，願意付費的使用者人數要足夠，否則整個事業就無法獲利。

再者，雖說是免費供應，但若產品、服務的功能、品質太過空洞殘缺，企業當然就要面對使用者變心跳槽的風險。

還有，倘若企業收費提供的產品或服務，其他競爭者竟開始免費供應時，便可能有顧客琵琶別抱的風險。

套用前請先釐清以下問題：

- ☑ 企業的產品或服務，是否符合 4 大免費模式的任一種？
- ☑ 除了免費部分之外，能否再提供其他有望收費的產品或服務？
- ☑ 能否運用多種免費模式的排列組合，創造穩定的收益來源？
- ☑ 免費供應的產品或服務，其品質是否具有足夠的吸引力？

參考文獻

- 克里斯・安德森（Chris Anderson）《免費！揭開零定價的獲利祕密》（平裝版）（NHK 出版，2016 年）
- 〈免費的真相〉《週刊鑽石》（2010 年 3 月 13 日號）（鑽石社，2010 年）

46

靠 5%的收費會員來確保收益
免費增值

個案研究 Dropbox、Radiko

┌ KEY POINT ┐

- 由「免費」(free) 和「優質」(premium) 所組成的混合詞。
- 包括免費會員在內的整個服務機制,都是仰賴收費會員貢獻的收益支撐。
- 要有具吸引力的服務,以吸引免費使用者轉型為收費會員。

基本概念

所謂的「免費增值」,就是用收費會員所貢獻的收益,撐起包括免費會員在內的整個服務機制。而免費增值(Freemium)這個詞,是結合「免費」(free) 和「高檔、優質」(premium) 而來的混合詞。

免費增值主要特色如下:

- 免費提供服務的基本功能(以爭取使用者)。
- 收費提供高階功能或高品質服務(收益來源)。

在免費增值模式當中,會免費提供基本功能的服務,以爭取使用者;另外再推出進階服務(高階功能或高品質服務),以賺取收益,支撐起包括免費使用者在內的整個服務。

換句話說,免費增值堪稱是成立在「用進階版收費服務使用者所貢獻的收入,來養免費使用者」前提下的一種收益模式。

在選用免費增值模式的事業當中,據說進階收費版的使用者人數,至多約莫是 5%上下(依商品、服務而略有不同)。

MEMO

免費增值是「免費模式」（p.313）的一種。

案例1 **Dropbox**

　　Dropbox 是為個人提供線上檔案儲存空間的一項服務。除了有供免費使用的「基本方案」（basic plan）之外，還有月付 1,200 日幣的「加值方案」（plus plan），以及月付 2,000 日幣的「專業方案」（Professional plan）這

圖：Dropbox 的收益模式

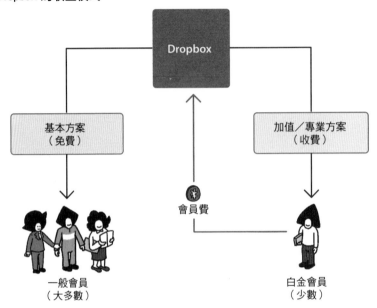

兩種進階版的服務。

　　免費版和進階版之間的差異，在於儲存空間容量大小，和對檔案的編輯權限等。舉例來說，若使用者選擇最高等級的專業方案，儲存空間的容量就會是基本方案的 1,500 倍，還可使用全文檢索功能，以及復原 180 天內的檔案。此外，基本方案限從 3 部裝置連上 Dropbox 帳號，加值方案和專業方案則不限數量，皆可連線。

　　據了解，購買付費版 Dropbox 的使用者，約佔整體的 2.5 ％前後。Dropbox 不只鼓勵個人用戶購買進階版，也深耕自由工作者和自營作業者，才得以持續成長。

　　Radiko 是透過網路串流播放日本國內廣播節目的服務，日本全國有超過 90 個廣播電台供應節目到這個平台上，人人都可透過智慧型手機或電腦，隨時隨地收聽一週內播放過的廣播節目。 不過，免費版有個限制，那就是只能收聽到「聽眾所在地的廣播節目」；想聽全國的廣播節目，就要成為付費的「Radiko 白金會員」（350 日幣／月）。目前 Radiko 的白金會員已有超過 70 萬人，他們繳的會員費，已成了 Radiko 的重要收入來源。

免費增值的成立條件

（1）免費版和進階版之間有明確的差異

　　免費增值要成立，業者必須提供進階版（收費版）的服務。進階版最好能比免費版的功能更強大，因此，進階版和免費版，或和其他業者類似服務相比，必須做出足以吸引顧客的差異化。

（2）合理的收費金額

　　對顧客而言，進階版的收費金額是否合理，至關重要。與此同時，業者還要進行使用者調查和競爭者服務調查，再設定使用者可接受的收費金額，這一點也不能輕忽。收費金額過高，使用者就不會改用進階版。

（3）提供進階版不需付出太高的成本

　　在開發、供應免費版時所產生的系統研發費用、人事費用和廣告宣傳費等成本，在企業推出收費版時，最好都不太需要追加。若提供付費版時不必付出太多成本，那麼只要進階版的使用者越多，企業的收益表現就會

越好。反之，若推出進階版時還需要再付出這些成本，那麼就無助於改善企業在這項事業上的收益，很難說是成功的免費增值模式操作。

免費增值的陷阱

當企業推出進階版服務時，若有其他企業免費推出價值相同，甚至是更有價值的服務，可能會讓使用者感受不到進階版的「附加價值」，導致進階會員退訂跳槽，或是新進階會員的人數成長趨緩。尤其當企業絕大部分的收益，都來自於進階版的服務時，會員人數減少，將直接衝擊該項事業的收支狀況，需特別留意。

例如多玩國（DWANGO）所經營的影音平台「niconico」，在 2017 年時，收費會員的人數竟由增轉減。當然這個現象背後的原因，有幾個可能。而其他影音平台的服務越來越充實，導致 niconico 的附近價值優勢受到撼動，也是可能的原因之一。

因此，在選用免費增值模式時，要特別緊盯那些免費提供比自家企業進階版更優服務的競爭者動向，也要在免費增值之外，另闢其他收益來源（收費內容或廣告收入等）。

套用前請先釐清以下問題：

☑ 企業能否推出一套顯然優於免費版的進階版服務？
☑ 企業能否在成本與免費版相去不遠的情況下，提供進階版服務？
☑ 除了**免費增值**以外，企業能否確保其他收益來源？

參考文獻

- 克里斯・安德森（Chris Anderson）《免費！揭開零定價的獲利祕密》（平裝版）（NHK 出版，2016 年）
- 〈Dropbox Announces Fiscal 2019 Third Quarter Result〉〔https://investors.dropbox.com/node/8001/pdf〕
- 〈廣播成為打動數位世代的新媒體？大學生分析 radiko 的營運狀況與新廣告商品〉〔https://markezine.jp/article/detail/30279〕

47

用梅卡菲定律來賺錢

廣告模式

個案研究 思播、付費排序廣告（Google、雅虎）

┌─ KEY POINT ─┐

- 為企業進行宣傳，以從中賺取利潤。
- 單價會依「廣告觸及數」或「觸及率」而定。
- 數位化的發展，讓個人內容網站也逐漸媒體化。

基本概念

所謂的廣告模式，就是為企業進行宣傳活動，以從中賺取利潤的一種收益模式。其中最具代表性的例子，就是電視和廣播。這些業者採行的，是免費提供服務給消費者，一方面則是向贊助商收取廣告投放費用，以賺取收益的廣告模式。

美國第一則刊登在報紙上的廣告，出現在 1700 年代初期。到了 1770 年代時，市面上不只有企業廣告，就連徵才廣告也躍上檯面。於是廣告費在報社獲利上的重要性，便跟著水漲船高。1841 年，全球第一家購買賣媒體版位的「廣告代理商」問世。而進入廣播和電視開台的 1900 年代以後，廣告市場才又更進一步地擴張。

過去以報紙、廣播和電視等大眾媒體為主流的時代，業者播放的是內容相同、供大多數消費者閱聽的廣告；到了網路普及的西元 2000 年代以後，業者也會運用網頁存取記錄等使用者數據資料，投放限定某些訴求族群的廣告。

廣告模式的主要特色如下：

- 透過提供價值給廣告主與消費者來獲取利潤。
- 對兩種顧客（使用者、贊助商）的價值主張不同。

自金融海嘯爆發過後，全球的廣告費支出一路攀升。就媒體別來看，以數位廣告的成長率最為突出，近幾年來都維持在 10%以上。

　　來自瑞典的音樂串流平台 Spotify，提供的結合會員制訂閱模式
（p.285）與廣告模式的複合商業模式。思播的創業理念，是「消滅盜版音
樂串流服務」。目前他們已和全球 4 大唱片公司當中的華納音樂集團
（Warner Music）、環球唱片集團（Universal Music Group）簽約，付版稅給
音樂人之後，再將音樂作品上架提供給消費者。

　　Spotify 的會員方案有兩種，一是月費制的「Spotify Premium」（月費
480 日幣～），另一種是免費的「Spotify Free」。兩種會員都可使用逾 4000
萬首歌曲，但免費會員在播放幾首歌曲之後，就會聽到插播的語音廣告。

　　Spotify 已在全球 92 個國家及地區發展，收費會員更突破了 1 億 3 千
萬人，但根據官方所發布的資訊顯示，目前要光靠會員月費來確保事業盈
餘，難度仍相當高。

案例 2　付費排序廣告

　　付費排序廣告是透過 Google、雅虎等入口網站為媒介的收益模式。消
費者只要用關鍵字搜尋，曾登錄相同關鍵字的企業廣告，就會以「廣告」
的形態，出現在搜尋結果的最上方（不屬於真正的搜尋結果）。由於英文
的「Listing」有「排序」之意，故將它稱為「排序廣告」。

　　廣告費的計費方式有好幾種，但「點擊付費」才是近年來的主流。在
點擊付費的計費制度下，當消費者點下出現在搜尋結果列表的上的廣告，
進入廣告主的網站時，就會產生廣告費。它和聯盟行銷（p.216）的差異，
在於只要能將消費者引導到企業網站，不管最後產品是否售出，都會產生
費用。

圖：Google 廣告的模式

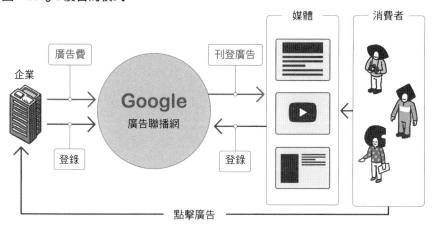

經營入口網站的平台業者（Google 和 Yahoo! 等），會建立投放廣告用的廣告聯播網平台，以仲介廣告投放與刊登，因此他們也具有媒介型平台的色彩（p.80）。

廣告模式的成立條件

（1）如何在最短時間內建立起網路外部性

在廣告模式當中，使用者的母數（尤其是消費者的母數）會大大地影響事業的價值；因此，如何用最短的時間，在平台上建立起網路外部性，將大大地左右事業的成敗。

所謂的「網路外部性」，就是產品或服務的使用者越多，價值越高，是一種經濟學原理。詳細內容會在 p.352 另做說明。

（2）能否為個別顧客提供不同的價值主張

　　在廣告模式裡，會有 BtoB（業者對廣告主）和 BtoC（業者對消費者）這兩種顧客存在，因此面對不同的顧客，就必須要有不同的價值主張。

【廣告主所尋求的價值】要讓更多消費者看見自家公司的廣告
【消費者所尋求的價值】可免費享受高品質的服務

廣告模式的陷阱

　　對消費者而言，「可免費使用服務」是廣告模式很重要的一個價值，但另一方面，相關權利人所擁有的價值，恐將因為免費提供而遭到破壞。舉例來說，其實以往就曾發生串流平台業者免費播放音樂作品，全球音樂人以此舉「傷害作品藝術價值」為由，拒絕提供歌曲給平台的案例。因此在將商品或服務免費提供出去之前，它的根本——也就是產品或服務的關係人能否理解這樣的商業模式，將是一大關鍵。

套用前請先釐清以下問題：
☑ 企業能否在短期內建構出網路外部性？
☑ 是否會因為提供免費服務，而破壞商品的價值？

第 6 章

情境

設定商業模式中的各個元素時，決定整個事業能否成立的前提或假設，
就是所謂的「情境」（context），也是用來回答以下這些問題的答案。

● 對顧客而言，企業所發展的事業，是否比其他競爭者或替代品更有魅
  力？
● 顧客在決定選擇企業產品或服務時的關鍵魅力點，是否能透過資源與
  活動來與其他競品做出區隔？
● 這項事業是否符合企業追求的價值，或社會所追求的價值觀？

此外，本章所收錄的內容，並不是要拿來填寫在各家企業「策略模式圖」
裡的情境描述。你可以把這些內容，想成是將模式圖裡的情境抽象化之
後，再以成功原理的形式，所做的一些呈現。

48 越龐大越有利
規模經濟

個案研究 YKK、微軟 Office

┌─ KEY POINT ───

• 產品單價隨著事業規模擴大而降低的經濟學原理。
• 也會帶來「大量採購以降低原物料成本」,及「提升企業形象」等效益。
• 規模過大時,成本就會上揚(規模不經濟)。

基本概念

所謂的「規模經濟」,就是產品或服務每單位的平均成本(cost),會隨著事業規模擴大而降低的經濟學原理。就狹義而言,規模經濟是指固定費在事業規模擴大後分散,而使得生產一個產品或服務所需的費用降低。會有這樣的現象,是因為不論生產規模大小,固定費的金額都一樣,所以生產越多,「生產一個產品、服務要花的固定費」就會減少。在飲料、食品等消費品和製藥業界,在生產設備和銷售管理費(研發費用和廣告宣傳費)上需投入龐大的成本,故就上述這個狹義的定義來看,為實現規模經濟而在企業之間推動併購,期能擴大事業規模的案例,也不在少數。

不過,規模經濟其實不只有上述這些效益,還有以下這些廣義的效果。首先,由於產量增加,所以在材料費等變動費方面,也會展現出規模經濟的效益。例如因為大量採購而使得材料採購單價下降,或因為消費效率改善,而使得材料消費量降低等案例。除此之外,事業規模越大,越能看見以下這些效益:(1)使用中小企業無法引進的高價設備,生產效率得以提升(2)產品線可比中小企業更廣,也更能建置完整的銷售據點網絡(3)從顧客角度看來,能逐漸蘊釀出信譽和安心等企業形象。

綜上所述，隨著事業規模的擴大，而為企業帶來諸多方面的好處，就是所謂的「規模經濟」。

MEMO

經驗曲線（Experience Curve）效應是和規模經濟類似的概念，不過它所指涉的，是從過去一直以來的「累積生產量」越多，每單位產品的成本就會減少一定比例的現象。

YKK

　　拉鏈業界的龍頭 YKK，全球市占率逾 45％。而幫助 YKK 撐起這片事業版圖的，就是運用無與倫比的市占率，所創造出來的成本競爭力。為提供給消費者優質的產品，YKK 選擇自行生產製作拉鏈所需的布料、零件和鏈條機。這個決定，讓 YKK 得以運用高市占率所帶來的規模經濟效益，壓低生產設備費用和銷售管理費等固定費。

微軟 Office

　　在電腦軟體業界，我們也看到了規模經濟發酵的案例。例如像微軟的 Office 這種軟體，研發費用就佔去了成本的大半，因此規模越大，越可望在規模經濟的加持下，推升收益表現。

圖：微軟 Office 的規模經濟

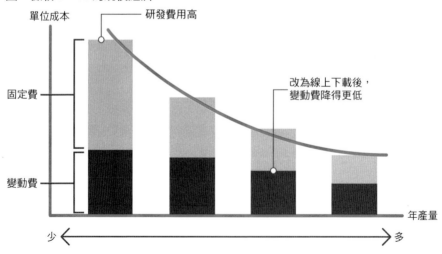

此外，諸如此類的軟體，以往會用 CD-ROM 或 DVD-ROM 等有形的記錄媒體形式銷售。由於軟體的複製成本，並不會和銷售規模呈正比增加，所以業者更能享受規模經濟所帶來的效應。

> **MEMO**
>
> 就如微軟 Office 的規模經濟案例所呈現的，每投入勞務與資本等生產要素（也就是成本）1 單位，所獲得的產量（收益）增加幅度會逐漸加大，就是所謂的「規模報酬遞增」（increasing Returns to Scale）。一般認為，這個現象主要是因為產品的增產成本低所引起。

規模經濟的成立條件

產品或服務每單位生產的平均成本，會隨著事業規模擴大而降低，但據說到了某個階段之後，就會停止下降。有專家指出，若企業在這個時間點之後，仍持續擴大事業規模，那麼平均成本就會開始上升。換言之，這意味著只要超過一定程度的規模，平均成本就會逐步墊高（規模不經濟）。這個現象，在製造業尤其常見。

這些例子提醒我們：企業應盡早認清「最能降低成本的關鍵」，而如何及早達到那個關鍵，更是重要。此外，當技術出現變化時，規模經濟的曲線也會生變。因此，企業需時時檢討能讓損益打平的關鍵點為何。

還有，達到「最能降低成本的關鍵」後，企業需要的不是成本競爭，而是「差異化競爭」。當多家企業都能以相同成本生產時，差異化便成了左右成敗的分水嶺。

在規模經濟當中，其實還存在著一個「規模湧現效應」的概念。它是「要達到一定程度的事業規模，才會讓投入變得有意義」的一種效應，例如用電視廣告做宣傳等。

套用前請先釐清以下問題：

☑ 除了分散固定費或降低各種成本之外，擴大規模還可能讓企業享受到什麼效益？

☑ 在企業的事業當中，最能因為規模經濟而降低成本的關鍵為何？

☑ 技術的變化，是否會對規模經濟造成影響？

☑ 除了規模經濟以外，企業能否用其他要素，來和同業競爭？能否創造出差異化的要素？

參考文獻

- 根來龍之《商業思考實驗》（日經 BP，2015 年）
- 大林厚臣《商業經濟學：如何擬訂出百戰百勝的策略？》（鑽石社，2019 年）
- 大衛・貝桑科（David Besanko）、大衛・卓藍諾（David Dranove）、馬克・尚利（Mark Shanley）《策略經濟學》（鑽石社，2002 年）

49 範疇經濟

跨足範圍越廣越划算

個案研究 食品製造商、花王、愛詩緹、雅虎日本

KEY POINT

- 產品或事業的數量越多，成本就會隨之降低的經濟學原理。
- 多項事業共用生產設備或品牌、專業知識等，以降低成本。
- 產品或事業擴增太多，反而會墊高管理成本（範疇不經濟）。

基本概念

所謂的「範疇經濟」，就是產品或服務的單位生產成本，會隨著產品或事業的種類（範疇）增加而降低的經濟學原理。換句話說，與其是多家企業分別購置生產設備或佈建物流網來生產一項產品，不如由一家企業發展多種事業，內部共享經營資源，才能降低單位平均成本。

舉例來說，食品製造商會在一座工廠內生產多種不同的產品，或同時配送多項產品——因為同時生產、配送多種產品，會比個別生產、配送一種產品更能撙節成本。

除了生產設備或物流網之外，範疇經濟在其他領域也能發揮效益。品牌共用就是其中的一個例子。花王在日本推出「Healthya 綠茶」時，就拿出了長年來在清潔劑、洗髮精等日用品領域塑造成功的「花王」品牌來共用。多個事業共用技術或專業知識，其實也是屬於範疇經濟的案例之一。

此外，鋼鐵業會銷售碳纖維，而它們是用煉鋼時焦爐排出的煤焦油（coal tar）製成。諸如此類，將特定事業的副產品運用在其他事業上的做法，也是屬於範疇經濟的案例。

由於範疇經濟不只顧慮成本，也考量到「質化效果」，因此有時幾乎可與「綜效」（synergy effects）畫上等號。所謂的綜效，是指同一家企業的不同事業部共享經營資源，或多家企業共同合作發展新事業的「加乘效果」。

案例 1　愛詩緹

　　由富士軟片（FUJIFILM）所發展的保養品品牌愛詩緹，運用了富士軟片在軟片事業上所累積的抗氧化技術和奈米科技。此外，他們也把軟片上

所使用的膠原蛋白（蛋白質）素材，拿來當作保養品的成分。

再者，儘管愛詩緹在商品包裝上，並沒有大張旗鼓地寫出「製造商：富士軟片」，但富士軟片長年來所累積的企業形象和品牌，想必也成了愛詩緹崛起竄紅的助力。

案例 2   雅虎日本

發展綜合網路服務的雅虎日本（Yahoo！Japan），旗下不只有入口網站，還有購物商城、拍賣平台、旅遊訂房網、房屋資訊網、汽車買賣網站等等，服務包羅萬象。

正因為雅虎日本有如此多元的發展，才能共用顧客資料庫和集點服務，或使用同一種付款機制，以降低各事業的成本開銷。

此外，雅虎日本在收購其他企業的服務後，也在服務名稱冠上「Yahoo！」的品牌，成功營造出給顧客的安心感。

圖：雅虎日本的範疇經濟

> **MEMO**
>
> 乳飲品、乳酸飲料製造大廠可爾必思，利用在生產過程中產生的乳脂肪成分製成奶油銷售，這也是範疇經濟的案例之一。

範疇經濟的成立條件

產品或事業的數量越多，範疇經濟的效益就越顯著。此時，「共用的資源，是否真能為各項產品或事業之間帶來共用效益」便顯得格外重要。假如新增了產品或事業，但生產設備、物流網，或者技術與專業知識等都不能共用，便很難凸顯出範疇經濟的效益。

早期，UNIQLO 的母公司迅銷集團（FAST RETAILING）曾發展食品銷售事業，推出了「SKIP」這個銷售蔬菜等食品的品牌，但不久後便以失敗收場。這可以說是因為 SKIP 很難共用 UNIQLO 所累積的資源，無法發揮範疇經濟效益的案例。

此外，當產品或事業數量過度膨脹時，各個事業之間的管理成本可能會隨之攀升（範圍不經濟）。當企業越是多角化經營（尤其是事業性質彼此南轅北轍的非相關多角化）時，由於各單位之間的事業特性不同，將導致管理成本攀升。因此，產品或事業之間所共用的資源，究竟能不能帶來範疇經濟的效益，須在建構商業模式時做妥善的判斷。

還有，針對生產設備或物流網等資源，則是要評估現有事業的份量，再判斷共用的可行性。倘若共用資源的結果，會導致現有事業的收益縮水，那就沒有意義了。

套用前請先釐清以下問題：────────────

☑ 現有事業是否已有累積到一定程度的資源，能在企業新增產品或事業時
　活用？

☑ 是否可預估當多項產品、事業共用資源時，會帶來什麼樣的效益（降低
　成本、質化效果）？

☑ 某項事業的副產品，是否可在其他事業上應用？

☑ 產品或事業擴張太過時，花在管理或調整上的成本會不會上升？

参考文獻

• 根來龍之《商業思考實驗》（日經 BP，2015 年）
• 大林厚臣《商業經濟學：如何擬訂出百戰百勝的策略？》（鑽石社，2019 年）
• 大衛‧貝桑科（David Besanko）、大衛‧卓藍諾（David Dranove）、馬克‧尚利（Mark Shanley）
　《策略經濟學》（鑽石社，2002 年）

50

範圍越小越划算

密度經濟

個案研究 雅瑪多運輸、7-Eleven

┌ KEY POINT ┐

- 在同一個地區集中展店時，物流費和廣告宣傳費等就會隨之降低的經濟學原理。
- 「優勢策略」是應用密度經濟概念的經營方式當中，最具代表性的案例。
- 展店密度過高，有時會導致成本增加，或營收成長碰到瓶頸。

基本概念

所謂的「密度經濟」，就是集中在同一個地區，發展像是門市或配送中心這樣的單位，就能降低事業成本的經濟學原理。

我們就以便利商店為例，來思考集中在同一個地區展店的情況。相較於分散在多個地區展店，集中在單一地區時，從物流中心到各門市的商品配送會更有效率，故能壓低物流費用；此外，還可聚焦在單一地區進行廣告宣傳，故可節省廣告宣傳費。像這樣在某個特定地區集中設置事業單位，就能降低各事業的「共同成本」——而這就是密度經濟的特徵。

而應用「密度經濟」這個概念所發展出來的經營策略，就是優勢策略。所謂的優勢策略，就是在特定地區集中展店，以搶占適合展店的好區位和在地的需求等稀缺資源，以阻止其他競爭者加入戰局的方法。若採用的是加盟形式（p.222），那麼優勢策略不僅可以降低事業成本，也能讓總部的營運指導更有效率。因此，零售和餐飲連鎖品牌都會運用這一套經營策略。

一旦採取優勢策略，就可以開發出符合在地特性或需求的示範店型，壓低在同一地區新開店時的開發費用。這也是密度經濟所帶來的效益。

案例 1　雅瑪多運輸

　　雅瑪多運輸發展的「配送到家庭的一般小型包裹」業務，是很費工夫又耗成本的事業。於是雅瑪多想到的，就是在特定區域開設多家小型據點

圖：雅瑪多運輸的密度經濟

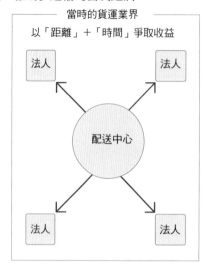

當時的貨運業界
以「距離」＋「時間」爭取收益

法人　　法人

配送中心

法人　　法人

雅瑪多運輸

配送次數增加，速度加快，
顧客滿意度提升→接單件數增加

◯ 配送中心　🏠 家庭

的策略。他們選擇在特定地區設置許多配送中心，藉此來運送包裹。這時候，雅瑪多不只有自家營運的物流中心，還請現有的米糧店、酒品商行成為代收店。

一旦採行這套手法，就需要投入維持物流中心運作所需的場地設施費和人事費用等管理成本，因此其他同業並沒有選用這個方式。不過，雅瑪多運輸用了這一套手法之後，成功拉抬了包裹配送次數與回應速度，更提高了顧客滿意度。結果，雅瑪多的包裹接單件數因此而增加，推升了公司的營收。

此外，雅瑪多運輸導入了「統一運費」的機制，對一般顧客而言簡單易懂，據說也是他們包裹配送訂單增加的一大助力。

　　如前文所述，便利商店是很符合密度經濟的事業。大型便利商店連鎖 7 - Eleven，自 1974 年在日本國內展店以來，持續以優勢策略發動展店攻勢，目前已在 46 個都道府縣開設了逾 2 萬家門市，並於各地累積了許多在地門市經營的專業。

　　原本一直沒被納入優勢策略發展區域的沖繩縣，截至 2019 年為止，7-Eleven 連一家門市都沒有開。到了 2019 年 7 月開出第一家店之後，7-Eleven 的策略為之一變，宣佈在 2024 年之前，計畫要在沖繩縣境內開出 250 家門市。此外，他們也預計將在當設立專門生產便當和熟菜的專用工廠與配送中心。這個案例，我們應該可以這樣解釋：7-Eleven 在根據過去所累積的專業評估過後，研判「在沖繩縣也可以實現密度經營」。

> **MEMO**
>
> 　一談到密度經濟，大家往往會想到的是零售業，但其實在航空業界當中，也看得到類似的概念。業者將飛機和機組員集中投入特定航線，以提高載客率，進而獲利的策略，可說是一種應用了密度經濟特性的經營策略。

密度經濟的成立條件

　　密度經濟要能成立，關鍵在於要確保門市與配送中心等「單位」的營收，可高於營運費用（像雅瑪多運輸就是要確保一定的配送數量）。

　　再者，是否密度越高，營收和利潤的表現就越好？其實並不盡然。舉例來說，近來網路電商的發展，使得物流業務呈現飽和狀態，在社會上引起話題討論。貨運業者的收送數量爆炸性地增加，導致人事費用和物流配

送的委外費用等成本，成為事業發展上的重擔。

而在零售或餐飲連鎖的優勢策略方面，過度集中展店，有時會造成門市之間的營收自相競食。此外，確立集中設置單位所需的專業知識（例如確立在某一地區的展店模式），都是密度經濟成立的必要條件。

套用前請先釐清以下問題：

☑ 能否取得集中設置單位（例：門市或物流配送中心）所需的稀缺資源（例：地點）？
☑ 集中設置單位後，能減輕哪些成本？
☑ 是否已確立增加單位時的專業知識？
☑ 提高密度是否導致成本增加，或營收成長碰到瓶頸？

参考文獻

・小倉昌男《小倉昌男經營學－宅急便的成功祕密》（日經 BP，1999 年）

51

動得越快越划算

速度經濟

個案研究 Honeys、日本麥當勞

┌─ KEY POINT ─┐

- 藉由加速事業發展腳步，以享受箇中好處的經濟學原理。
- 業者可享受到 4 大好處：①顧客體驗價值的提升 ②改善收益率 ③降低殘貨、報廢損失 ④產品開發、銷售測試輕鬆簡單。

基本概念

所謂的「速度經濟」，就是企業可藉由提升其事業發展或營運操作的速度，獲取經濟利益的一種經濟學原理。說得更具體一點，就是企業因為提升產的研發、生產和銷售的循環速度（縮短交期），或加速資訊的獲取、處理，而享受到它們所帶來的好處。

對企業而言，事業發展或營運操作上的迅速佈局，可使企業及早認清商品暢銷與否，也能盡速將暢銷商品在市場上的缺口補齊，以確保獲利。

而對顧客來說，能在最新鮮的狀態下迅速取得商品或服務，有助於提升他們的滿意度和方便性。

速度經濟具有以下 4 大好處：

❶ 顧客體驗價值的提升

第一個是對消費者的好處。就像在網路電商平台購買的商品，若能馬上送到，就可提高顧客滿意度一樣，「加快速度」這件事本身就是在改善「顧客體驗價值」，有時更可望帶來推升顧客滿意度的效果。

2 改善收益率

第 2 個好處是改善企業的收益率。例如暢銷商品在店頭的庫存量已很低時，加快商品的流通速度（投入速度），就能提高獲利率，減少機會損失。此外，企業還能及早認清商品暢銷與否，故可降低無謂的費用開銷或投資。

3 降低殘貨、報廢損失

第 3 個好處，是在接發單的過程，或從生產到銷售的過程中，加快商品流通，以降低殘貨和報廢損失。舉凡像是」等成衣業，或是超市的生鮮食品銷售等，都能看到這樣的效益。

4 產品開發、銷售簡便

第 4 個好處是可輕鬆簡單地進行商品開發或銷售測試。如今，我們已可透過資訊科技的應用，正確地掌握顧客需求和實際的銷售狀況；此外，在商品投入市場之際，也能迅速地進行市場調查。所以，業者便能開發出成功機會較高的商品。

案例 1 　 Honeys

Honeys 是銷售女性平價服飾、包包和配件等商品的製造零售（SPA，p.184）企業。該公司的特色就是，他們能跟隨流行趨勢，銷售必定暢銷的商品。他們儲存了全國各家門市的暢消商品資訊，並加以分析，還請女員工每週到流行聖地——東京的澀谷和原宿，檢視當今流行時尚與其他同業動向。

女員工到東京市調之後，便開始擬訂企畫，並與外包生產的工廠直接洽談，據說這中間只需要花 1 星期。有了這些努力，Honeys 只要僅僅

圖：支撐 Honeys 發展速度經濟的營運操作

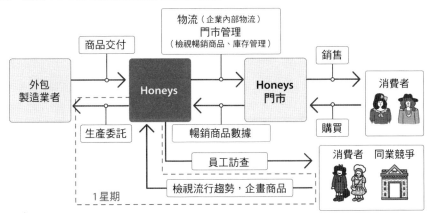

30～40天就可製作出當令的流行服飾，推出許多趕流行的「必紅商品」。

案例2 **日本麥當勞**

　　日本麥當勞在2001年導入「MFY」（Made For You）烹調系統，約50秒就可完成1張訂單裡的漢堡商品，以降低糧食損失。這一套系統後來的確成功地讓日本麥當勞的食物報廢量減半，同時也降低了二氧化碳的排放量，甚至還縮短了顧客等待餐點的時間，成功推升了顧客滿意度。

速度經濟的成立條件

（1）建構出縝密的資訊系統和營運操作的機制

　　速度經濟的確能提升事業發展、營運操作的速度，但撐起速度經濟運作的，往往是建置得相當縝密完善的資訊系統和營運操作的機制。

　　舉例來說，電商平台要為了快速地將顧客訂購的商品配送到府，必須要運用資訊系統處理下單、接單資訊，更需要運用物流網，做最有效率的配送。

（2）認清哪些地方該加速

　　在提升事業發展或營運操作的速度之際，企業必須懂得找出並分析哪些地方該加速。以HONEYS為例，他們該加快的，可以說就是「從釐清服飾的流行趨勢，到企畫商品、委外生產為止所需的時間」；而另一方面，日本麥當勞則是要加快「接單後到供餐為止的這段備餐時間」。還有，這些需要加速的地方，往往也多是經營上的瓶頸。企業想重視速度經濟，就需要可「找出瓶頸，以改善業務」的能力。

套用前請先釐清以下問題：

☑ 企業的事業發展或營運操作上，有無受到「速度」牽制的部分？

☑ 顧客對企業的產品、服務，有什麼樣的「速度」要求？

☑ 企業在開發、銷售新產品之際，能否快速確認顧客需求？

☑ 為享受速度經濟所帶來的好處，是否已建置需要的系統？

參考文獻

- 波士頓管理顧問集團《時基競爭》（鑽石社，1990 年）
- 加護野忠男《「競爭優勢」的系統：事業策略的寧靜革命》（PHP 研究所，1999 年）
- 〈廢棄物對策〉[https://www.mcdonalds.co.jp/scale_for_good/our_planet/waste/]
- 日本麥當勞集團落實糧食損失的「視覺化」[https://project.nikkeibp.co.jp/ESG/atcl/emf/239627/060600022/]

52

「使用者人數」決定產品的價值
網路外部性

個案研究 Windows、Facebook

┌ KEY POINT ┐ ──────────────────

- 「使用者人數」會影響產品或服務的使用價值。
- 可分為「直接網路外部性」和「間接網路外部性」2 種。
- 確保可突破關鍵多數的使用者人數,至關重要

基本概念

　　所謂的「網路外部性」,意指使用者的規模和使用頻率,會影響產品或服務的使用價值。舉例來說,假如我們問「為什麼你會用 LINE 或電子郵件」,很多人會回答的理由,應該是「周遭的人都在用」、「不用就不能和朋友聯絡」。在這樣的案例當中,可想而知,產品的使用價值,並不是取決於產品或服務的功能、品質,而是使用者和裝置數的多寡等因素。而這裡的使用者人數或裝置數量,我們稱之為「網路規模」。

　　很多網路外部性的案例,多是在「以和不特定多數他人溝通為前提」的產品、服務上,效果特別顯著。而當我們選購食品或化妝品時,大多會以產品的功能、品質、價格優劣等項目為標準,來進行購買與否的評估。由此可知,網路外部性在具上述這些特性的產品、服務上,便不會生效。

　　網路外部性可分為「直接網路外部性」和「間接網路外部性」這 2 種類型。

1 直接網路外部性

　　所謂的「直接網路外部性」,就是網路規模會直接影響使用者使用價

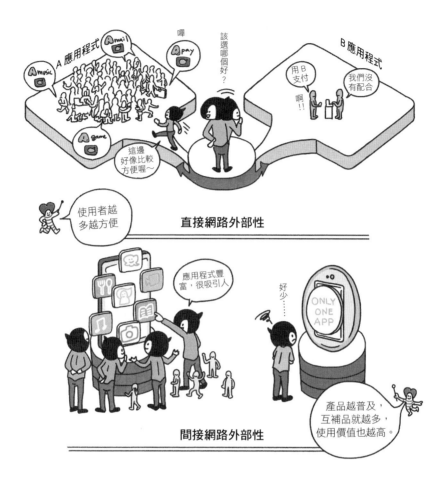

直接網路外部性

間接網路外部性

值的一種特性。例如使用者越多，就顯得越方便的 LINE 或電子郵件，都是屬於這一類。

2 間接網路外部性

所謂的間接網路外部性，就是某產品或服務的網路規模，決定了相關互補品的質或量，進而再影響使用者使用價值的一種特性。

例如藍光錄放影機越普及，它的互補品——藍光專用的影音軟體就會

增加，使得選擇藍光錄放影機的價值更能被彰顯出來，就是這類的案例。

案例 1　**Windows**

　　昔日微軟 Windows 在市場上叱吒風雲的年代，「網路外部性」的概
念，就被用來解釋 Windows 成長的原理。首先，當內建 Windows 作業系統
的電腦使用者越多，數據資料的傳送等業務，還是使用 Windows 的電腦較

圖：Windows 的網路外部性

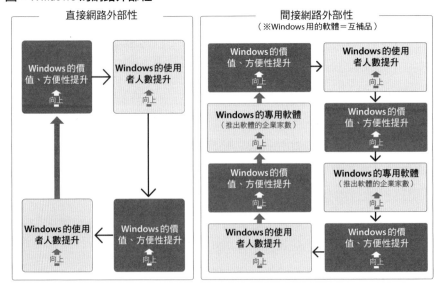

方便——也就是會發揮直接網路外部性的效益；再者，當 Windows 越來越普及時，適用 Windows 的軟體（互補品），例如文書和防毒等軟體的數量，也會隨之增加——於是間接網路外部性的效益就隨之發酵。一般認為，因為這兩種網路外部性雙管齊下，才讓 Windows 在市場上取得了傲視群雄的市占率。

案例2　Facebook

社群網站也是網路外部性運作的代表性案例之一。例如在 Facebook 上，直接網路外部性和間接網路外部性都發揮了功能。直接網路外部性指的是使用者人數越多，使用者彼此之間的溝通就更方便、更吸引人使用；而間接網路外部性則是指臉書上的遊戲數量變多，就會提升臉書的價值。

網路外部性的成立條件

在網路外部性可運作的產品、服務上，都是使用者人數越多，產品、服務的價值越高。而這樣的結果，也刺激使用者人數再向上攀升，進而再推升產品、服務的價值……就這樣形成正向回饋的運作。

此外，這樣的產品或服務在到達一個分水嶺之後，普及率便會一舉躍升。而這個分水嶺就是所謂的「關鍵多數」（通常約為市場普及率的16%）。

因此，以下 2 點是運用網路外部性時的關鍵：

● 確保足以突破關鍵多數的使用者人數。
● 確保互補品的數量（間接網路外部性奏效的產品）。

尤其在前者所提到的確保使用者人數方面，暫時免費提供產品或服務（免費模式，p.313），以積極網羅使用者，也是很有效的手法之一。

MEMO

「關鍵多數」的概念，由美國社會學家埃弗雷特 ‧ 羅吉斯（Everett M. Rogers）所提出。它在新創意、新技術普及到整個社會的模式（創新理論）當中，是一大關鍵（p.315）。

套用前請先釐清以下問題：

☑ 使用者的規模或使用頻率，是否為自家事業發展的關鍵？
☑ 能否與供應間接網路外部性互補品的企業合作？
☑ 為突破關鍵多數，企業能祭出什麼樣的措施？
☑ 雷同（競爭）服務搶攻使用者狀況如何？

參考文獻

‧ 卡爾 ‧ 夏培洛（Carl Shapiro）、海爾 ‧ 韋瑞安（Hal Varian）《資訊經營法則》（日經 BP，2018 年）
‧ 埃弗雷特 ‧ 羅吉斯《創新的擴散：為什麼有些好觀念、好產品會一炮而紅，有些卻流行不起來？》（翔泳社，2007 年）

53

非任何人所訂定的「標準」

事實標準

個案研究 QWERTY 鍵盤排列、藍光光碟

┌─ KEY POINT ─┐

· 不論有無主管機關的認可，已實質成立的業界標準規格。
· 化為事實標準的事項，有助於進行顧客鎖入。
· 要取得事實標準，必須對「網路外部性」有所理解。

基本概念

所謂的「事實標準」，是指在市場競爭下，建立起主導地位，最後在「實質上」成為業界標準的標準。

其實所謂的「業界標準」，指的是在某個業界或產業獲得認可的標準。例如「螺絲規格」就訂有全球統一的標準，有些業界標準甚至是由官方主管機關所訂定。像上述的「螺絲規格」，就是在國際標準化組織（ISO）所訂定的「ISO68」這一套標準規格當中所規範；「緊急出口標誌」則是在「ISO7010」當中明訂；至於「電池規格」（3 號、4 號等），則是日本工業規格（JIS）訂定的標準。

像這些由標準化組織訂定的標準規格，就是所謂「法理標準」（de jure standard）。

而「事實標準」則和上述的法理標準不同，毋須經過標準化機構的認可。舉例來說，智慧型手機作業系統安卓是在與 Windows Phone、黑莓機（BlackBerry）等對手競爭後，才在業界建立起了主導地位，並成為智慧型手機的事實標準。

一旦成了事實標準，產品對顧客就能發揮鎖入效應（p.203）。換言

之，只要顧客購買了已經是事實標準的產品，就很難變心改買其他企業的產品。

其實不僅製造業，其他行業也有分層專家。例如在顧問業界，有專攻「設計」分層的美國 IDEO；還有專攻「網站或應用程式的使用者體驗（操作方便性）」分層的微拓（bebit）等，都是箇中翹楚。

QWERTY 鍵盤排列

　　電腦上的鍵盤排列方式 QWERTY 鍵盤排列，其實就是一種事實標準。它原本是為了讓手動打字機的速度更均一，而將經常出現的文字排列在左手小指處，才因而問世的一種鍵盤排列方式。儘管打字機早已式微，但 QWERTY 鍵盤排列，至今仍繼續存留在電腦的鍵盤裡。

　　就技術上而言，QWERTY 鍵盤排列不見得比其他排列方式更好。只不過因為它符合當時的手動打字機使用者——也就是電報接線生的使用需求，才會被採用。世上其實還有像 Dvorak 排列這種能讓打字效率更高的輸入法，但就普及率而言，QWERTY 排列還是一枝獨秀。

圖：QWERTY 排列

案例 2　藍光光碟

　　藍光光碟（Blu-ray Disc）是能錄下高畫質、高解析度電視節目而誕生的新一代 DVD 規格。當年原本有 SONY 和 Panasonic 主推的「藍光光碟」，和由東芝主導的「HD DVD」這 2 種規格，共同競逐業界標準的寶座，最後東芝在 2008 年時停售 HD DVD，總算讓藍光光碟穩坐事實標準的地位。

當年的 2 大陣營，表現其實各有千秋，藍光光碟並不是絕對出類拔萃的首選。然而最終藍光光碟成為事實標準的致勝關鍵，一般認為是在於他們「確保了軟、硬體的供貨商」。

說得更具體一點，當年藍光光碟陣營成功拉攏了美國的大型影音內容製作公司——華納兄弟（Warner Bros.），以及零售通路沃爾瑪（Walmart），甚至到了最後，美國 6 大影業公司當中，就有 4 家支持藍光光碟。因此，可供應較多影音軟體的藍光光碟，成功在市場上坐穩了主導的地位。

事實標準的成立條件

有意爭取事實標準的產品、服務，前提條件是要具備充分的技術力和功能品質。如上所述，技術能力和功能品質上的優勢，不見得立刻就會成為事實標準。

爭取事實標準時，要先了解網路外部性（p.352）的原理，再追求產品或服務的用戶數（installed base）提升，才是關鍵。

「QWERTY 排列法」是根據當年的主要使用者——電報接線生的使用需求設計、發展而來，廣大的使用者人數，為這套排列法帶來了更多方便，故可說它是應用直接網路外部性，贏得「事實標準」的案例；而藍光光碟則是透過拉攏「軟體」這個互補品，來提升自己的價值，就這一點而言，藍光光碟堪稱是運用間接網路外部性，贏得事實標準的案例。

綜合以上所述，我們可以這樣說：與其建立技術優勢或祭出專利策略，不如多了解顧客需求，拉攏相關業者，以爭取更多使用者人數，才是贏得事實標準的成立條件。

套用前請先釐清以下問題：───────────────────

☑ 環境上是否不必仰賴主管機關，即可朝爭取實質業界標準的方向邁進？

☑ 是否已具備充分的技術能力與功能品質？

☑ 是否已為了爭取更多用戶數而做出努力？

☑ 是不是轉換成本偏高的實質業界標準？

參考文獻

• 山田英夫《事實標準的競爭策略》（白桃書房，2008 年）

54 數位漩渦來襲
數位化

個案研究 戴姆勒、紋意國際

┌─ KEY POINT ─────────────────────────────────

- 意指「傳統商業活動因資訊或網路技術而出現變化」的詞彙。
- 模組化、軟體化和網路化,是它的主要元素。
- 企業需重新檢視自己的價值主張,並評估與現有事業自相競食的可能。

基本概念

　　所謂的「數位化」,意指運用資訊或網路等數位科技與手法,促使傳統商業活動(尤其是物理上的商業活動)改變。

　　數位化的對象,大致可分為 2 類。1 是「產品或服務本身的數位化」。例如像 Spotify 這樣的音樂串流平台服務普及之後,消費者對唱片、CD 等物理性媒體的需求已逐步下降。數位化產品、服務的普及,也帶動了消費

圖:2 種數位化(便利商店數位化的案例)

1

商業流程的數位化
例:便利商店門市內的資訊化

2

產品、服務的數位化
例:現金支付→無現金支付

行為（如欣賞音樂的方式）的變化。

　　還有一種是「商業流程的數位化」。這裡所謂的「流程」，指的是在提供產品或服務時會用到的東西（自動化或設備維修及管理、生產管理、顧客行為分析等）。舉例來說，管理便利商店店內商品資訊的裝置年年都在進化，顧客購買票券用的多功能媒體事務機也在進化。

　　而如今，這樣的數位化不僅發生在資訊產業，更是逐漸鋪天蓋地的包圍所有產業。

> 瑞士洛桑管理學院（IMD）的麥克‧韋德（Michael Wade）教授曾針對這些因為數位化所帶來的破壞式創新，也就是所謂的「數位漩渦」（Digital Vortex）的概念進行論述。而這個漩渦，已吞沒了各行各業。

　　當我們更具體地思考數位化所代表的含意時，我們可將數位化的元素分為「模組化」、「軟體化」和「網路化」這 3 大類。

1 模組化

　　所謂的「模組化」，就是透過介面的標準化，讓每個零件都可個別設計。例如在電子書當中，通訊網路、硬體、作業系統、閱讀應用程式、內容商店和內容等，都可個別設計。

2 軟體化

　　所謂的「軟體化」，就是將原本功能、特性都以硬體形態呈現的產品、服務，改換成軟體。舉凡「書籍電子化」、「不用人力，改由人工智慧進行判斷」等，都是軟體化的具體案例。

3 網路化

　　所謂的「網路化」，就是產品、服務與網路連結的發展趨勢（connected）。近年來，在汽車上搭載道路交通資訊、新聞、音樂等資訊提供服務（車載資通訊系統，Telematics），也逐漸成為常態。

　　今後，企業必須面對在上述 3 個元素交互影響下，不斷發展的數位化，並做出因應。

案例 1　戴姆勒

目前，汽車產業正面臨以下 4 大變化，並深受數位化的影響。

- 車聯網（Connectivity）
- 自動駕駛（Autonomous）
- 共享（Sharing）
- 電動車（Electrified）

　　我們用這些變化的英文字首，將它們合稱為「CASE」。德國的汽車大廠戴姆勒（Daimler），就是以 CASE 的概念為前提，持續摸索中長期的經營方向。

　　戴姆勒早在 10 年前，就開始跨足共享和運輸服務等領域。例如可共享戴姆勒車款的汽車共享服務「Car2go」，就是由戴姆勒所提供。使用者只要在 Car2go 上註冊，之後就可以透過智慧型手機或電腦，輕鬆進行預約及租借車等手續。他們希望車子在使用完後，可直接停放在車站或機場等

圖：Car2go 的策略模式（架構）

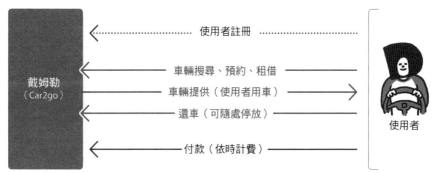

地，收費機制也簡單清楚（以時計費）。

戴姆勒還致力於發展一項名叫「moovel」的服務，結合電車和公車等大眾交通工具、叫車服務和汽車共享等機制，讓使用者可搜尋、預約到目的地的最佳移動路徑。

案例2 **紋意國際**

紋意國際（Stripe international）是一家發展服飾生產、銷售業務的企業。該公司最早是在日本岡山市開選貨店，直到 1999 年創設了「earth music&ecology」這個品牌，才轉型為 SPA（p.184），業績一路成長。而 earth music&ecology 也在日後成了他們的主力品牌。

以往成衣業界的主要銷售通路，是百貨公司和街邊店等零售商店。近

圖：瘋狂借的策略模式（架構）

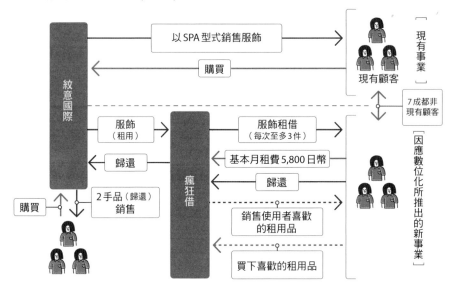

年來，也有些企業經營像是 ZOZO 這種電商服務蓬勃發展。

紋意國際推動成衣業的數位化，並推出了定額無限借用的訂閱模式（p.285）「瘋狂借」（mecyakari）。「瘋狂借」每月的基本月費是 5,800 日幣，並可以這樣定額付費的方式，無限次借用包括紋意自家品牌在內的服裝（1 次 3 件，歸還後才能再借下一批）。

瘋狂借的會員當中，約 7 成都不是紋意國際現有的顧客，表示並未與自家現有事業競食。而使用者歸還的服飾商品，還可以當作 2 手商品，在紋意國際的電商等平台銷售，賺取收益。

數位化的成立條件

首先，迫使產業必須面對數位化的因素（成立條件），我們可列出前述的 3 項元素（模組化、軟體化、網路化）。在這裡，我們要列舉的是「企業在因應數位化時所需的條件」。

（1）重新調整價值主張或商業模式

首先，企業必須重新調整現有事業的價值主張（Value Proposition）或商業模式。誠如你在戴姆勒和紋意國際的案例中所見，企業不必被既有的事業所圍限，發展能因應數位化的新服務。

（2）評估與現有事業之間的關係

第 2，企業必須評估新服務與現有事業之間的關係。以戴姆勒為例，在 Car2go 事業上用的是自家生產的汽車，而 moovel 就是交通方案的建議，不以自家車輛為限；而瘋狂借則是鎖定以「非現有顧客」為目標，以便讓它與現有事業之間的競食降到最低。

套用前請先釐清以下問題：

☑ 數位化浪潮來襲，當前企業所面對的，是「產品或服務本身的數位化」，還是「商務流程的數位化」？
☑ 數位化將如何改變企業的價值主張？

參考文獻

· 根來龍之《數位策略講座：科技競爭的框架》（日經 BP，2019 年）
· 麥克·韋德（Michael Wade）、傑夫·洛克斯（Jeff Loucks）、詹姆士·麥考利（James Macaulay）、安迪·諾羅尼亞（Andy Noronha）《數位漩渦》（日本經濟新聞出版社，2017 年）

55

用不同零件的搭配組合來創造附加價值

模組化

個案研究 福斯的 MQB、蘋果的 App Store

┌ KEY POINT ┐

・先將平台標準化,再獨立設計各個零件,以擴充功能。
・運用在製造業,可降低生產成本,提高生產效率。
・運用在數位產業,可催生出新的服務。

基本概念

　　所謂的「模組化」,指的是「運用可分別設計的次系統,建立起複雜產品或業務的流程」(鮑德溫、克拉克,2002)。模組化的反義詞,就是「整合化」。

　　以文字處理機和個人電腦為例,文字處理機是將製作文字所需的輸入、列印功能「整合化」的產品;個人電腦則是有一套固定的作業系統,再分別打造出「文書處理軟體」、「試算表軟體」、「遊戲軟體」等(模組化)來供使用。文字處理機在處理文件時非常方便,但除此之外,已無法追加其他功能。而模組化的特色,就在於它後續可再追加、擴充功能。

　　各產業其實都已廣泛地套用了模組化的概念,舉凡汽車和電器等製造業的零件,作業系統和軟體的獨立設計等。

MEMO

「階層化」(p.374)是與模組化相關的概念。它指的是「產業內的互補關係呈縱向堆疊的結構」,而「模組化」則是指「獨立打造出個別功能」。

文字處理專用，不用來做其他事。

整合化

可追加、擴充功能

模組化

安裝新的應用程式吧！

案例 1　**福斯的 MQB**

福斯汽車在 2012 年發表了「MQB」（德文是 Modularer Quer Baukasten）這項模組化策略，宣布未來將不分車體種類或大小，均使用共同零件。若以英文來解釋，MQB 代表的是「橫向引擎矩陣」（Modular Transverse Matrix）。

在汽車製造領域，零件規格會因車體和設計不同而異，每一種車款的零件都以特別訂製的方式來生產，於是成本就被墊高。如果要用已生產的零件，來套用在後進車款上，那麼後進車款的設計，或車種獨特的功能研發等，就會受到限制。這些都是導致汽車生產效率不彰的因素之一。

福斯的 MQB 策略，把將近 90 種零件共通化，再用它們來搭配組合。光是引擎，就能生產出「進氣模組」和「排氣模組」等不同種類。在統一的車台上，搭配使用各種零件的模組化生產，對企業而言，可改善成本效

圖：福斯汽車的模組化

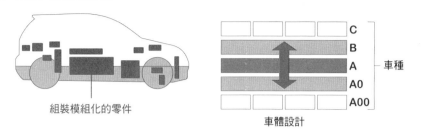

組裝模組化的零件

車種

車體設計

【資料來源】作者根據 John Crawford〈drive Life〉（Sunday, May 29, 2016）〔http://www.drivingandlife.com/2016/05/〕資料，修改部分內容後編製。

率，節省生產成本，縮短研發和生產期程；對顧客來說，大眾車款也能用到和高階車種相同的零件，等於是可以更低的價格，提供更高品質的產品。至於車種車款的差異化，則是在車體、車內空間設計和座椅舒適度等方面去發揮，提升了顧客的滿意度。

案例 2 蘋果的 App Store

蘋果公司所經營的 App Store，是銷售、供應 iPhone 或 iPad 應用程式等軟體的下載服務。使用者基本上都會需要到 App Store 來取得一些應用程式；而應用程式則不論開發者是誰，只要是自己研發的產品，都能放到 App Store 來銷售，也能依售價高低，取得一定程度的酬勞（開放式策略）。根據蘋果公司所公布的資訊指出，App Store 在第 1 代 iPhone 上市 1 年後，也就是 2008 年開始上線服務，到目前為止近 12 年，為應用程式開發者所賺進的收益金額，累計已高達 1,550 億美元。

智慧型手機的基本功能，是打電話、上網和收發訊息，但因為有了外部的應用程式開發者，五花八門的服務與商業模式便應運而生，例如電子商務、支付服務，以及 IG 和 LINE 等社群軟體，還有像 Spotify 這樣的音

樂播放平台等。

模組化的成立條件

（1）可供應用的標準化策略

　　在模組化的商業模式當中，能否先將零件或服務標準化，再以搭配組合的方式，打造出多種不同選擇，將影響成本效率或生產效率。

（2）對其他市場參與者祭出「開放式策略」

　　在模組化的商業模式當中，透過開放自家平台，與外部夥伴共創新事業的做法，至關重要。開放時的要點，在於要懂得先調查使用者需求，再選擇合作夥伴，並評估分配給外部夥伴的收益是否妥當。

（2）模仿困難度高

　　以同一個平台為基礎的模組，會面臨「容易被他人模仿」的威脅。而在應用程式服務方面，企業所生產的模組裡，獨家技術的專業性越強，或模仿的難度越高，企業就越有機會靠著收費賺取利潤。

套用前請先釐清以下問題：

☑ 將部分產品、服務模組化之後，能否大幅降低成本、縮短生產時間？
☑ 能否設計出自家企業產品、服務可適用的模組搭配？
☑ 能否分配足夠的利潤給製作模組的外部夥伴？
☑ 可否依使用者需求擴張功能？

參考文獻

- 藤本隆宏《日本的製造哲學》（日本經濟新聞出版，2004 年）
- 卡莉絲・鮑德溫（Carliss Y. Baldwin）、金姆・克拉克（Kim B. Clark）〈模組世紀之管理〉，青木昌彥、安藤晴彥編著《模組化：產業新結構的本質》p.35-64（東洋經濟新報社，2002 年）
- 〈Apple 在寫下歷史 1 年之後，再賀服務新時代〉〔https://www.apple.com/jp/newsroom/2020/01/apple-rings-in-new-era-of-services-following-landmark-year/〕

56

認清在服務之中的定位與收益性
階層化

個案研究 Kindle、任天堂的 Switch

┌─ KEY POINT ─┐
──────────────────────

- 消費者可自由選擇產品或服務的搭配。
- 搭配運用多家業者，才得以完成供應的產品或服務。
- 關鍵在於能否提升自家產品魅力，超越同一階層的競爭者。

基本概念

　　所謂的「階層化」，指的是消費者可選擇產業內產品或服務的搭配，來自由組合運用。可在多個裝置上運用的應用程式，或可訂閱各式書籍、雜誌的電子書等，都是階層化產品、服務的代表性案例。

　　我們就以電子書籍服務的「Kindle」為例，來思考階層化的概念。

圖：階層化的概念（以 Kindle 為例）

【資料來源】作者根據根來、藤卷（2013）著作，調整部分內容後編製。

Amazon 提供給消費者的電子書服務，細節稍後我們會再詳述，不過其實它們並非全都由 Amazon 自行研發、上架，而是與負責製作產品的製造商或出版社，還有負責開發作業系統的業者合作。各項服務分層搭配組合，共同打造出一個價值——這正是階層化的特色。

階層化的主要特色如下：

- 在組成整個服務的各階層當中，企業要獨佔或開放哪些部分，將影響進帳的收益多寡。
- 向顧客及隸屬於其他階層的市場參與者進行必要的價值主張，以便提高收益。

在高度階層化的產業當中，企業不會像垂直整合時（p.64）那樣，採購、生產和業務推廣全都一手包辦，因此能在壓低固定費的狀態下提供服

務。然而，隨著企業所投入的階層不同，競爭的激烈程度和收益高低也會出現差異，因此選定階層的決策尤其重要。

其實以往就有多家企業在製作產品或服務的過程中結盟合作的案例，但在高度階層化的產業當中，所有業者都是在消費者自行選擇之下決定──這就是階層化的特色。因此，「在與其他階層企業夥伴的服務搭配時，能否提升自家產品或服務的方便性」，以及「在自家企業能否在所屬的階層中，推出比其他競爭者更吸引人的服務」這 2 大因素，將大大地影響企業在階層化產業裡的事業成敗。

案例 1　Kindle

由 Amazon 所提供的電子書服務 Kindle，讓全球電子書市場在僅 2、3 年內急速擴大。從 2008 年到 2010 年，Kindle 的營收成長 1,260％，創下了驚人的高成長率記錄。而 Amazon 不僅銷售電子書閱讀器的軟體系統，也賣 Kindle 專用的平板（硬體）（請參閱 p.374 圖）。

Amazon 得以成功打開電子書市場的原因，主要有以下 2 點：

第 1 個原因，是「為了讓書籍願意在 Kindle 平台上架，Amazon 接下了為出版社書籍內容數位化的業務」。如此一來，內容提供方省下了麻煩，又能增加 Kindle 平台上的書籍數量，提升了 Kindle 對顧客的吸引力。

第 2 個原因，是他們「從很早期就開始推動與其他企業的裝置合作」。2009 年時，Kindle 就已推出了 iPhone 版和 Windows 版的 Kindle 應用程式，讓消費者可選擇自己想用的閱讀裝置。

Amazon 獨占的階層，就只有銷售 Kindle 格式電子書的「內容商店」，其他階層都開放別的業者共襄盛舉。他們就像這樣，和投入各階層發展的市場參與者合作，在搭配上為顧客提供了更多的自由，因而建立了厚實的

顧客基礎，並透過數位化，成功創造出了新的市場。

案例 2 任天堂的 Switch

　　自 2017 年 3 月上市迄今約 3 年，任天堂 Switch 在全球累計銷售已達
6,144 萬台，是任天堂產品當中最高度階層化的遊戲主機。任天堂 Switch
的主機本身固然很吸引人，但任天堂與多種遊戲製作公司合作，讓內容
（遊戲軟體）的種類相當充實，更是 Switch 的一大特色。

　　任天堂向來的做法，是會向遊戲製作公司開出條件，要求這些公司所
開發出來的遊戲軟體，必須以任天堂作品的形式來銷售。但針對 Switch 這
個主機，任天堂竟調整了過去的政策，開放軟體銷售，並讓其他業者簽約
成為合作夥伴。2017 年 Switch 上市之初，由其他業者打造的遊戲還只有 7

圖：任天堂 Switch 的階層化發展

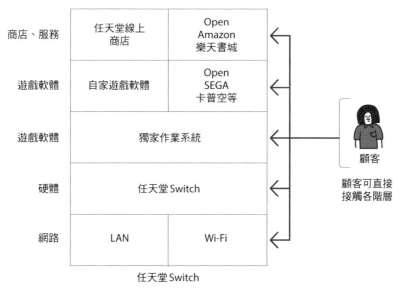

任天堂 Switch

款作品；到了 2019 年時已增加到 201 款，向顧客展現了極高的吸引力。

　　此外，任天堂還經營起了「任天堂 Switch Online」這項會員服務（月費 306 日幣，年繳則為 2,400 日幣），讓顧客可以在線上玩，儲存遊戲檔案，並可在線上商店購買遊戲等。就這樣，任天堂 Switch 開放了網路環境與內容（遊戲軟體的開發與銷售），自己則以裝置和服務做為收益來源，可說是一種以階層化為前提的操作模式。

階層化的成立條件

（1）認清該投入哪個階層

　　在形成服務的結構當中，企業懂得認清自己「要投入哪個部分才能爭取到最多的收益」，至關重要。

（2）合作企業間共同的價值主張，能形成對競爭者的差異化

　　在以階層化為前提的商業模式當中，光憑自家企業的產品或服務，根本無法商業化。因此，要懂得與其他企業合作，用彼此的商品或服務來搭配組合，尋求價值提升，藉以和競爭者做出差異化。

（3）透過開放產品或服務，創造出更高的價值

　　越是能對其他企業開放自家產品或服務，就越能讓消費者有更多選擇，增添自家產品的吸引力。這時，選擇與哪些企業合作（合作夥伴的選擇與範疇），將影響企業未來面對競爭者時的優勢。

套用前請先釐清以下問題：

☑ 在產品或服務當中，自家企業所投入的階層，是否有十足的獲利可期？
☑ 企業所投入的階層，是否會被其他階層的市場參與者所取代？
☑ 企業能否開發、運用極具魅力的服務，以吸引消費者的青睞？

參考文獻

- 根來龍之、藤卷佐和子〈從價值鏈策略論邁向階層策略論：產業結構階層化發展之因應〉《早稻田國際經營研究》No.44, p.145-162（2013 年）
- 〈The Plot Twist: E-Book Sales Slip, and Print Is Far From Dead〉（紐約時報電子版，2015 年 9 月 22 日）〔https://www.nytimes.com/2015/09/23/business/media/the-plot-twist-e-book-sales-slip-and-print-is-far-from-dead.html〕

57

為顧客資料增添附加價值，藉以獲利

雲端化

個案研究 GCP、Money Forward、Sansan

┌ KEY POINT ┐

• 提供可進行數據管理或資料分析的系統，以賺取收益。
• 利用雲端上的資料，與多項服務合作，就能創造出獨家商機。
• 「運用機器學習或人工智慧，為數據資料管理增添附加價值」是能否差異化的關鍵。

基本概念

　　所謂的「雲端化」，指的是將在硬碟或自家伺服器上儲存、管理的各種系統或數據資料，透過網際網路等電腦網路上的系統來加以運用。

　　「雲端化」可為使用者帶來以下這些好處：

● 相較於自行建置伺服器，成本較低。
● 簡化保存數據資料時所需的資安管理。

　　「雲端化」這個詞彙，據說最早是在 1996 年時，出現在 NetCentric 創始人寫給康柏（Compaq）的文件上。Google 則是自 2008 年起，開始提供一套名叫「GCP」（Google Cloud Platform）的雲端服務。這項服務，是使用和 Google 公司內部相同的網路，把企業用戶的系統雲端化。企業用戶可透過 GCP，使用數據資料的儲存空間，或數據分析、機器學習等服務。

　　此外，2012 年正式上線啟用的 Google Drive，則可說是 GCP 的應用服務。在 Google Drive 當中，個人用戶也能使用 Google 網路上的儲存空間，來管理文件、照片和影片等數據資料，或與其他用戶共享資料。Google

在職場

都能共享

隨時隨地都能使用數據資料！

利用等待空檔

在咖啡館

Drive 會提供用戶免費的基本儲存空間，之後就是依數據資料量來收費，也就是所謂的以量計價（p.268）模式。

案例 1 **Money Forward**

Money Forward 是供個人使用的一套資產、家計管理服務。在這一套服務當中，會透過用戶所提供的銀行帳戶、信用卡、電商網站的消費記錄和證券帳戶，管理用戶的個人金融資料，並自動分析出用戶的資產狀況。

圖：Money Forward Cloud 服務概念圖

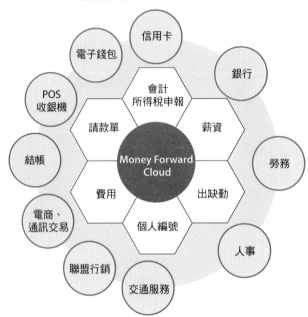

【資料來源】作者根據 Money Forward 官方網站資訊，調整部分內容後編製。

　　Money Forward 自 2012 年創立迄今，用戶數持續穩定增加，目前已突破 750 萬人大關，用戶族群從上班族到家庭主婦，分布廣泛。基本服務「Money Forward ME」是由業者免費提供，而專為企業法人所打造的雲端服務「Money Forward Cloud」，則是將法人的管理業務一元化，透過個人編號（my number）與出缺勤資訊等數據的串聯，落實了企業會計與人事勞務業務的自動化；而藉由雲端伺服器與機器學習、人工智慧等功能的搭配，Money Forward Cloud 也能根據已儲存的資料，提供會計科目建議和自動填入功能。這一套專為企業法人量身打造的雲端服務，是 Money Forward 最主要的收益來源。

案例 2　Sansan

　　2007 年起開始上線服務的 Sansan，是將原本在企業內容易流於個人保管的名片資訊數據化、共用化，讓企業與外部夥伴之間的人脈建立或顧客管理，都可在雲端上操作的一項服務。包括電通廣告、住友商事和清水建設等日本企業在內，導入 Sansan 服務的企業已達 6,000 家之多，在業界當中的市占率達 82.8％。

　　其中最受用戶一致好評的，是「名片輕鬆存檔服務」。用戶只要拿起智慧型手機幫名片拍張照，或掃描讀取，就能完成名片登錄。名片上所記載的文字資訊，則會透過 AI 的文字辨識技術，搭配 Sansan 專責人員的人工輸入，轉成數據資料並存檔。

　　這項服務的收益模式是訂閱制（p.285），收費標準會隨名片資訊的運用方式而變動。最基本的「輕省版」（Lite edition）方案，可於企業內共享、管理已儲存的名片檔案；若是更高階的版本，還可追加其他服務，例如在名片資訊上串聯營業額和付款資訊等，將收支狀況視覺化。除了這些之外，還可以月租方式，租借讀取名片資訊專用的掃描機。

　　Sansan 的這一套商業模式，成功地利用雲端化，翻轉了紙本名片的特性，將原本容易囤積在個人手上的顧客資訊，升華為經營管理、開發新客戶的利器。此外，這個商業模式還有一項特色，那就是一旦導入服務，並且累積了一定程度的資料後，資料越多，轉用其他服務所需的轉換成本就越高。

第 6 章　情境　383

Sansan 在導入 AI 辨識技術後，仍保留了專責人員的人工輸入的做法，讓兩者並用。這是因為名片上所記載的文字，字型和文字大小都不同，有時光靠 AI 技術還是不夠完善，還是會請人用肉眼辨識，以降低錯漏。

雲端化的成立條件

（1）伺服器的投資策略

　　在雲端化的模式當中，「儲存、維護大容量數據資料」極具價值，因此不論企業是自行建置伺服器，還是運用 AWS 等虛擬伺服器，對資料伺服器的資金投資，都是不可或缺的前提條件。

（2）串聯數據資料以創造新價值

　　雲端化服務不僅要能儲存顧客所累積的數據資料，還必須要能透過不同資訊的搭配結合，讓經營狀態視覺化，或降低後勤單位的業務成本等，以創造出附加價值。

（3）牢不可破的資安管理

　　雲端之所以方便，原因之一就在於它能隨時讓多部裝置連線存取。然而，企業儲存的資訊包括經營和顧客資料，因此資訊外洩是非常嚴重的風險。在推動雲端化時，建立牢不可破的資安管理機制，是此商業模式相當重要的工作。

套用前請先釐清以下問題：

☑ 能否投資建置自有伺服器，用來管理大容量數據資料？

☑ 能否運用已保存的數據資料來進行搭配組合，創造出前所未有的價值主張？

☑ 企業所提供的雲端服務，是否在客戶累積數據資料後，轉換成本就會大幅提升？

☑ 是否已備妥資安防護？

參考文獻

· 安東尼奧・瑞格拉多（Antonio Regalado）〈Who Coined' Cloud Computing〉（MIT Business Review，2011 年）〔https://www.technologyreview.com/s/425970/who-coined-cloud-computing/〕

· 〈2018 年雲端儲存空間服務市場動向調查（ICT 總研：作答人為網路使用者 4169 人））〔https://ictr.co.jp/report/20180913.html〕

· 〈Sansan 新聞稿（2020 年 2 月 7 日）〉〔https://jp.corp-sansan.com/news/2020/marketshare2020.html〕

58

大家一起精益求精

開放原始碼

┌ KEY POINT ┐

- 公開原始碼的軟體開發手法。
- 大多是免費，可依使用狀況客製化。
- 需要有足以吸引熱心開發者或使用者的魅力，和廣泛的運用範圍。

基本概念

　　所謂的「開放原始碼」，就是把原始碼（電腦的程式碼）向一般大眾公開，再藉由不特定多數的熱心開發者之力，開發程式、軟體的手法。透過開放原始碼所開發出來的軟體，我們稱之為開源軟體（Open Source Software，簡稱 OSS）。

　　軟體的原始碼是技術與專業知識的結晶，因此絕大多數企業都會祕而不宣，妥善收存。例如 Apple 的軟體程式碼，很多迄今都還沒有公開（iOS 和 macOS 的部分原始碼已公開）。

　　而開源軟體絕大多數都能免費使用，也能改寫程式、重製散佈。因此，它們得以藉熱心開發者之手，日益改善精進。其中較具代表性的案例，包括 Linux 和安卓等作業系統，火狐（firefox）瀏覽器，以及程式語言的 Ruby 和 Python 等，類型相當廣泛。

　　乍看之下，免費公開原始碼似乎對企業沒有好處可言，但透過開放原始碼，吸引外部開發者參與研發，可帶來以下這些好處：

● 可根據使用者需求，進行軟體開發或改善功能。

- 企業可跨足到原本非專業的領域。
- 開源軟體使用方面的使用者支援，可為企業帶來收益。

綜上所述，對企業而言，開放原始碼的運用，其實也有各種好處和意義。而那些資金不充裕，或缺乏開發能力的使用者與企業，可運用開源軟體來建置系統，避免被特定的商用軟體綁架。就社會整體的觀點而言，開放原始碼的確也有其存在的意義。

社會上其實還有一些可以免費、無償使用的「自由軟體」（free software），
但需特別注意它和開源軟體之間的差異。自由軟體的原始碼並不見得一定
是開放的，而且除了基本功能之外，有時自由軟體也會收費。

案例 1　Linux

　　Linux 是電腦的作業系統，也是開源軟體極具代表性的案例之一。
Linux 由林納斯‧托瓦茲（Linus Benedict Torvalds）開發，並於 1991 年發
表。原本開發的初衷，是要把它當作像 Windows 或 macOS 那樣的個人電
腦作業系統來使用，如今它已被運用在各種系統上，主要包括伺服器或超
級電腦的作業系統，還有搭載在行動電話和電視等裝置上的系統等。

　　Linux 幾乎所有版本都可免費使用，甚至也可做商業使用，故使用者
可依個人使用目的，輕鬆進行客製化調整，在全球開發者之間已相當普
及。截至目前為止，已有逾 1,500 家企業，15,000 位開發者參與過 Linux
的開發。

　　企業運用 Linux 開發、散佈的軟體，我們稱之為「Linux 發行版」
（Linux distribution）。例如在企業在數據中心運用的 Red Hat Enterprise
Linux，或 Amazon 雲端運算服務（AWS）所使用的 Amazon Linux 等，都是
很具代表性的案例。Red Hat Enterprise Linux 採取的是以技術支援和資安管
理收取授權費的模式，被當做是把 Linux 這套免費開源軟體用在商業的代
表性案例。

「開放原始碼」這個概念開始普及的契機，是艾瑞克・雷蒙（Eric Raymond）受到 Linux 的刺激後，所寫下的《教堂與市集》（*The Cathedral and the Bazaar*）這部作品。後來，在以雷蒙為核心的團隊主導下，成立了一個推動開放原始碼啟蒙活動的非營利組織 —— 開放原始碼促進會（Open Source Initiative，簡稱 OSI）。

案例 2 **Tensorflow**

　　Tensorflow 是人工智慧的基礎技術——機器學習的開源軟體（2015 年 11 月開放）。使用者可運用這一套開源軟體，進行影像或語音辨識、影像搜尋、翻譯和藝術作品生成等。

　　開放 Tensorflow 原始碼的，是營利企業 Google。其實在 Google 電子郵件服務「Gmail」上搭載的智慧回覆（Smart Reply）功能（視上下文內容自動回信）和 Google 翻譯上，都運用了這一套軟體。

　　Tensorflow 既然是開源軟體，自然也會提供給其他企業使用。例如法國的遊戲軟體公司 UBISOFT，就運用 Tensorflow，挑戰一個解讀古埃及象形文字的專案「埃及象形文字計畫」（The Hieroglyphics Initiative）。

　　此外，Google 也以這一套 Tensorflow 為基礎，推出了為企業用戶打造的 Tensorflow Enterprise（使用時的支援與管理服務要收費）。

　　一般認為，今後人工智慧的運用，不會僅在網路事業，包括餐飲和自動駕駛等領域在內，各行各業都會發展 AI 應用。Google 讓 Tensorflow 成為開源軟體，供大眾使用的背景，可想而知是有盤算的 —— 他們想透過 Tensorflow 協助各產業的有望專案順利推動，以期能讓人工智慧的技術更進步，進而在 AI 領域掌握主導權，以便未來能用 AI 周邊服務賺取收益。

圖：開放原始碼的 Tensorflow

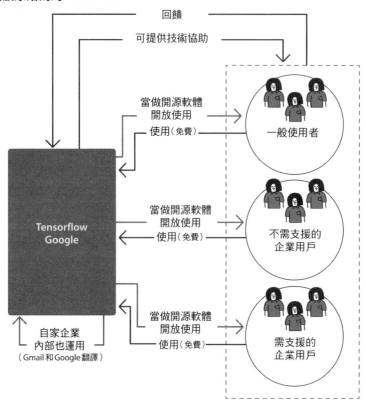

開放原始碼的成立條件

（1）要有熱心開發者、使用者的協助，開源軟體才能成立

　　所謂的「開源軟體」，堪稱是一種把發展方向都託付給開發者和使用者自主投入的專案。因此，企業必須設計出一些足以吸引他們投入的誘因。尤其是要讓使用者懷抱對軟體應用的動機，和與其他開發者的交流等心理承諾，至關重要。此時，開源軟體廣泛的運用範圍，是一大關鍵。

（2）明確揭示授權使用範圍

　　儘管開源軟體開放各界使用，但並不表示使用者被賦與了無上限的權利。通常在使用開源軟體時，會被要求遵循一份叫做「開放原始碼授權條款」（Open Source License）的授權使用合約。例如 Linux 就是根據通用公眾授權條款（General Public License，簡稱 GPL），Tensorflow 則是依 Apache 授權條款 2.0（Apache License 2.0）來開放授權。提供開源軟體的企業，需要像這樣明確地訂定出授權使用範圍，再將軟體提供給使用者運用。

套用前請先釐清以下問題：

☑ 企業要開放哪些軟體的原始碼？
☑ 開放原始碼的目的、好處是什麼？
☑ 企業的開源軟體能否吸引開發者和使用者，而且運用範圍廣泛？
☑ 是否已為開源軟體備妥完善的授權使用條款？

參考文獻

・艾瑞克・雷蒙（Eric Raymond）《教堂與市集》（USP 研究所，2010 年）
・〈自 2005 年發表 Kernel2.6.11 以來，截至目前的累計人數〉〔https://www.linuxfoundation.org/2017-linux-kernel-report-landing-page〕
・〈用機器學習解讀西元前 2000 年的文字！運用 Tensorflow 的歷史性專案啟動〉〔https://ledge.ai/ubisoft/〕
・〈Tensorflow 在國際上的運用案例～一手打造它的 Google，究竟有什麼打算〉〔https://nissenad-digitalhub.com/articles/tensorflow_case2/〕

59

打造沒人開創過的價值
藍海策略

個案研究 QB House、萊札譜

┌ KEY POINT ┐ ────────────────

- 自行創造出在現有業界當中還沒有人提供的價值。
- 藉由去除既有產品的多餘部分，提升不足之處，以進行價值主張。
- 為提高模仿門檻，防堵後進者，企業要具備特殊專業知識或研發能力。

基本概念

所謂的「藍海策略」，就是「讓企業從浴血戰爭一再上演的紅海（競爭激烈的市場）中跳脫出來」的策略。說得更具體一點，就是要「創造出沒有競爭的市場空間（藍海），讓競爭失去意義」。這個概念，最早是由歐洲工商管理學院（INSEAD）的金偉燦（W. Chan Kim）和莫伯尼（Renée Maubogne）所提出。

金偉燦和莫伯尼提出的概念，是要企業懂得從競爭對手的產品或服務當中，「縮減、去除」多餘的部分，並「提升、創造」看得到顧客潛在需求，但現階段還有所不足的功能與價值，以進行新的價值主張。透過這樣的方式，來改變傳統的競爭主軸，讓企業即使是置身在現有市場，也能發展沒有競爭對手的事業。本書要把「改變傳統競爭主軸時，價值主張如何成立？」這個重點，用商業模式裡的「情境」來解讀，並加以說明。

藍海策略是從麥可・波特（Michael E. Porter）所提出的策略論——要在競爭激烈的市場（紅海）持續保持優勢地位等論述發展而來。波特所提出的，是從「差異化」或「低成本」當中2選1的策略。而在藍海策略的ERRC矩陣表（後述）當中，左邊的ER是成本，右邊的RC是差異化要素，故可兩者同時追求兼顧。

以藍海策略為基礎擬訂商業模式時，會運用到「ERRC矩陣圖」（ERRC Grid，下圖）和「策略模式圖」（後述）這2項工具。

表：ERRC 矩陣圖

去除（Eliminate）	提升（Raise）
業界長年來競爭的元素當中，有哪些是應該去除的？	相較於業界標準，有哪些是該大膽提升的元素？
縮減（Reduce）	創造（Create）
相較於業界標準，有哪些是該大膽縮減的元素？	有哪些是業界裡還不曾有人推出過，該新開創的元素？

【資料來源】《藍海策略：再創無人競爭的全新市場》（蘭登書屋講談社，2005 年）

案例 1　QB HOUSE

　　1996 年在東京神田地區開出第一家門市的 QB HOUSE，由 QB Net 公司經營，是一家專營剪髮的髮廊。在各大主要車站和商辦區等地段，利用小空間發展連鎖。自 1996 年開店服務以來，一路快速成長，目前在日本國內有 582 家門市，在新加坡、香港、台灣和美國等海外市場也開出了 133 家門市。他們提供的利益點，聚焦在「短時間內就能打理好髮型」。此外，QB HOUSE 的價值主張，不在於為顧客設計新髮型，而是「維持目前造型，且不過度修剪」。在這些理念之下，QB HOUSE 為每位顧客剪髮的時間約為 10 分鐘，顧客幾乎不必預約或等待。又因為門市的回客率高，

表：QB HOUSE 的 ERRC 矩陣圖

去除（Eliminate）	提升（Raise）
●符合個人特色的髮型 ●舒適的店內空間	●不讓顧客等待 ●低價
縮減（Reduce）	創造（Create）
●須事先預約 ●洗髮與吹整 ●刮鬍修容	●短時間（10 分鐘）就能打理好髮型

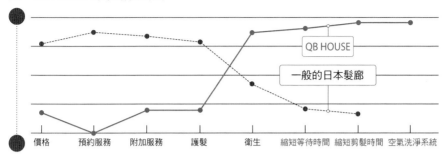

圖：QB HOUSE 的策略模式圖

價格　預約服務　附加服務　護髮　衛生　縮短等待時間　縮短剪髮時間　空氣洗淨系統

QB HOUSE

一般的日本髮廊

【資料來源】金偉燦、莫伯尼《藍海策略：再創無人競爭的全新市場》（蘭登書屋講談社，2005 年）

因此據說即使店內剪髮是均一價 1,200 日幣，公司仍可有利潤。

在藍海策略當中，倘若企業推出的新產品或專業知識，模仿門檻很低，就會與後發企業產生競爭。就這點而言，QB HOUSE 獨家開發了空氣洗淨機，可為顧客清理剪下的頭髮；還有一套被稱為「系統套組」的單元式設備，讓門市能在有限的空間內經營理髮生意。這些獨家研發的設計，都是在防範其他企業模仿、跟進。

另外，在藍海策略中，企業也會運用「策略模式圖」來比較自家企業與競爭者之間的競爭要素（橫軸），以及顧客能享受到多少好處（縱軸）。

案例 2 　萊札譜

廣告中以「確實達到顧客想要的體重」而令人印象深刻，也打響了知名度的私人健身中心萊札譜（RIZAP），是自西元 2000 年代才啟動健身事業的市場後發者。

相較於同樣會費水準的健身中心，萊札譜的場館裡並沒有游泳池、按摩浴缸和酒吧等豪華設施；就健身方面的指導而言，舉凡營養建議或居家

運動方法指導等，細膩的程度也不如競爭者那樣面面俱到。

然而，萊札譜所提供的，是在達成目標之前一路陪跑的教練式指導。據說當年經營 RIZAP 的健康股份有限公司（Kenkou Corporation）董事長瀨戶健，認為設備、場館都有可能被模仿，唯有輔導會員達到目的的專業知識，是同業無法仿傚的，便下定決心，訂定了現在這樣的價值主張。

表：萊札譜的 ERRC 矩陣圖

去除（Eliminate）	提升（Raise）
● 場館設備 ● 按摩浴缸等設備 ● 營養建議 ● 居家運動指導	● 包廂式健訓
縮減（Reduce）	創造（Create）
● 游泳池等設施 ● 毛巾、服裝等服務	● 教練的教練技術

藍海策略的成立條件

（1）競爭主軸可否調整？

藍海策略要成立，關鍵在於能否先找出現有產品或服務的「多餘功能」或「不足功能」，進而打造出不同於競爭者的價值。

（2）能否打造出高模仿門檻的獨家功能？

QB HOUSE 有「空氣洗淨機」，RIZAP 則有「教練技術」。就像這樣，企業要打造出一些讓其他企業必須投資才能仿傚的特點，或需要特殊專業知識的設備、機制，否則會很容易被模仿。

（3）企業的價值主張是否真有需求？

　　有人挖苦說「藍海無魚」。過於特殊的功能，或相當有限的需求，其實都很難獲利。若能找出目前尚不存在，但很多人引頸期盼的價值，的確可以開創出一番成功的事業，但在此同時，企業也需要審慎認清需求能否長期持續下去。

套用前請先釐清以下問題：————————————————————

☑ 能否從現有產品或服務的功能當中，找到「多餘」和「不足」之處？
☑ 企業所提供的新價值，能否創造出一定程度的市場規模？
☑ 提供新價值的機制或工具，是否難以模仿？

參考文獻

- 金偉燦（W. Chan Kim）、莫伯尼（Renée Maubogne）《藍海策略：再創無人競爭的全新市場》（蘭登書屋講談社，2005 年）
- 金偉燦（W. Chan Kim）、莫伯尼（Renée Maubogne）《〔新版〕藍海策略：再創無人競爭的全新市場》（鑽石社，2015 年）
- 金偉燦（W. Chan Kim）、莫伯尼（Renée Maubogne）《航向藍海：突破價值成本邊界，開創新市場的策略行動》（鑽石社，2018 年）

60

銷售「經驗」
體驗行銷

個案研究 星巴克、FEELCYCLE

```
┌ KEY POINT ┐
```

- 顧客重視消費時的「經驗」或「體驗」。
- 經驗可分為 5 種：「感官」、「情感」、「思考」、「行動」與「關聯」。
- 不必一次滿足 5 種經驗，也能創造出經驗價值。

基本概念

以往，各界普遍認為顧客在消費時，重視的是產品、服務的基本功能和價格。一般認為「顧客在購買化妝品時，重視的是保溼力和價格」的想法，就是一個例子。像這種在購買時重視基本功能和價格等產品屬性，並從「擁有」中找到價值的消費形態，我們稱之為「物質消費」。

相對的，近年來我們越來越常聽到「體驗消費」這個詞彙。所謂的體驗消費，是從購買產品或服務而獲得的「經驗」或「體驗」當中，找到價值的一種消費形態。例如喜歡接觸大自然的人，會參加體驗農事的旅行團；想充實自我的上班族會去補習英文，和班上的人溝通等——這些就是體驗消費的概念。如果我們把上述那個購買化妝品的例子視為物質消費，那麼體驗消費所指的，就是在保溼力和價格之外，還從：

- 化妝品外觀是否符合自己的生活形態與心情？
- 在百貨公司購買化妝品時，能不能幫我畫個與平常不同的妝，讓我變成「特別的自己」？

等事項上感受到價值，進而消費的行為。

　　在行銷領域中，向來都是以「體驗行銷」的角度來探討體驗消費。所謂的體驗行銷，是指刻意經營顧客在購買產品、服務時的經驗或體驗，以期提升顧客價值的一種手法。說得更具體一點，就是除了產品、服務的基本功能與價值之外，還考量與顧客生活形態之間的關係，以及情感價值等要素的行銷手法。換言之，在體驗價值中，「消費」已不再是單純滿足需求的行為，還包括了從它的過程（或結果）之中可獲得的經驗與體驗。

案例1 **星巴克**

咖啡連鎖品牌星巴克（starbucks），可說是注重體驗價值的事業當中，極具代表性的成功案例之一。星巴克不像傳統茶館或咖啡連鎖店那樣，讓顧客只是「純粹喝咖啡」，更意識到要讓「在星巴克喝咖啡」這件事，變成顧客心目中的價值。

星巴克把上述這樣的概念，定位為「第3空間」（third place），期許自家門市能成為顧客在職場與家庭之外，另一個非日常的「第3個」空間，帶給顧客閒適自在和愉快。因此，星巴克會配合在地生活形態，設計門市規畫（裝潢和用品等）。

圖：星巴克的體驗行銷

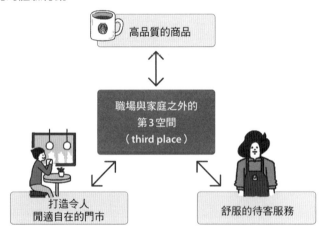

案例2 **FEELCYCLE**

FEELCYCLE 是源自美國紐約的飛輪運動教室。該公司的特色，就是提供有「黑暗健身」之稱的服務。在教室裡，顧客會置身在一片漆黑當中，隨著自己喜歡的大音量樂曲上健身課程，盡情地活動身體，不必在意別人的目光。此外，教練也會適度調整飛輪踏板輕重等，替每位學員安排最合適的課程內容。

體驗行銷的成立條件

體驗行銷最早是由哥倫比亞大學商學院教授伯德·史密特（Bernd Schmitt）等人所提出的概念。根據史密特教授等人的論述，體驗價值是由下表當中的 5 個層面所組成。

表：5 種體驗價值

體驗價值	說明
SEMSE（感官價值）	透過感官所得到的體驗價值
FEEL（情感價值）	透過開心愉悅、魅力誘人等感受所得到的體驗價值
THINK（思考價值）	對知識的好奇和創造力等思考方面的體驗價值
ACT（行動價值）	身體力行所帶來的體驗價值
RELATE（關聯價值）	透過對文化或團體的歸屬所得到的體驗價值

操作體驗行銷時，並不需要同時滿足以上 5 項。在設計產品或服務時特別考量其中一項，或留意它們的搭配組合，才是關鍵。如此一來，企業就能提供兼顧體驗價值的顧客價值。舉例來說，到博物館去參觀各式展品，或參加館方所舉辦的工作坊活動，都是與「思考」、「關聯」相關的體驗價值。

只要留意上述 5 種體驗價值，就能根本性地改革產品、服務的設計。此外，讓體驗價值跟著現有產品走，還可為企業創造出新的收益來源。

套用前請先釐清以下問題：

☑ 顧客想從自家產品或服務上尋求什麼？
☑ 自家產品或服務能為顧客提工什麼價值？？
☑ 能否用 5 種經驗價值重新定義自家產品或服務，並提供體驗價值？

參考文獻

・伯德・史密特（Bernd Schmitt）《體驗行銷》（鑽石社，2000 年）
・約瑟夫・派恩（B. Joseph Pine）、詹姆斯・吉爾摩（James H. Gilmore）《體驗經濟時代：人們正在追尋更多意義，更多感受》（鑽石社，2005 年）

61

不是失敗，而是學習

精實創業

個案研究 Instagram、島根縣

┌ KEY POINT ┐

• 以低成本再三迅速地驗證事業上的假設。
• 用最小可行性產品來測試顧客的反應。
• 在企業組織文化和經營者心態上，要能容忍小失敗。

基本概念

　　所謂的「精實創業」，其實是在創業或開發新事業時，用來提高成功率的一種方法論。具體而言，就是指「著重以低成本的方式，迅速且再三驗證事業上的假設」，要在短期內掌握顧客的反應，同時也多次調整事業想法或商品企畫的方向。

　　即使是在對創業的正向意識根深柢固的美國，創業後能熬過新創期，成功存活下來的企業，據說是「千中選三」（1,000 家之中只會有 3 家存活）。在這樣的背景之下，企業家艾瑞克・萊斯（Eric Ries）心中萌生了一個問題意識，那就是「如何提高新事業的成功率」，於是他便開發、提出了「精實創業」這一套解方。

　　「精實創業」是由「精實」（lean：毫無浪費）與「創業」（startup：啟動）這兩個詞所構成的混合詞。通常在創業或企業內開發新事業時，都要循（1）擬訂企畫、計畫（2）產品研發（3）行銷（4）銷售的流程，因此在推出產品前，需經過相當縝密的準備，也需要花費相當的成本。然而，要是顧客對最後推出的產品接受度低，那麼前置準備與生產所花的成本，就要付諸東流了。

因此，在「精實創業」的概念當中，特別著重「以低成本再三迅速地驗證事業上的假設」。在開發事業構想或推動商品企畫之際，精實創業會歷經以下 3 個階段：

（1）開發（Build）階段
（2）評估（Measure）階段
（3）學習（Learn）階段

首先，要針對事業提出構想或擬訂假設，並找出預期顧客的需求（開發〈Build〉）。此時，業者要打造「最小可行性產品」（minimum viable product，簡稱 MVP），也就是簡易的打樣。

接著，業者要將最小可行性產品提供給少數的初期顧客（early adopter），以測試他們的反應（評估〈measure〉）。顧客給的反應，不見得都是正向的回饋，也可能有各種負面回應，例如有人要求改善，也有人馬上就覺得厭煩無趣等。在精實創業當中，會特別聚焦在這些反應上，並加以分析，進而調整最小可行性產品的方向（學習〈measure〉）。

上述 3 個階段的重點，在於「如何盡可能不花時間及成本，再三迅速地驗證事業上的假設」。有時在事業發展之初，構想、假設和顧客設定會出錯。遇有這些情況時，精實創業會不厭其煩地調整事業方向。而這樣的方向調整，看起來就像是籃球選手的動作，因此被稱為「軸轉」（pivot）。軸轉有很多種不同的形式，例如篩選或擴大產品功能、因應不同顧客的需求、調整目標市場，以及改變配銷途徑等。

案例 1　Instagram

　　照片分享應用程式 Instagram，其實原本名叫「Burbn」，是一個用來分享位置資訊的社群應用程式。然而，使用者對這個應用程式的反應並不好，所以業者又再進行多次的使用者調查、試作等，反覆驗證假設後，才發現「照片分享功能」最能滿足顧客的需求。

圖：Instagram 的精實創業

據說從 Burbn 軸轉成 Instagram 再上線啟用，前後僅僅花了約 8 週的時間。即使在上線後，業者仍秉持精實創業的精神，持續發展這款應用程式，陸續追加了主題標籤（hashtag）和限時動態（Story）等等大受歡迎的功能。

案例 2　**島根縣**

近來不僅是企業，連政府機關和地方政府，也都開始運用精實創新的方法論，力圖振興產業。例如島根縣從 2012 年起，就開始推動一個結合了精實創業機制的新事業開創補助專案。在首波獲選的「月老系統『伴侶』（mate）加盟專案」當中，在地企業想運用現有的服務和技術，開創新事業。他們特別留意要依循（1）用最小可行性產品驗證、評估（2）開發服務（3）推出服務（4）改善的步驟，反覆循環回饋。

由島根縣政府設立的島根軟體研發中心，與島根大學合作共創新事業的專案，島根縣迄今仍有參與，可見目前還持續在推動精實創業的概念。

精實創業的成立條件

（1）具備容許失敗的文化

精實創業是一套「不斷犯小錯，以逐步提高事業構想的完成度」的手法。因此，企業組織必須要有「容許事業失敗」的文化；若是個人創業，那麼經營者也要秉持能正向面對失敗的胸襟。

（2）製作最小可行性產品與市場調查的專業知識

在精實創業的手法當中，最小可行性商品的製作，和檢驗以顧客為對

象的假設，都不可或缺。因此，企業需要有足夠的技術力，才能打造出堪受「檢驗」的最小可行性產品；還需要顧客調查、市場調查的專業知識。亂無章法地嘗試錯誤，並不會提升創業的成功率。我們可以這樣說：要有對事業、技術的扎實知識做支撐，精實創業才有可能成功。

套用前請先釐清以下問題：

- ☑ 是否對新事業有假設或構想，也能勾勒出目標客群的樣貌？
- ☑ 有無足以打造最小可行性產品的技術力？
- ☑ 能否執行顧客調查或分析，並將結果反映在最小可行性產品上？
- ☑ 事業軸轉時，能否進行充分的評估？
- ☑ 是否具備能容許小錯的組織文化或企業家胸襟？

参考文獻

- 艾瑞克・萊斯（Eric Ries）《精實創業：用小實驗玩出大事業》（日經 BP，2012 年）
- 〈「融入精實創業的手法」島根縣輔導企業開創新商業模式〉〔https://xtech.nikkei.com/it/article/NEWS/20120702/406943/〕

┌ KEY POINT ┐

· 以新興國家低收入階層為目標客群的商業模式。
· 運用自家產品開創出新市場,進而解決當地社會問題。
· 需建構一個能拉攏當地低所得階層的營運模式。

基本概念

　　所謂的「BOP 模式」,就是「(經濟)金字塔底層」(Bottom of the
〔economic〕Pyramid)的縮寫,意指鎖定以「未達 3,000 美元的年所得過
活,居住在新興國家的低收入階層」為目標,發展事業的一種概念。目前
全球屬於 BOP 層的人口,約佔全球總人口的 72%(約 40 億人),推估市
場規模約為 5 兆美元,據說是相當於全日本實質 GDP 的水準。尤其在新
興國家的 BOP 層人口眾多,從世界經濟的觀點看來,是一個備受囑目的
新市場。

　　BOP 模式的主要特色如下:

● 要解決社會課題(貧窮和衛生條件欠佳等),並兼顧商業。
● 不僅企業要有獲利,還需要有能為低所得階層帶來收入的機制。

　　最早主張「貧困階層不是接受濟助的對象,而是消費者」,並提出
BOP 模式這個概念的,是在美國密西根大學商學院任教的普哈拉(C.K.
Prahalad)教授。

夥伴

實地調查

教育

啟蒙活動

業務員

收入

Win Win

　　針對 BOP 模式，普哈拉教授提出了一個論述，那就是我們需要「和貧困階層的人結盟合作，共同創新，編寫出可永續的雙贏劇本」。企業不只是要供應商品或服務，以從中賺取利潤，而是要為貧困階層打造出能增加收入的機制，發展出持續性的消費，並朝永續的市場邁進。

案例 1 ▎**格萊閩銀行**

　　諾貝爾和平獎得主穆罕默德・尤努斯（Muhammad Yunus）在 1983 年時，於孟加拉所創辦的格萊閩銀行（Grameen Bank），是相當為人所熟知的 BOP 模式。格萊閩銀行建構了一套系統，讓沒有土地或現金存款當擔

保的貧困階層，也能申辦金融機構的貸款。

　　向格萊閩銀行貸款時，民眾要先以 5 人為一組，組內成員依序申辦貸款。前一位貸款者還清後，下一人才能申貸。萬一有人拖欠還款，組內成員原則上不必負連帶責任。這些分組是由居住在同一個地區的居民所組成，其中很多還是在種姓制度底層的女性。這一套申貸機制，利用當地社群看重人際關係的風俗習慣，讓借款人感受到自己的還款義務，據說呆倒帳的比例僅 2%。以貧困階層為主要服務對象，提供極小額貸款的「微型金融」（microfinance）機制，加惠了許多以往連工作機會都沒有的孟加拉女性，為她們打造了創業賺取收入的機會。而開辦微型金融的結果，讓當地兒童的就學率也隨之提升。

圖：格萊閩銀行的微型金融機制

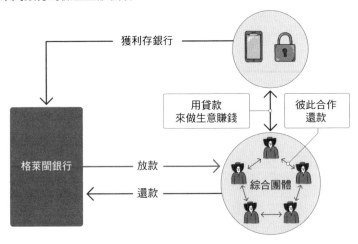

獲利存銀行

用貸款
來做生意賺錢

彼此合作
還款

格萊閩銀行

放款

還款

綜合團體

案例 2　**福馬**

　　日本殺蟲劑大廠福馬（Fumakilla）在 1990 代時，進軍全年蚊蟲皆多，

產品需求可期的印尼，致力研究當地蚊子生態，並推出在地化的產品。

　　而開創市場的關鍵，在於福馬的業務員和在當地任用的銷售小姐，雙方共同推展的行銷活動。除了有業務員到印尼當地特有的獨立零售商家「Warung」拜訪，說明產品功能和洽談上架銷售之外，銷售小姐還會到周邊的民宅拜訪，推薦民眾試用，腳踏實地的為「消費者試用後若覺得滿意，就會到 Warung 去買」布局，開創出持續發展循環的市場。福馬也為那些原本屬於貧困階層的女性，提供工作機會，對協助她們經濟獨立貢獻良多。

> **MEMO**
>
> 印度塔塔汽車公司所開發的低價汽車「納努」，當年是以 1 輛售價 10 萬盧比（約 20 萬日幣）的低價上市，主打低所得族群市場。然而，印度有 9 成以上的家戶，即使申辦貸款，收入仍不足以購買納努，故銷售表現不佳。由此可知，在發展 BOP 模式時，詳加掌握目標客群——也就是低所得階層生活水準和需求的實際樣態，是一大關鍵。

BOP 模式的成立條件

（1）打造出讓貧困階層增加所得的機制

　　企業不是只供應商品或服務，藉以從中牟利。要懂得為貧困階層建構增加所得的機制，創造出持續性的消費，才是關鍵。

（2）奠基在當地生活形態、風俗習慣與文化之上的行銷操作

　　新興國家低所得族群的生活，往往受到宗教戒律、男尊女卑等獨特的風俗習慣或文化的約束。企業產品是否符合這些約束的規範，需經過詳細

的調查才能知道。此外，企業若想切入消費及文化樣態都還不甚明確的階層，還需要與當地的 NPO 或 NGO 組織合作。

（3）同時推行衛生與文化方面的啟蒙活動

　　舉例來說，在一個沒有「用洗潔劑清洗餐具」習慣的地區，企業就必須推動啟蒙、教育活動，讓民眾了解「用了洗潔劑之後，會降低多少傳染病傳播的機率？」等等。讓民眾了解購買企業的產品之後，等於是在降低未來的醫藥費負擔和生活風險，進而讓這樣的重要觀念扎根，也是很重要的工作。

套用前請先釐清以下問題：

☑ 企業能否設定出一個低所得階層確實付得起的價格？
☑ 產品的普及，是否有助於解決當地的社會課題？
☑ 企業能否建構出一套機制，幫助當地民眾提升所得，改善生活？
☑ 企業能否開創出一個可永續的市場？

參考文獻

・C・K・普哈拉（C.K. Prahalad）《金字塔底層大商機》（英治出版，2010 年）
・下一批 40 億人口（THE NEXT 4 BILLION）：金字塔底部（BOP）的市場規模與商業策略（International Finance Corporation）〔https://pdf.wri.org/n4b-j.pdf〕

一出生就是國際派
天生全球化

個案研究 抖音、搖錢樹、氣象新聞、媒達思

┌─ KEY POINT ─┐

- 創業後不久即跨國發展，在國外市場賺取收益。
- 檯面上看到的多是較容易適應跨國發展的高科技相關產業。
- 在當地的團隊建立，以及經營者在跨國發展方面的資質，尤其重要。

基本概念

　　所謂的「天生全球化」，就是創業後不久即跨國發展（在海外市場拓展市業版圖），且海外市場營收佔整體營收的一大半。說得更具體一點，創業後約 2 ～ 4 年以內就發展海外事業，營收有 25％以上都來自海外市場的企業，我們就稱之為「天生全球化企業」。

　　以往，企業的全球化發展，多半都是先在自家市場站穩腳步之後，才開始進行，因此在創業之後，通常還要花上好一段時間蘊釀。然而近年來，在事業發展之初，就意識到要「天生全球化」的企業快速地增加。有專家指出，其背後的原因大致可歸納為以下 3 點：

（1）全球化的發展
（2）個人電腦、智慧型手機的普及
（3）國內市場趨於成熟

　　第 1 點是「全球化的發展」。近年來，在運輸方法多樣化以及貿易自由化等發展背景下，中小規模的企業要把事業推向國際，也變得比以往容

易許多。因此，越來越多企業在草創之初，就開始放眼國際市場。

第 2 點是「個人電腦、智慧型手機的普及」。個人電腦相關產品與手機應用程式等，雖有在地性，但很多都是全球都在使用的產品、服務。例如全世界都在使用滑鼠，社群媒體更是有許多全球通用的平台。而推出這些產品、服務的企業，活動場域也因為受到上述特性的影響，很容易在草創之初就向外發展。某一個特定領域的企業把目標市場設定為全世界，並努力提高使用者人數的做法，在企業意識到要發展網路外部性（p.352）時，也會是一大重點。

第 3 點是「國內市場趨於成熟」。這一點會因國家、地區的狀況不同而有所差異，例如像是在日本這種漸趨成熟的市場，企業若只發展國內市場，能爭取到的收益畢竟還是有限。企業在草創之初就放眼國際市場，其實也帶有一些分散風險的意味。

MEMO

「天生全球化」是在近 2、30 年來逐漸普及的一個概念。最早是因為企管顧問公司麥肯錫（McKinsey & Company's）在澳洲調查迅速國際化的企業，後來才提出了這樣的說法。

天生全球化企業的 3 個特色

儘管這些並不是必要條件，但在發展事業之際，特別意識到「天生全球化」的企業，多半具有以下 3 個特色：

第 1 是許多企業用來銷售或發展事業的，都是高技術含量的產品或服務。因為技術實力（尤其是資訊技術）具普遍性、不受市場侷限的特質鮮明，因此很適合發展成天生全球化企業。

　　第 2，很多企業所發展的事業，都不需要鉅額資金的投入。舉例來說，在那些需要鉅額投資才能建置生產設備或配銷網絡的業態，想在草創之初就向海外發展，的確很有難度。

　　第 3 是有些企業在國內市場成功之後，便旋即將賺來的利潤投入跨國事業的發展。尤其是在小眾市場站穩腳步後，就利用在小眾市場磨鍊出來的強項，邁向國際的企業，更是不在少數。

　　目前，具備上述各項特色的天生全球化企業，正在全世界大顯身手。

例如行動裝置應用程式抖音（TikTok）自從 2016 年 9 月正式啟用後，便於 2017 年 8 月進軍日本市場，9 月搶進印尼市場，跨國發展的腳步相當快速。而提供個人資產管理、家計簿應用程式的搖錢樹（moneytree），則是從 2013 年起在日本穩健成長，並於 2017 年時成功進軍澳洲市場。

案例 1　氣象新聞

提供氣象資訊服務的氣象新聞公司（WEATHERNEWS INC.），在 1986 年創業，並於兩年後就成立在美國的法人公司，發展跨國業務。目前除了在美國之外，他們在全球 20 個國家、地區都設有據點，是全球規模最大的氣象資訊企業。氣象新聞公司現在約有 24％的營收是由海外市場所貢獻，堪稱是不折不扣的天生全球化企業。

氣象新聞公司所掌握的這些氣象資訊，全球各地都有需求，較適合發展跨國事業。此外，這家公司的創辦人，是美國一家海洋氣象調查公司的日本法人公司總經理。這些因素，可說都是推動氣象新聞公司發展海外事業的助力。

案例 2　媒達思

媒達思（metaps）是一家成立於 2007 年 9 月的企業，主要發展的是行銷（應用程式變現輔導等）和網路第 3 方支付事業。他們自 2011 年起就將觸角伸向海外，截至 2020 年 4 月時，已在全球 8 個國家設有據點，營收的 39％，以及毛利的 47％都來自海外市場（尤其在大中華市場和韓國市場最具優勢），堪稱是一家很快就成功邁向國際的企業。

媒達思在海外市場的布局上，強調在當地任用人才，各地的策略也由

當地團隊負責擬訂、執行，藉以不斷加強海外事業的發展。

MEMO

目前檯面上的天生全球化企業，多半是高科技產業（尤其是資通訊產業），但在其他產業當中，也陸續可以看到一些案例。例如日本的電動機車製造商 Terra Motors，或是發展電動車事業的 GLM，都是天生全球化企業極具代表性的案例。

天生全球化的成立條件

（1）企業推出的產品或服務，易於適應跨國發展

　　若企業推出的，是易於適應跨國發展的產品或服務，那麼天生全球化就很有機會成立。尤其像是在上述那些高科技產業、資通訊產業當中，產品或服務本身，或他們所需要的技術，必須要顧慮在地特色的案例，的確少見。

（2）能建構出跨國發展所需的組織、網絡

　　發展跨國事業之際，要能在全球各地任用優秀人才，並與各相關業者建立人脈網絡，是一個很重要的成立要件。

　　此外，經營企業的團隊資質如何，在「天生全球化」當中也是個不容小覷的成立要件。專家認為，企業經理人不僅要具備商業方面的專業知識，還要具備國際經驗和人脈網絡，或懷抱勇於挑戰跨國事業、承擔風險的心態。這些才是孕育天生全球化企業的根源。

套用前請先釐清以下問題：

☑ 企業所發展的事業，是否易於適應跨國發展，不具鮮明的在地特色？

☑ 跨國發展時，是否需要投入鉅額資金？

☑ 能否在海外市場建立起人才或相關業者的人脈網絡？

☑ 經營者本身是否具備發展跨國事業方面的資質？

參考文獻

• 麥可・雷尼（Michael Rennie）〈天生全球化〉《麥肯錫季刊》（No.4，1993 年）
• 中村久人《天生國際化企業的經營理論：新跨國新創、中小企業的出現》（八千代出版，2013）

第參部

如何打造商業模式？

在〈第參部〉當中，我們要從「策略模式」（也就是顧客需求和企業本身的價值主張）
出發，以工作坊的形式，為你詳加解說商業模式的思維概念與建構方式。

工作坊快速指引

　　這裡我們要說明運用「策略模式圖」，來為自家企業打造商業模式的方法。所謂的商業模式，就是「事業活動結構的模式」。而從策略模式的角度切入，評估如何設計出商業模式的手法，正是本書要推薦給你的「策略模式圖」。

▌策略模式圖的使用方法

　　如下圖所示，策略模式圖共分為 5 個部分。圖中這些編號，是根據我們在第 1 章說明的「如何構思策略模式」（p.29）等內容概念，所做的標記。你將依序填寫圖中各項問題，並構思適合所屬企業、組織團隊的商業模式。

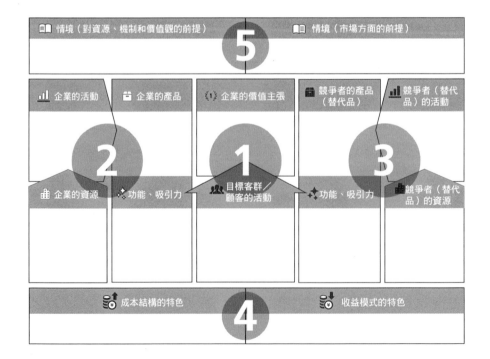

圖：策略模式圖的填寫順序（基本原則）

價值主張（Value Proposition）
① 目標客群／顧客的活動
企業的價值主張

營運
② 企業的資源
企業的活動
企業的產品（功能、吸引力）

競爭者（替代品）的營運
③ 競爭者的資源
競爭者的活動
競爭者的產品（功能、吸引力）

收益模式
④ 成本結構的特色
收益模式的特色

情境
⑤ 對資源、機制和價值觀的前提
市場方面的前提

▌ 構思商業模式的 2 個目的

當企業想達成以下 2 個目的時，商業模式其實是非常有效的工具。

第 1 個目的，是深耕企業本身所擁有的資源與活動，打造出一個持續有收益進帳的事業——我們稱之為「改革現有事業」。構思商業模式，的確可以改革現有的商業模式。

第2個目的，是要探索新領域，建立新事業——我們稱之為「開創新事業」。構思商業模式，可讓現有企業在探索新領域的同時，也衡量自家資源的狀況；至於新創企業，則可在從零開始發展事業之際，善加運用構思商業模式的機會。

在本章一開始，我們要先介紹改革現有事業的方法。此時，我們會以「該事業已有顧客存在」為前提來思考。先從「確認目前對該群顧客所做的價值主張」開始評估，再針對「如何運用已建立的資源，才能改革現有事業？」進行解說。

接著，我們要再介紹開創新事業的方法。開創新事業時，要找出新的客群，再針對他們的需求打造價值主張。當然，「公司能運用哪些資源，來滿足新顧客的需求？」也是很重要的議題。

事業當中不可或缺的元素，會隨著顧客的需求變化和科技進步而瞬息萬變。因此，就算現在擬訂的商業模式再怎麼高明完美，日後總有一天會過時。因此，懂得隨時改革現有事業，並開創新事業，至關重要。

改革、創新想要一步登天，看到立竿見影的成效，畢竟不是那麼容易。建議你務必透過本書中所介紹的工作坊形式，落實推動事業的改革與創新。

工作坊最好是以「策劃事業的團隊」為核心參與者，再加上實際在第一線服務的同仁一起參與。

7

改革現有事業的工作坊

個案研究

在本章當中，要探討的是現有事業該如何推動改革。我們會以基恩斯股份有限公司為例，進行說明。想必很多讀者應該都在「年薪排行榜」之類的雜誌報導上，看過這家企業的名號。基恩斯 30 歲員工的平均年薪約為 1,840 萬日幣，在日本企業員工的年薪排行當中，是「薪」情第 2 好的公司[12]。

創立於 1974 年的基恩斯，是一家 B2B 企業，生產工廠機器設備用的感測器或測量儀。集團員工總人數約有 7,900 位，年營收 5,871 億日幣，營業利益 3,179 億日幣，換算成營業利益率竟達 54.1％，是一家高營收、高獲利的企業（本書撰寫時）。

在本章當中，我們會將基恩斯的基本商業模式，用編製策略模式圖的方式依序探討；接著再檢視、分析這家企業，看看他們究竟經過了什麼樣的改革，才發展出今日的這番榮景。

※12 資料來源：東洋經濟 on-line〈「30 歲員工年薪」全國 500 強企業最新排名〉〔https://toyokeizai.net/articles/-/318849?page=2〕

01 | 價值主張（Value Proposition）的構想

一開始，就讓我們先來思考一下策略模式圖當中編號「①」的部分。在這裡，我們要檢視的是價值主張（Value Proposition），也就是針對「目標客群／顧客的活動」，企業會如何提出「企業的價值主張」。

先來看看基恩斯的案例。

▌目標客群／顧客的活動

基恩斯的主要事業，是生產工廠機械設備所使用的感測器和測量儀。顧客都是製造業的生產線工程師或技術研發人員。

跟這些製造業的公司作生意，往往會認定顧客的工作，就是在「採購製造業用的機器設備或零件」。然而，基恩斯把客戶（生產線工程師或技術研發人員）的工作，定義為「不只是單純地採購機器設備和零件，還要改善業務，提高生產力」。就像這樣，在定義顧客和他們的活動時，重點在於要懂得關注當中的「本質部分」。

▌企業的價值主張

接著我們要檢視的，是企業的價值主張。若將顧客的工作定義為「採購機器設備和零件」，那麼企業的價值主張就會是「提供生產成本低廉的機器設備和零件」。然而，基恩斯可不是如此。

基恩斯的業務員會實際走進顧客的生產現場，仔細觀察生產線，計算出「用什麼感測器才能提高生產效率」，再向工程師提出改善業務或提高

生產力的相關建議——這就是基恩斯提供給顧客的價值。對客戶而言，就算基恩斯提報的感測器價格稍貴，只要用了它之後，真的可以改善生產效率，降低每個產品的平均生產成本，那麼就有購買這個高價產品的誘因。

從基恩斯的這個案例當中，我們可以發現：就算是同業，各企業所提出的價值主張，還是會因為對顧客活動的正確理解、妥善定義，而呈現截然不同的內容。換言之，商業模式的核心內容，取決於企業「如何定義顧客與顧客的活動」。

圖：**基恩斯的價值主張**（Value Proposition）

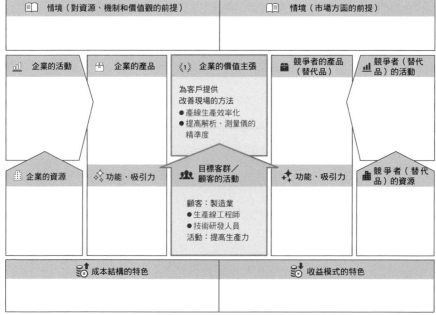

在你任職的企業，「目標客群／顧客的活動」和「企業的價值主張」會是什麼樣的內容呢？請你不妨填寫看看。

- 具體寫出公司的「目標客群」。若是 B2B，就寫下實際往來的部門和職務名稱；若是 B2C，則寫出客群區隔。
- 在「顧客的活動」方面，要分別從客戶在公司的「內部活動」和「對外活動」來評估。
- 評估顧客目前在活動上的課題為何。
- 在「企業的價值主張」欄位，要填寫「公司能提出什麼樣的價值主張，來解決顧客的課題」。

02 | 整理營運操作

　　接著，讓我們再來想一想策略模式圖當中的「②」，也就是「營運」的部分。說得更具體一點，就是要來思考「企業的資源」「企業的活動」「企業的產品」「功能、吸引力」這幾個面向。要向顧客提出價值主張，就必須要有「競爭者無從模仿的商業機制」。

▌企業的資源

　　首先要具體地寫出「公司擁有哪些資源」。這裡所謂的資源，是指「企業為賺得收益，在活動時所需的元素與能力」，主要是所謂的人力、物力、財力和資訊。例如製造業的「工廠」和「生產設備」，資訊業的「工程師人才」，都是屬於這方面的資源。企業要實現自己向顧客所提出的價值主張，就必須動用資源。

　　我們用基恩斯的案例，再更具體地來探討何謂資源。基恩斯的資源主要可分為 3 大類。第 1 類是「能問出顧客課題，並就解方提出企畫建議的業務員」基恩斯有多達千人以上的專業業務員，這樣的規模，在業界可說是絕無僅有。這些人才對基恩斯而言，可說是競爭者望塵莫及的一大資源。

　　第 2 類是「為顧客解決課題所累積的資料庫」。基恩斯以往解決課題的案例，已成為一份獨家的數據資料，在為顧客做提案時很有幫助。

　　第 3 類則是「無廠」。基恩斯約有 9 成的產品，都是委託外部廠商生產，內部直接生產的機器設備或零件，只限於在技術上可累積專業知識者。基恩斯這樣的無廠化作為，降低了原料或產品的庫存風險，以及在工

廠工作的員工勞務費，更有效地賺取營業利益。這種「不持有資源」的操作，也可視為是「資源」這個項目上的特色。對一般製造業的企業而言，自有工廠和生產機械設備其實是最大的資源，而基恩斯所做的，可說是策略性地反其道而行。

> **Todo** 「企業的資源」的填寫方法
>
> - 再次盤點公司在現有事業活動上的資源。
> - 評估哪些資源對價值主張有貢獻，並填入表中。
> - 價值主張與公司資源有落差時，應比對目標客群的活動與企業的資源，再重新評估價值主張。

▌ 企業的活動

在本書所介紹的策略模式圖當中，把「如何運用公司資源，落實價值主張」所做的相關努力，稱之為「活動」。例如製造業追求「高成本效率的生產」，就是運用公司資源創造產品的活動。而電商網站的活動，則有「網羅更多品項」和「根據消費記錄推薦商品」等。

業務團隊是基恩斯的一項資源，他們實際進入企業客戶的業務最前線（工廠等），找出和提高生產力有關的課題。發現課題後，他們會計算引進新的感測設備或零件，對提高生產速度有多少助益，並將內容製作成一份以提高產線效率為目的的企畫書。企畫書得到客戶許可後，基恩斯就會向合作夥伴的工廠下單生產產品，並一路跟催，直到交貨完成。

> **Todo** 「企業的活動」的填寫方法
>
> - 寫出若要運用資源創造產品或服務，須採取哪些作為。
> - 評估活動內容是否有效益、有效率，並填入表中。

▌ 企業的產品／功能、吸引力

「企業的產品」指的是運用「企業的資源」，所創造出來的「產出利潤的泉源」。依業種不同，產品可能是物品或服務。在此，我們要針對「公司直接提供給顧客的產品為何？」「該產品若要滿足顧客的需求，需具備哪些功能？」「該產品有何吸引力，讓顧客願意使用？」來進行分析。

舉例來說，對基恩斯而言，所謂的「產品」，就是向合作企業下單生產的零件、測量儀和解析器等。很多人都知道，基恩斯推薦給客戶使用的產品、零件，單價就是比競爭者貴，但仍有很多客戶願意買單——因為基恩斯提供給顧客的價值，不是「低成本」，而是「改善建議」（p.425）。基恩斯的功能，不是只有交付產品，而是提供名為「企畫」的改善建議，並於產品交付後協助運用。而這也是基恩斯對客戶的吸引力。因為有了這些功能和吸引力，即使產品單價貴一點，客戶還是願意接受，願意選擇向基恩斯購買產品。

Todo 「企業的產品／功能、吸引力」的填寫方法

- 具體寫出運用公司資源的活動，可產製出哪些產品。
- 具體寫出公司產品的功能。所謂的功能，就是顧客在活動中所運用的產品、服務具備哪些元素，或扮演什麼角色。
- 具體寫出公司產品有哪些能贏得顧客青睞的吸引力。所謂的「吸引力」，就是顧客會拿公司產品與競爭者、替代品來比較的項目。

圖：基恩斯的事業營運

📖 情境（對資源、機制和價值觀的前提）	📖 情境（市場方面的前提）

📊 企業的活動	📅 企業的產品	🏅 企業的價值主張	💼 競爭者的產品（替代品）	📊 競爭者（替代品）的活動
●為解決顧客課題而製作企畫書 ●計算每小時成本 ●向合作企業下單生產產品	●可提高顧客生產力的企畫 ●交付合適的零件	為客戶提供改善現場的方法 ●產線生產效率化 ●提高解析、測量儀的精準度		

🏢 企業的資源	✧ 功能、吸引力	🎯 目標客群／顧客的活動	✦ 功能、吸引力	🏢 競爭者（替代品）的資源
●顧問式業務團隊 ●改善方案的資料庫 ●無廠化（90%）	●可提高顧客生產力的運用建議	顧客：製造業 ●生產線工程師 ●技術研發人員 活動：提高生產力		

💰 成本結構的特色	💰 收益模式的特色

03 競爭者分析

　　本書用來評估商業模式的這套「策略模式圖」手法，其獨到之處，就在於它的競爭者分析。這是因為我們原先就預設這套手法，也會被用來「改革現有事業」的緣故。

　　造成企業商業模式過時的原因很多，不過，因為在市場競爭之中，競爭者提出更創新的價值主張，而使我方相形見絀的案例，也絕不在少數。因此，企業若想持續賺取收益，那麼檢視自己「與競爭者有何不同」，便顯得格外重要。

　　競爭者分析會在策略模式圖編號「③」的部分進行。而在本項當中，我們所選擇案例——基恩斯，它的競爭者就是「接顧客訂單生產機器設備、零件的製造商」。

▌競爭者（替代品）的資源

　　對一般機器設備、零件的製造商而言，最大的資源，就是用來生產產品的自有工廠，和生產線上所使用的機器設備。此外，能在製造現場應顧客要求研發客製產品的工程師，以及研發技術的研發人員，也都是企業的資源。

▌競爭者（替代品）的活動

　　機器設備或零件製造商的主要活動，就是依顧客要求，設計、研發必要的產品，再採購原料並生產產品。若競爭者的價值主張是「以低成本供

應客製產品」，那麼推動低成本生產，以迎合下單客戶的議價需求，也會是他們很重要的活動。

競爭者（替代品）的產品／功能、吸引力

對一般機器設備、零件的製造商而言，產品就是支撐顧客製造生產之用的那些客製機器設備或零件。而他們的功能，就是「生產出符合顧客需求的產品」，吸引力在於「產品價格便宜」。

像這樣分析過一般的機器設備、零件製造商之後，就會發現他們的基本資源是「工廠」和「機器設備」。當規模越大，他們越能以低成本生產，形成一種競爭優勢。

此外，若以「產品本身」來做為價值主張，則當競爭者推出新功能

圖：基恩斯的競爭者分析

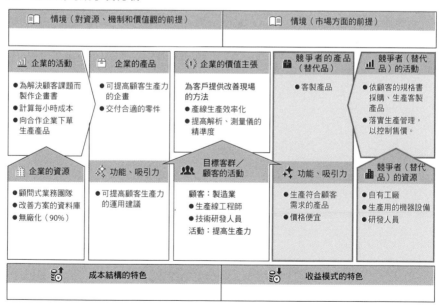

時，我方也必須跟上腳步，增加功能，因此最後往往淪為惡性競爭。如此一來，雙方就要以手上有的資源規模來一決勝負。基恩斯的過人之處，就在於他們巧妙地將競爭主軸轉移到「為提高顧客生產力所做的建議」。基恩斯把協助顧客提高生產力的「知識」，化為企業的價值主張，成功建立起了一套即使無廠，也能順暢運作無虞的商業模式。

| Todo | 「競爭者分析」的填寫方法 |

- 具體寫出競爭者握有哪些資源。
- 具體寫出競爭者運用資源所進行的活動。
- 具體寫出競爭者的產品或服務，以及他們的功能、吸引力等。
- 再度檢視上述內容，與我方的價值主張、營運操作有何不同。

04 收益模式分析

　　接下來，我們要開始評估「商業模式如何創造利潤」，也就是策略模式圖當中編號「④」的部分，要填寫的分別是「成本結構的特色」和「收益模式的特色」。

表：收益模式

項目	內容
成本結構的特色	企業在發展事業時必要的支出項目。 分別列出固定費與變動費，看起來會更一目瞭然。
收益模式的特色	具體寫出要「用什麼產品」、「怎麼做」來賺取收入。

　　讓我們來看看基恩斯在「成本結構的特色」。對基恩斯來說，最大的固定費支出就是「人事費用」。他們有所謂的獎勵機制，會在業務員洽談成交後發放激勵獎金，而且在基本薪資的設定上，也比同業高出一大截。從策略模式圖上來看，不難發現這項「高額的勞務費」，已成為其他競爭者難以模仿的元素。此外，「高薪」也是推升業務員工作動機的泉源。

　　對機器設備或零件的製造商而言，產品的生產成本是變動費，是一項相當龐大的支出。而基恩斯採無廠化經營，將生產費用控制在極低的水準。這也是基恩斯的一大特色。

　　在「收益模式的特色」方面，基恩斯有一套「獨家定價法」。儘管他們採取「產品賣斷型」的收益模式，但據說並不會參考競爭者的定價，也不是用成本層層累加，而是以「顧客願付金額」來訂定價格。基恩斯能以

如此獨特的方式來訂定價格，是因為他們透過前面介紹的那一套「營運操作」（p.428），提出「提高顧客生產力」這項與競爭者截然不同的價值主張，並且落實執行的緣故。

圖：基恩斯的收益

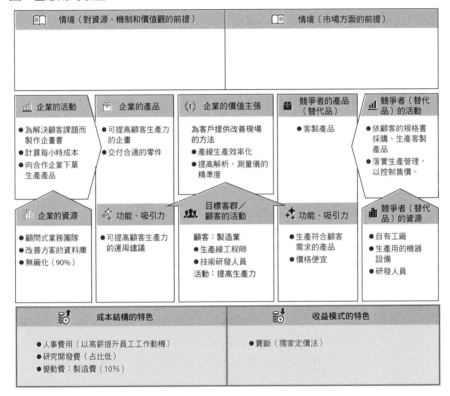

「營運操作」（p.428）

Todo	「成本結構的特色」填寫方法

- 寫出固定費，包括人事費用、辦公室租金、水電瓦斯費和通訊費等。有些業種還需寫出研究開發費和公務車租賃費等。
- 寫出變動費，製造業要寫出材料費，服務業則要寫出廣告宣傳費等。

- 具體寫出要銷售什麼產品,以及要如何賺取收入。不妨參閱本書所介紹的收益模式,寫下公司事業是屬於哪一種收益模式,例如「訂閱模式」或「廣告模式」等。
- 若賺取收益的機制較獨特時,要一併寫出說明內容。

05 確認情境

　　前面解說的 4 個部分都填寫完成後，我們就要綜觀整體，確認這個商業模式究竟會不會成立。

　　接著，我們要來填寫的是編號⑤，也就是情境的部分。這裡會填寫的是「對資源、機制和價值觀的前提」，以及「市場方面的前提」這 2 項。另外，在本章所講解的「改革現有事業」當中，由於公司的事業機制已經存在，因此在「對資源、機制和價值觀的前提」欄位，我們要填寫的是「該項商業模式現在的前提條件」。

　　而在「市場方面的前提」這個項目，我們要確認該項商業模式在市場上有無需求，以及市場有無成長可期。這裡要由業務員探詢現有顧客，了解顧客需求，或辦理市場調查和顧客訪談等行銷活動，蒐集資訊後，再填寫相關內容。

　　在基恩斯的案例當中，他們所做的，是「確認成功的原因」。面對一個需要改革的事業，基恩斯會在這個階段確認公司理念已不符市場現實，進而重新審視商業模式當中的各個元素。

▌ 基恩斯的情境

　　讓我們來看看基恩斯的情境，首先要探討的是「對資源、機制和價值觀的前提」。如前所述，基恩斯的價值主張，不是「只賣產品」，而是要「解決顧客在生產上的課題」。為落實這一點，基恩斯的業務員都會走進顧客的生產現場，規畫並提出改善建議。再者，把「計算如何提高生產

力」的專業知識化為競爭力，也是一項重點。基恩斯向顧客提出改善生產速度的建議時，最關鍵的核心，就是源自於多年來，基恩斯在顧客的生產現場累積的許多獨門知識和專業。

還有，基恩斯內部規定「不賣毛利低於 80％的產品」。同樣的，這項決策若從基恩斯的價值主張是「提出改善建議」，而非「單純交付機器設備或產品」的角度來看，確有其妥適性。

在「市場方面的前提」這個欄位當中，我們要填寫的是「本商業模式成立的背景，是基於什麼樣的市場需求或市場狀態」。基恩斯是在檢視過顧客的生產現場後，擬訂改善建議，為提升顧客的生產力貢獻良多。通常企業客戶很排斥讓外界看到自家生產線，然而，只要能讓顧客了解此舉是為了提出改善企畫，或是與基恩斯之間能培養出信任基礎，顧客就會願意開放參觀。

在基恩斯的商業模式當中，還有另一個重要的情境，那就是「不賣客製產品」。接單生產客製產品時，該種機器設備或零件，就只有一家企業客戶能用，也不能套用在其他面對相同課題的客戶上。對基恩斯而言，企畫力會如此受到重視，是因為他們能從許多向顧客提報企畫建議的經驗當中，打造出一套標準規格產品，並加以橫向複製，就能在多個生產現場推動業務改善。而生產客製產品，對製造商來說會墊高成本，甚至可能導致營業利益縮水。像基恩斯這樣，用標準規格產品解決許多顧客課題，並從中累積專業，在營業利益率上就能創造出亮眼的好成績。

圖：基恩斯的策略模式圖

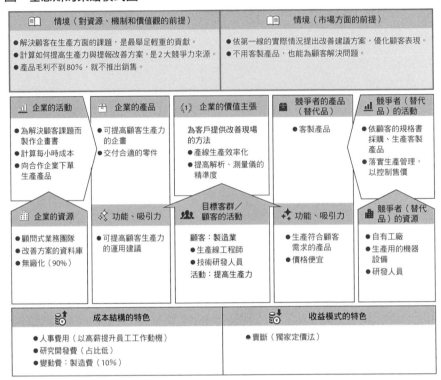

如前所述，正因為基恩斯的價值主張是「提高顧客生產力」，才能同時滿足 2 種情境——既發展出善用公司資源的事業，又能迎合市場需求。

Todo	「對資源、機制和價值觀的前提」填寫方法

- 寫出公司如何操作現有的這個商業機制。

- 寫出公司事業與市場需求如何相符。
- 寫出公司事業是否與企業政策、公司理念相符。
- 評估市場上有無競爭者，並檢驗公司目前所提出的價格，對顧客而言是否妥適，再依檢驗結果，評估「市場需求」狀況。

【結語】追求商業模式改革

在這次進行的改革現有事業工作坊當中，我們介紹的這一連串流程，是在企業要針對目前所發展的事業，思考如何運用手中現有的資源，為顧客提供更高價值時，可使用的一套方法。文中所提到的案例——基恩斯，在營收和獲利率的表現上，都令同業望塵莫及。但他們其實並不是自創設之初，就提出目前這樣的價值主張。基恩斯當年一邊接下客製產品的生產訂單，一邊開始試著為部分顧客（企業客戶的工程師）提出改善方案，不斷累積成功案例，才逐步擴大企畫提案式業務推廣的規模，發展成現今的樣貌。

商業模式裡沒有所謂的「完成版」。為持續追求改革，企業要時時自問：「公司有什麼獨創的價值主張，是其他競爭者所沒有的？」改革價值主張之後，營運和收益模式也會受到影響，進而讓商業模式也出現變化。現有事業鴻圖大展、風生水起之際，企業要懂得盤點內外資源，思考如何調整搭配組合，進一步爭取或減少新資源，從中創造新價值，才是關鍵。

第8章

開創新事業的工作坊

個案研究

　　在本章當中，我們要說明的，是運用策略模式圖來開創新事業的程序。現有事業和新事業的差異，在於「是否已有目標客群存在」。

　　這裡我們要探討的案例，是日本民眾也很耳熟能詳的 Airbnb。Airbnb 最早是因為在美國舊金山分租 1 戶公寓的徹斯基（Brian Chesky）和傑比亞（Joe Gebbia），騰出了家中的一張充氣床讓旅客住宿，才發展出後來的訂房平台事業。如今，在 Airbnb 網站登錄上架的房屋物件，在全球已突破 700 萬筆；而透過 Airbnb 找到住宿的旅客人數，更已達 5 億人次。

　　Airbnb 最具畫時代的創舉，就是讓旅客可以住進實際住在當地的一般人家中。他們可與房屋的提供者——也就是「房東」溝通，例如詢問更多在地資訊等，讓旅客住在當地，並充分享受旅遊的樂趣。此外，Airbnb 本身並不需要負擔持有旅館時的龐大固定費開銷，在旅宿業態當中堪稱是一種嶄新的商業模式。還有，在同一個訂房服務當中，Airbnb 提供了各種價位選項，從平價到高價一應俱全——這也是空前的創舉，可說是 Airbnb 的特色之一。

01 價值主張 (Value Proposition) 的構想

接下來，就讓我們用策略模式圖來開創一番新事業。首先我們要來看看編號①的價值主張（Value Proposition）部分，也就是該如何向「目標客群／顧客的活動」提出「企業的價值主張」。

先來看看 Airbnb 的案例。

目標客群／顧客的活動

Airbnb 有兩種不同的目標客群：1 是「旅客」，他們想以划算的價格，享受物有所值的旅遊；另一種則是有閒置空房，並且想用它來賺錢的人，也就是所謂的「房東」。徹斯基和傑比亞在 2007 年出租房間時，正在為繳不出房租而發愁。正巧他們得知當時舊金山正在舉辦大型的國際會議，市區的飯店一房難求，於是便想到了暫時出租家中空房的服務，也就是日後的 Airbnb。

企業的價值主張

Airbnb 為不同的目標客群，提出了不同的價值主張。對旅客提出的價值主張，是「省下住宿費，體驗當地生活」；而對房東的價值主張，則是「用閒置的空房，輕鬆賺取收入」。

在開創新事業時，有時事前並沒有明確的目標客群，而是在推動事業發展的過程中才逐步發現；而現有事業也不一定能成為新事業的基礎。

因此，預設一個顧客族群，釐清這些顧客「現階段尚未被滿足的需

求」，便成了開發新事業的起點。有鑑於此，本書中雖不詳述，但安排「設身處地的訪談，找出顧客需求」，才會是比較有效的做法。

圖：Airbnb 的目標客群與價值主張

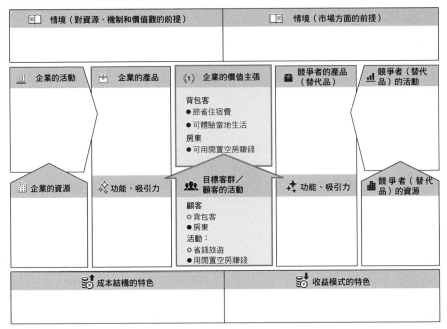

○背包客 ●房東

那麼，就讓我們試著規畫一下新事業的商業模式。

- 評估周遭有無需求尚未獲得滿足的案例。
- 寫出有這些需求的「顧客」是誰。
- 若像 Airbnb 這樣,目標客群有兩個以上的族群時,兩者都要填寫。如上圖所示,搭配使用符號（◎、●等）來分類,看起來會更清楚明瞭。
- 思考需要用什麼才能滿足顧客的需求,並填寫在「價值主張」欄。

MEMO

所謂的新事業,其實包括了 2 種不同的類型:一種是事業從零開始起步的新創公司,另一種則是目前已有其他事業的公司,再運用現有資源開創新事業。

02 整理營運操作

接著，讓我們再來想一想策略模式圖（p.420）當中的「②」，也就是「營運」的部分。這次我們構思的是「其所未有的事業」，所以要先評估運用目前手邊的資源和可調度的資源，能否建立起一套營運模式。具體而言，就是要盤點「企業的資源」、「企業的活動」、「企業的產品」和「功能、吸引力」。

▌ 企業的資源

以 Airbnb 為例，創辦人當年分租的公寓，和多出來的一張充氣床，就是當初他們全部的資源。光是這樣，其實也有旅客願意入住。但要當做一個事業來發展，就必須把規模做大。Airbnb 於 2008 年時建置了預約用的網站，2009 年又建立了平台，可供房東自行上傳物件資料。就結果而言來看，房東在這個平台上登錄的物件（房東提供的房間），成了 Airbnb 最大的資源。

後來，隨著 Airbnb 的房東和旅客增加，旅客下榻時損毀物品，或臨時取消等糾紛，也越來越多。因此，處理法律糾紛所需的能力與專業知識，也成了 Airbnb 的資源，而且還會不斷累積。

- 先前已在編號「①」的部分填寫過「價值主張」，而這裡要寫的，是實現該項價值主張所需的資源。
- 盤點公司目前擁有哪些資源，以及欠缺哪些資源。
- 若要仰賴外部夥伴提供目前欠缺的資源，就將該合作夥伴填寫在「企業的資源」欄位。

MEMO

開創新事業時，不見得一定有充沛的資源可以運用，因此挑選或爭取合作夥伴，是打造商業模式之際的一大關鍵。若有預設或是可能願意提供協助的合作夥伴，請具體地寫出來。

█ 企業的活動

在本書所介紹的策略模式圖當中，把「如何運用公司資源，落實價值主張」所做的相關努力，稱之為「活動」。

Todo 「企業的活動」的填寫方法

- 寫出若要運用資源創造產品或服務，須採取哪些作為。
- 評估活動內容是否有效益、有效率，並填入表中。

MEMO

如果公司是製造業，有時要寫的不是只有「生產」，而是連如何建構產品生產機制都必須加以描述；若為服務業，則要連日後會爭取做為資源的事項，都先做好運用方式的評估。

▌ 企業的產品／功能、吸引力

　　Airbnb 運用公司資源與活動，提供給顧客的服務，是「房東與旅客的高效率媒合」。他們會提供「一目瞭然的照片」、「留言書寫方式」等專業心法給房東，鼓勵房東多宣傳自己的物件；另一方面，對旅客則是提供「搜尋簡便」、「事前向房東提問」等功能，鼓勵旅客多加利用。

　　此外，「住宿時造成破損」和「糾紛處理制度與保障」，也是 Airbnb 吸引顧客之處。實際上，Airbnb 自 2012 年起，就啟動了「房東保障金專案」，提供最高 1 億日幣的保障。

　　Airbnb 運用公司的這些資源與活動，所打造出來的產品（服務），以及它的功能、吸引力，可說是一套能讓迎接陌生旅客的房東安心、讓出國住在陌生人家裡的旅客放心的機制。

Todo 「企業的產品／功能、吸引力」的填寫方法

- 具體寫出公司產品的「功能」。所謂的功能，就是顧客在活動中所運用的產品、服務具備哪些元素，或扮演什麼角色。
- 具體寫出公司產品有哪些能贏得顧客青睞的「吸引力」。所謂的吸引力，就是顧客會拿公司產品與競爭者、替代品來比較的項目。

圖：Airbnb 的營運模式

📖 情境（對資源、機制和價值觀的前提）		📖 情境（市場方面的前提）	

📊 企業的活動	📄 企業的產品	🏅 企業的價值主張	💼 競爭者的產品（替代品）	📊 競爭者（替代品）的活動
●管理房東與旅客 ●管理評價與評分 ●遊說各國主管機關	●房東與旅客的媒合	**背包客** ●節省住宿費 ●可體驗當地生活 **房東** ●可用閒置空房賺錢		

🏢 企業的資源	✦ 功能、吸引力	👥 目標客群／顧客的活動	✦ 功能、吸引力	🏢 競爭者（替代品）的資源
●平台建置能力 ●房東的註冊資訊 ●法務處理能力	●符合目的需求的搜尋功能 ●評分機制讓人放心 ●發生糾紛時的處理	**顧客** ◎背包客 ●房東 **活動：** ◎省錢旅遊 ●用閒置空房賺錢		

💰 成本結構的特色		💰 收益模式的特色	

◎背包客 ●房東

03 競爭者分析

開創新事業時，也必然會有競爭者或替代品存在。在這裡，我們要利用策略模式圖當中編號「③」的部分，來分析可能針對顧客的課題提供相同價值的那些企業或產品、服務。

在這裡，我們認為 Airbnb 最大的競爭對手，是現有的那些飯店。

▌ 競爭者（替代品）的資源

Airbnb 和現有飯店最大的差異，就在於「住宿設施是否為公司自有」。飯店最大的資源，就是「自有設施」。此外，因為歷史悠久、氣派豪奢，而受到肯定的「飯店品牌」，也非常重要。還有，連鎖飯店會提供「全球各館共通的統一專業」。這 3 點都是 Airbnb 所沒有的資源。

▌ 競爭者（替代品）的活動

飯店以自有設施、品牌，以及統一的專業為基礎，所進行的活動是「不管顧客旅行到全世界的哪一個角落，都能為顧客提供一致的下榻環境和服務」。這項活動，決定了飯店的產品（服務）價值。

▌ 競爭者（替代品）的產品／功能、吸引力

飯店為旅客提供的，是客房及住宿相關的服務；而 Airbnb 提供的產品（服務），則是旅客與房東的媒合。由此可知，顧客的目的同樣都是「在旅途中住宿」，而業者所提供的產品卻截然不同。

對飯店而言，「地理位置好」和「價位設定」，是他們最能和 Airbnb 做出差異化的 2 大功能；而飯店的吸引力，在於他們的「服務品質」和「安全性」。

圖：Airbnb 的競爭者分析

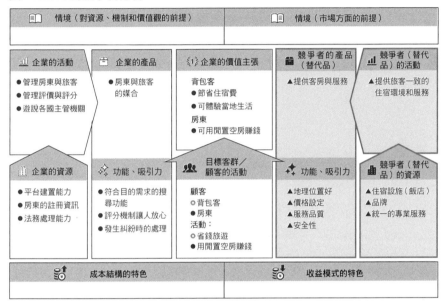

◎背包客 ●房東 ▲競爭者

Todo 「企業的產品／功能、吸引力」的填寫方法

- 把和我的公司提供相同價值給顧客的企業，設定為競爭者。此時，不必考慮彼此在價值主張上的水準落差。
- 具體寫出競爭者握有哪些資源。
- 具體寫出競爭者運用資源所進行的活動。
- 具體寫出競爭者的產品或服務，以及他們的功能、吸引力等。
- 檢視我的公司的價值主張、營運操作，與競爭者目前所提供的內容有何不同。

04 收益模式分析

　　在開創新事業時，「能否成功賺得收益」都是在「假設」（推估）狀態下開始討論。所以，對收益模式的思維，就會和現有事業的商業模式大相逕庭。

　　因此，在編號「④」的欄位，我們要來看看「發展新事業時，該如何設定收益模式」。在「成本結構的特色」這 1 欄當中，要具體寫出企業在發展事業時必要的支出項目。分別列出固定費和變動費，看起來會更一目瞭然。至於在「收益模式的特色」這一欄當中，則要具體寫出企業要「用什麼產品」、「怎麼做」來賺取收入。

　　Airbnb 發展的是平台事業，所以主要的固定費是系統營運費（通訊費、伺服器使用費等）與人事費用。另外固然也需要一些保險管理費，用來因應住宿時所發生的意外事故，不過這項支出的金額，會與房東的人數成正比。至於收入則是仰賴仲介手續費，故只需根據公司的支出規模，設定合適的百分比即可。

　　不管是接下來才要起步，發展全新事業的公司，或是運用公司現有資源，規畫跨足新事業，都必須經過一段時間的等待，才會有收益進帳。我們在開創新事業時所設定的收益模式，充其量只不過是一個假設，所以初期先用符合現實的觀點，思考預估成本和收入的平衡後，來填寫這個欄位。待事業實際啟動上路後，再依實際情況，隨時重新調整收入和成本的結構。

圖：Airbnb 的收益模式

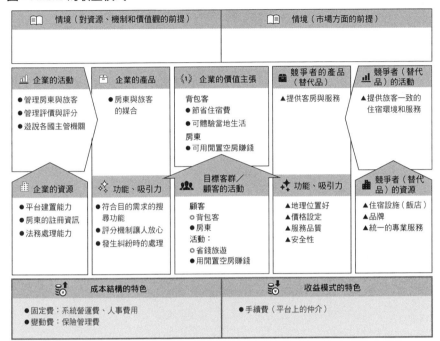

📖 情境（對資源、機制和價值觀的前提）	📖 情境（市場方面的前提）

📊 企業的活動	🗄 企業的產品	⓵ 企業的價值主張	💼 競爭者的產品（替代品）	📊 競爭者（替代品）的活動
●管理房東與旅客 ●管理評價與評分 ●遊說各國主管機關	●房東與旅客的媒合	背包客 ●節省住宿費 ●可體驗當地生活 房東 ●可用閒置空房賺錢	▲提供客房與服務	▲提供旅客一致的住宿環境和服務

🏢 企業的資源	✨ 功能、吸引力	👥 目標客群／顧客的活動	✨ 功能、吸引力	🏢 競爭者（替代品）的資源
●平台建置能力 ●房東的註冊資訊 ●法務處理能力	●符合目的需求的搜尋功能 ●評分機制讓人放心 ●發生糾紛時的處理	顧客 ◎背包客 ●房東 活動： ◎省錢旅遊 ●用閒置空房賺錢	▲地理位置好 ▲價格設定 ▲服務品質 ▲安全性	▲住宿設施（飯店） ▲品牌 ▲統一的專業服務

💰 成本結構的特色	💰 收益模式的特色
●固定費：系統營運費、人事費用 ●變動費：保險管理費	●手續費（平台上的仲介）

◎背包客 ●房東 ▲競爭者

Todo 「成本結構的特色」填寫方法

- 具體寫出公司支出當中的固定費。
- 具體寫出公司支出當中的變動費。
- 預估固定費約占多少比例。
- 預估事業正式啟動後可能會出現較大變動的成本，以及不太會有變化的成本，並思考哪些成本要素會因事業規模而變動。

- 具體寫出要銷售什麼產品，以及要如何賺取收入。
- 若賺取收益的機制較獨特時，要一併寫出說明內容。
- 若成本大幅高於收入時，要評估有無降低成本的可能。

MEMO

　Airbnb 的收益模式，是向房東和旅客收取「服務手續費」，故本欄只要寫「手續費」即可。若是新創公司，在草創之初，收益模式可能會是「向投資人募資」。此時，不妨把「啟動事業前需籌措到的金額」也寫出來。

05 | 確認情境

前面解說的 4 個部分都填寫完成後，我們就要綜觀整體，確認這個商業模式究竟會不會成立。接著，我們要來填寫編號⑤當中的「對資源、機制和價值觀的前提」，以及「市場方面的前提」這兩個項目。

開創一個目前不存在市場上的新事業時，最重要就是第「⑤」部分，也就是所謂的「情境」。既然是目前市場上所沒有的價值主張，萬一顧客根本沒有需求，那麼就算在市場上推出相關服務，也賺不到收益。因此，公司要先檢視官方的數據資料，或進行市場調查，掌握我方構思的事業有多少市場規模，以及預設顧客的需求在哪裡。

不過，在開創新事業時，過於細膩的市場調查，有時會限制創意的發揮。要是因為過於謹慎而不敢採取任何行動，儘管可以保持不敗之身，但也就失去了成功的機會。社會上其實不乏先嘗試發展新事業，再配合市場動向，於發展過程逐步改善，最後成功的案例（請參照 p.403「精實創業」）。Airbnb 就是其中的一個例子。在第 1 章當中，我們曾說過「所謂的情境，就是明白列出事業假設的描述」，在開創新事業時，這個概念尤其重要。我們要時時提醒自己，適度地進行市場調查和嘗試錯誤，以推動新事業的發展。

▌Airbnb 的情境

讓我們來看看 Airbnb 的情境。首先要檢視的是「對資源、機制和價值觀的前提」。旅客所住的客房是歸房東所有，Airbnb 不必做任何設備投

資。在這一套「把房東的閒置空房變成旅客下榻處」的機制當中，並不需要準備一般新創公司在開創新事業時最擔心的「鉅額投資」，提高了事業順利實現的機率。

再者，Airbnb 的主要活動，是當平台業者，負責管理相關資訊，故可運用既往所累積的資訊，確保顧客能放心、安全地使用平台服務。

就事業機制而言，Airbnb 是「平台事業」，所以房東與旅客可望藉由網路外部性（p.352）效應，而呈現等比例的增加。就結果來看，當使用者規模越大時，也能對策略模式圖右上角的「市場方面的前提」帶來影響。

圖：Airbnb 的情境

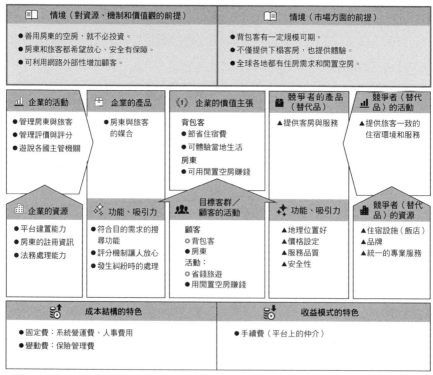

◎背包客 ●房東 ▲競爭者

在「市場方面的前提」這個欄位當中，我們要填寫的是「本商業模式成立的背景，是基於什麼樣的市場需求或市場狀態」。Airbnb 的目標客群，是不參加旅行團的背包客。該客群有一定程度的市場規模，且完全不與現有旅行社鎖定的目標客群重疊。此外，Airbnb 提供的價值，不只是「客房」，還附帶「如在當地生活般的體驗」，和飯店業也不會正面競爭。

Airbnb 的另一個顧客——也就是房東，應該在全世界任何地區都有可供下榻的閒置空房。換言之，就市場的供給和需求面來考量時，Airbnb 的商業模式，預估將會是一套極具妥適性的做法。

前面我們按部就班地擬訂出了新事業的商業模式，你不妨試著檢驗一下公司資源、機制和市場妥適性。

Todo 「對資源、機制和價值觀的前提」填寫方法

- 寫出公司實際可發展這項事業的前提（假設）背景。
- 不論是製造業或服務業，若目前公司評估要發展的，是要拉攏其他夥伴加入的事業，就要設想這些事業夥伴協助我方的動機。

Todo 「市場方面的前提」填寫方法

- 寫出公司事業與市場需求如何相符。

MEMO

在發展新事業時，要特別留意它的市場需求與現有事業不同。以製造業為例，需求或許是存在「運用公司資源所提供的服務」之中；而服務業或許要採取「不只提供服務，連產品都由企業提供」的路線，才能有更多價值主張。建議你不妨像上述這樣，多留意那些稍微偏離現有思維的需求。

▌【結語】成功開創新事業

　　策略模式是開創新事業時相當重要的關鍵，而它的起點，就是設定目標客群。因此，對顧客需求的認知，一定要比前一章所探討的「改革現有事業」更細膩入微。

　　另外，有人說在新創事業起步之初，「顧客母數可以少，但一定要找出狂熱顧客的需求」。然而，在打造一套全新的商業模式之際，更必須確認「是否存在必要的情境，足以讓這項『狂熱顧客的需求』日後可再擴大規模」。在這種情況下，策略模式圖就是一套很有用的工具。

　　若是已有其他事業的公司，在發展新事業時，最好先用策略模式圖檢視新事業的目標客群需求，與企業的資源與活動是否相符。那些已經發展有成的企業，在開創新事業時會大吃苦頭的原因之一，就是因為他們太拘泥於自己手中的資源和現有市場的需求。在「策略模式圖」這套思考方式當中，是從目標客群切入，來構思整個事業，所以企業應可從中發現「既能運用現有資源，又是目前在市場上看不到的價值主張」。

　　挖掘「市場需求」的工作，若光是紙上談兵，能做的事恐怕很有限。企業需要多觀察、訪談預設客群的活動，設身處地為他們找出市場需求。

後記

　　不論是已經大展鴻圖的企業，還是快速崛起的企業，都建立了獨有的商業模式。舉例來說，在本書〈第參部〉當中所談到的 Airbnb，就是在「民宿」領域快速崛起的企業。儘管因為受到新型冠狀病毒的疫情影響，業績曾一度停滯不前。但在 2020 年 8 月，Airbnb 已正式送件申請 IPO，據傳公司市值將高達 2 兆日幣。

　　Airbnb 實現了一套前所未有的商業模式，更成功築起了一道競爭者難以模仿的門檻。難道你真的無法成為下一個 Airbnb 嗎？若用同一套商業模式，投入同一個市場，那麼要追求成功或成長，的確是很不容易。然而，你可以參考 Airbnb 的做法，到其他產業去開創一套新的商業模式。Airbnb 的商業模式是「共享」，收益模式則是「以量計價」的「成果計酬」。你不妨參考這些發展形態，在其他產業構思新事業——而這正是我們預設本書中「形態」列表的使用方法。

　　經濟學家熊彼得（Joseph A. Schumpeter）認為，所謂的創新，其實就是「新組合的落實」。這裡所謂的新組合，是指改變生產要素——也就是土地、勞力、資本的搭配組合。要搭配出新組合，不見得一定要有新的技術。即使沒有新技術，還是有人能從現有的生產要素當中，想出新的服務。例如 1,000 日幣快剪的 QB HOUSE，就是一種畫時代的商業模式，但當中並沒有發明、使用任何先進技術（在設備上倒是用了一點巧思）。

　　期盼本書的讀者，都能在各自所屬的產業當中，嘗試一些創造新組合的挑戰。本書介紹給你的這一套「策略模式圖」方案，不論是「探索」（開創新事業）或「深耕」（改革現有事業），皆可適用。

正因為我們身處在這個沒有正確答案的時代，所以更必須具備「創造新價值的能力」，以及「主動求變的能力」。衷心期盼本書能幫助你讀者、以及和你相關的企業，提高「求生所需的創造力」。

根來龍之、富樫佳織、足代訓史

商業模式大全

作者	根來龍之、富樫佳織、足代訓史
譯者	張嘉芬
商周集團執行長	郭奕伶
視覺顧問	陳栩椿
商業周刊出版部	
總編輯	余幸娟
責任編輯	盧珮如
封面設計	賴維明
內文排版	邱介惠、魯帆育
出版發行	城邦文化事業股份有限公司-商業周刊
地址	104台北市中山區民生東路二段141號4樓
	電話：（02）2505-6789　傳真：（02）2503-6399
讀者服務專線	（02）2510-8888
商周集團網站服務信箱	mailbox@bwnet.com.tw
劃撥帳號	50003033
戶名	英屬蓋曼群島商家庭傳媒股份有限公司城邦分公司
網站	www.businessweekly.com.tw
製版印刷	中原造像股份有限公司.
總經銷	聯合發行股份有限公司 電話（02）2917-8022
初版1刷	2021年10月
初版9.5刷	2022年 9 月
定價	520元
ISBN	978-986-5519-74-2　(平裝)
電子書檔案格式	PDF、EPUB

KONO ISSATSUDE ZENBU WAKARU BUSINESS MODEL
Copyright © 2020 TATSUYUKI NEGORO, KAORI TOGASHI, SATOSHI AJIRO
by Business Weekly, a Division of Cite Publishing Ltd.
All rights reserved.
Originally published in Japan in 2020 by SB Creative Corp. Traditional Chinese translation rights arranged with SB Creative Corp. through AMANN CO., LTD.

國家圖書館出版品預行編目（CIP）資料

商業模式大全/根來龍之, 富樫佳織, 足代訓史著；張嘉芬譯. -- 初版. --
　臺北市：城邦文化事業股份有限公司商業周刊, 2021.10
　面；　公分
　譯自：この一冊で全部わかるビジネスモデル：基本・成功パターン・作
り方が一気に学べる

　ISBN 978-986-5519-74-2(平裝)

　1.商業管理 2.企業經營 3.策略規劃
　494.1　　　　　　　　　　　　　　110013900

金商道

The positive thinker sees the invisible, feels the intangible,
and achieves the impossible.

惟正向思考者，能察於未見，感於無形，達於人所不能。 —— 佚名